ポントリャーギン

連続群論

上

柴岡泰光
杉浦光夫 共訳
宮崎　功

岩波書店

Л. С. ПОНТРЯГИН

НЕПРЕРЫВНЫЕ ГРУППЫ

ИЗДАНИЕ ВТОРОЕ, ПЕРЕРАБОТАННОЕ
И ДОПОЛНЕННОЕ

ГОСУДАРСТВЕННОЕ ИЗДАТЕЛЬСТВО
ТЕХНИКО-ТЕОРЕТИЧЕСКОЙ ЛИТЕРАТУРЫ
МОСКВА 1954

訳 者 の 序

本書は

Л. С. Понтрягин: Непрерывные Группы (第2版), Москва (1954)

の全訳である.

連続群論は前世紀後半に Sophus Lie によりその研究の第一歩が踏出されてから, 多くの人達の研究によってそれ自身一つの大きな体系となり, また数学の各部門と関連し, 更に物理学にも重要な応用を見出すようになった.

このような意味で現在の連続群論は代数学, 函数論, 微分方程式論等と並ぶ数学の一部門であるといってよいであろう. しかるに連続群論を主題とした一般的な著書は非常に少なく, この点それぞれ特色のある良書が豊富に存在する他の分野, 例えば函数論等にくらべて非常に見劣りがする.

訳者はこのことを以前から残念に思っていたので, 懇切な入門書として定評のあった第1版の英訳より約200頁ほど頁数も増え, 内容も大きく増補, 改訂された本書第2版を手にして大いに意を強うしたのであった. そしてロシヤ語の文献がまだ我国で親しみの薄い現状に鑑み, 邦訳を試みたのである. この訳書が連続群論に関心を持たれる方々のために少しでもお役に立てば幸いである.

原著は一冊本であるが, この訳書は読者の購入の際の便宜を考慮して, 第1章——第6章を上巻, 第7章——第11章を下巻と分冊して出版することにした. 索引及び文献は下巻の巻末に附けてある.

本書では原著にある 47 の文献の他, 本文中の事項に関する参考文献と連続群論の最近の種々の展開に関するかなり詳しい文献及びそれに対する簡単な説明を加えた. なお本文中原文にない語句を補った箇所は角括弧 [ ] をつけて区別してある.

本書の訳は第 1, 2, 3, 7 章を柴岡, 第 5, 9 章を宮崎, 第 4, 6, 8, 10, 11 章を杉浦が分担した.

最後に本書が岩波書店から出版されるように御尽力下さった山崎三郎, 彌永昌吉両先生に厚くお礼を申上げたい.

また，本書の出版についてお世話になった岩波書店の荒井秀男，堀江弘，保延醇一の三氏及び面倒な組版校正に御努力下さった印刷所の方々にも深く感謝するものである.

1957年10月

訳　者

第3版への訳者の序

本書は

Л. С. Понтрягин: Непрерывные Группы(改訂第3版)，Москва (1973)の全訳である.

原著の序にあるように，この第3版は第2版を数個所改訂したものである. この訳書ではその外，第2版の邦訳で追加した文献をさらに補充した.

第2版訳出の当時にくらべれば，この方面の良書もかなり数を増しては来たが，訳者は本書がなお我が国において，この分野への入門書として一定の役割を果してくれることを期待している.

1974年8月

訳　者

第 3 版への序

純論理的な観点から言えば，連続群もしくは位相群とは，群および位相空間という数学上の二つの主要な概念の単純な結合に過ぎない．すなわち，位相群とは，あるひとつの集合が，群であると同時に位相空間ともなっているものである．しかし，その同じ集合の上に定義されている代数的な演算と位相的な演算との間に，互に何の関連もないというのでは，このような概念の結合は無意味である．この二つの概念の間の関連は，群の乗法演算と逆元をとる演算とが，与えられた位相の意味で連続となるという要請によって与えられる．このようにして作られる概念がすなわち，位相群の概念である．位相環および位相体の概念も，同様にして定義される．例を挙げよう．

1）有限次元の[実または複素]ベクトル空間は，加法を群演算として位相群をなす．

2）一定次数の実正方行列の全体は，通常の行列間の加法と乗法とに関して位相環となる．

3）一定次数の実正方行列で行列式が 0 でないものの全体は，通常の行列の乗法に関して位相群となる．

4）実数体，複素数体および四元数体は，位相体である．

この種の位相-代数的な諸対象が，数学にしばしば現われるという事実だけでは，これを研究の対象とする十分な理由とはなり得ないかも知れない．しかしながら，位相-代数的な抽象概念に，あるごく一般的な制限（公理）を置いて，きわめて具体的な数学的対象に到達する事例が，次第に明らかにされて来た．たとえば，位相体は，連結かつ局所コンパクトなら，実数体，複素数体もしくは四元数体のうちの一つに同型になる（30 年代の初期，著者によって得られた結果[34]）．すこし後に，コンパクトな可換群とディスクリートな可換群との間に，指標群の構成によって実現される自然な双一意対応が存在することが，同じく著者によって発見された[37]．このようなたぐいの事実が，位相群の理論を内容ゆたかなものとし，また，その理論に，多くの人々の関心を惹きつけて来たのである．

何学期かの講義をもとにして，この《連続群論》という本が作られた．初版は1938年に，また第2版は，初版よりはるかに拡充されて，1954年に発行されている．

今度の第3版は，第2版とほとんど変っていない——わずかに，第2版の7章に1箇所あった不正確な点を正し，それに伴って，10章にいくつかの軽い変更を加えたに過ぎない．

この本で著者は，二つの場合に，今ではややすたれてしまった用語を使用した．この点について読者に注意しておかねばならない*)．

1. 近頃では，ビコンパクトという言葉のかわりにコンパクトという用語が使われている．それは，古い言葉の意味でのコンパクトなる用語があまり使用されなくなったためであるが，著者は，ビコンパクトなる用語をそのまま使用している．

2. 位相群を考察する際に，その位相的な性質から一時離れて，その代数的な性質のみを考察の対象とすることが，しばしばある．このように考えているときの位相群を便宜的に代数群と呼んだが，この言葉は今日ではまったく別の意味で用いられている．しかし，この意味での代数群はこの本には現われない．

エリ・エス・ポントリャーギン

---

*) 訳書ではこの注意は不要．コンパクトなる用語については近来の用法にあわせてあり，“代数群”については，代数的な意味での群もしくは抽象群と呼んで，今日の意味での代数群との混同を避けている．

再版への序

この再版は，初版とは本質的に異なっている．何よりも，相当数の種々の増補を行なった．その中でも重要なのは新しく設けた第 11 章であって，そこではコンパクト・リー群の分類が，リー環の深い代数的な研究に基づいて与えられる．さらに，新しい第 4 章では，位相環及び位相体について述べた．この章の三つの§では，連続代数体の詳しい研究がなされるが，これは極めて興味あるものである．第 3 章では新しく§を設けて，連続変換群について述べた．第 5 章では位相群の上での積分方程式論を補ったが，これは，初版では大体同様に議論できる数直線上の区間の上での積分方程式論を引用して済ませていた所である．第 7 章では，微分可能及び解析多様体の概念，及びこれらの概念とリー群との関連について述べる§を増補した．この§の結果は，第 11 章で，大域におけるコンパクト・リー群の研究に利用される．第 8 章では，コンパクト群の研究に，コンパクトな変換群の研究を補った．第 9 章では，初版より更に進んで被覆空間を考察した．これらの増補と共にこの再版に本質的なものは，コンパクト群または局所コンパクト群に関して，第 2 可算公理の仮定をはずしたことである．この変更は，この本の多くの章，特に，位相空間について述べる第 2 章に，相当の影響を及ぼした．これによって，第 2 章は，以前よりはるかに調和のとれた性格を得て，抽象位相空間論の現状をよりよく反映するようになった．これらが，この再版と初版との本質的な違いである．この他にも，小さな増補や改訂は所所にある．

終りにのぞみ，本書の前半及び後半の編集を御援助下さった B. A. Rochdin 氏及び B. G. Boltjansky 氏に，感謝の意を表したい．また，その代数学セミナリーにおいて本書初版の研究を組織された A. G. Kurosch 氏にも，深く感謝する．この研究は，再版を準備するに際して大きな助けとなったのである．さらに，この版の最終稿を注意深く通読され，数々の貴重な御指示を下さった A. I. Malzev 氏にも，心からの感謝を表明する．これらの指示は，悉く取入れられたのである.

1953, 12, 14. モスクワにて.

L. S. Pontrjagin

序　　論

連続群（または位相群）という概念は，歴史的には，連続変換群の研究から生じたものである．連続変換群，例えば幾何学に現われる変換群は，自然な位相で位相空間になっている．そして，その後，このような変換群の問題を取扱うには，多くの場合その群を変換群と考える必要はなく，単に群に極限の概念が定義されているものとして議論すればよいことが判って来た．こうして，新しい数学の対象として，位相群という概念が生まれたのである．

純粋に論理学的な観点から見れば，位相群は，群と位相空間という二つの数学的概念を組合わせたものに他ならない．従って，位相群の概念は極めて自然に公理的に組立てることができる．群論では，乗法という代数的な演算が最も純粋な形で研究され，また位相空間論においては，同じように純粋な形で，極限の概念が研究される．この二つの演算は，どちらも，数学における基本的な演算の一つであって，従って，同時に現われることが非常に多い．位相群という概念は，この二つの演算をあわせ，緊密に関連させることによって得られるものである．位相群論の諸概念をその公理系からどのように構成して行くかという問題は，それだけでは大して興味あるものではない．それは抽象群論の構成の繰返しに過ぎないからである．これは位相群の理論の始めの部分であって，ここには，格別新しいものは殆ど何もない．しかし，ある一つの集合において，代数的な演算と位相的な演算とが深く関連しているような場合には，その集合はかなり具体的なものに限られてしまうのである．このことは，第4章で詳しく研究される連続体の場合に，特にはっきりと見ることができる．第3章では，まず第一に，位相群の公理をごく普通の形で述べる．またここでは，位相群の最も簡単な諸性質が導かれる．第1章と第2章とは，後の章で用いられる群論及び抽象位相空間論の知識をまとめたものである．

このように位相群の概念が公理的に定義され，その一般的な性質が導かれた後に，はるかに興味のある問題が生じてくる．それは，この新しい抽象的な概念を具体的に構成することである．即ち，古くからあるもっと具体的な対象と結びつけることである．このことによって，昔からある具体的な諸概念が，一般的な観点からあらたに見なおされ，また同時に，新しく生じた抽象的な位相群の概念が，具体的な面を持つようになるのである．

第4章では，特別な準備は何もしないで，直接連続体を研究することができたが，一般の位相群に対しては，そんな簡単な方法では成果を収めることはできない．位相群の研究のための主要な手段は，線型表現の理論であって，第5章ではこれについて述べる．この理論を用いることによって，コンパクト群及びアーベル群の構造が詳しく研究されるのである．これが第6章と第8章との主な内容である．

位相群論の諸概念の中でも最も具体的なものの一つとして，リー群の概念がある．位相群の理論は始めリー群論の形で現われたのであった．リー群論にも，やや古くに形成された理論にありがちな原理的な曖昧さが残されていた．第7章では，このような曖昧さを除いて明確な形でリー群を定義し，その理論を建設する．コンパクト群はリー群と関連させることによって深い研究がなされるのであるから，第7章は，コンパクト群について述べる第8章に対する準備としての役割をも果たすわけである．第10，11章においては，リー群を極めて詳細に研究する．そこでは，リー群の基礎的な理論と共に，コンパクト・リー群の分類が与えられる．第9章では普遍被覆群の概念について述べるが，これは位相群の局所的な性質と大域的な性質との関係を示すものである．

この本の殆どすべての§に，極めて多様な例を附した．理論的な内容をやさしい例で説明したものもあれば，それだけで十分独立した意義を持っている定理の証明を，簡単に述べたものもある．

本書は初めから順を追って読む必要はない．各章の間の関連を示す図を目次の後に掲げておいたから，参照されたい．

読者には，数学上の広い知識を仮定してはいないが，相当の数学的素養は必要である．主として要求されるものは，解析幾何学，行列論，常微分方程式論等の中の初等的な知識である．

本書には文献の目録を附した．文献の引用はこの目録の番号を角括弧〔　〕の中に入れて示してある．

目　　次

下 巻 内 容

各章の内容の関係

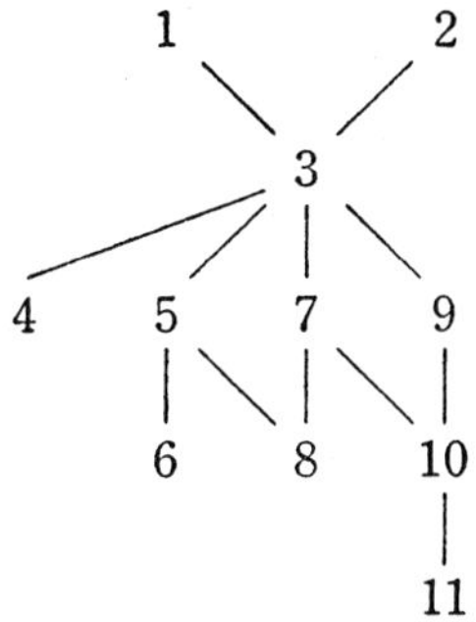

記　　号

集合の概念はこの本の叙述において基本的であるが，それについては既知とする(〔13〕参照)．ここでは集合の概念に関連するいくつかの記号と，集合上の基本的な演算とを導入する．

A)　記号 $a \in M$ は元 a が集合 M に属することを示す．時として集合 M を単にそれに属する元を数え挙げることによって表わすことがある：$M=\{a_1, \cdots, a_n, \cdots\}$．これは集合 M が $a_1, \cdots, a_n, \cdots$ からなることを示す．

B)　記号 $M=N$ は集合 M と N とが一致することを示す．

C)　記号 $M \subset N$ 或は $N \supset M$ は集合 M の各元が集合 N にも属すること，即ち集合 M が集合 N に含まれることを示す．二つの集合が一致する場合も含まれている．

D)　$M \cap N$ によって，集合 M と N との**共通部分**，或は**交わり**，即ち集合 M と N とに同時に含まれる元の全体よりなる集合を表わす．

E)　$M \cup N$ によって，集合 M, N の**和**（合併），即ち集合 M, N の中の少なくとも一方に含まれる元全体よりなる集合を示す．

F)　$M \setminus N$ によって，集合 M と集合 N との**差**，即ち M に属し N には属さない元全体よりなる集合を示す．従って差を作る演算は集合 N が集合 M に含まれるか否かとは関係なく，常に実行される．$M \subset N$ ならば，引算の結果は**空集合**，即ち元を一つも含まない集合である．

G)　M, N を二つの集合とする．集合 M の各元 x に集合 N の一つの定まった元 $y=f(x)$ が対応づけられているものとする．そのとき集合 M から集合 N への，または N の中への，**写像** f があるという．元 y を写像 f による元 x の**像**といい，また元 x を元 y の**原像**，または**原像の一つ**という．

もし集合 N の各元 b が写像 f に関して少なくとも一つの原像 a をもっているならば，即ち，$f(a)=b$ となるならば，f を集合 M から集合 N の**上への写像**という．

A を M の部分集合，即ち $A \subset M$, とする．そのとき $f(A)$ によって，N の元で A に属する元の像になっているもの全体のなす集合を表わす．集合 $f(A)$ を集合 A の**像**という．$B \subset N$ なるとき，$f^{-1}(B)$ によって写像 f によって B の中に写像されるような M の元全体よりなる集合を表わす．集合 $f^{-1}(B)$ を集合 B の写像 f に関する**完全原像**という．

集合 M から集合 N の上への写像 f は，集合 N の各元が写像 f に関し唯一つの原像を有するとき，**1 対 1** であるという．f が 1 対 1 写像であるとき，方程式 $y=f(x)$ は x に関して解くことができる，即ち元 y を知って x を一意に定義することができる．これを $x=f^{-1}(y)$ で表わす．写像 f^{-1} を写像 f の**逆写像**という．

第1章　群

群論は，代数的演算を最も純粋な形で研究するものである．ここでは群を構成している元は，単にその群に与えられた演算の観点だけから考察され，その元のその他のいろいろな性質は考えに入れない．

この章では，群論の基本的な概念を説明する．

§1.　群の概念

定義1.　集合 G において，G の元 a, b の各対(ツイ)に対して G のある元 c を対応させる演算が定義され，**群の公理**と名づけられる下記の条件1, 2, 3を満たすとき，G を**群**という．この演算は，多くの場合乗法と呼ばれ，その結果を ab で表わす．即ち，$c = ab$（積 ab は，a, b を掛ける順序によって異なることがある．即ち ab は一般には ba に等しくない）．

1)　**結合律**：Gの任意の三つの元 a, b, c に対して，$(ab)c = a(bc)$ なる関係が満たされる．

2)　G に，G の元すべてに共通な左**単位元**が存在する，即ち或る元 e が存在して，Gの任意の元 a に対して $ea = a$．

3)　G のすべての元 a に対して，その左**逆元**：即ち $a^{-1}a = e$ なる如き元 a^{-1} が存在する．

群 G の元は有限箇のときも無限箇のときもある．集合 G が有限集合のとき，その群を**有限群**といい，集合 G の元の数を群 G の**位数**という．また集合 G が有限集合でないときは，群 G を**無限群**という．

もし，群において，上記3公理の他になお**可換性**の条件が満たされるとき即ち，G の任意の2元 a, b に対して，等式

$$ab = ba \qquad (1)$$

が成立するならば，その群を**可換群**または**アーベル群**という．可換群に対して

は，屢々乗法記号の代りに加法の記号が用いられる．即ち，積 ab の代りに和 $a+b$ と書く．それに応じて，群演算は乗法とは呼ばれずに**加法**と呼ばれる．この場合には，群の単位元 e は**零**と呼ばれ，0 と書く，また元 a の逆元 a^{-1} は a の**負元**と呼ばれ，$-a$ と書く．

A) 公理 1) により，$(ab)c=a(bc)$：従って，この元は単に abc と書くことができる．全く同様に，四つの元の積，例えば $((ab)c)d$ があるとき，それは容易にわかるように括弧のつけ方に関係なく，従って単に $abcd$ と書くことができる．同じことが任意箇数の積についてもいえる．

B) 群の左単位元はまた右単位元でもある．即ちすべての元 a に対して $ae=a$．元 a の左逆元 a^{-1} はまた右逆元でもある．即ち $aa^{-1}=e$．元 a^{-1} の逆元は a に一致する．即ち $(a^{-1})^{-1}=a$．

B) を証明しよう．公理 2) 及び 3) から，$a^{-1}aa^{-1}=a^{-1}$．この関係の両辺に左から元 a^{-1} の左逆元を掛ければ，$aa^{-1}=e$ を得る，即ち左逆元は同時に右逆元であり，その上，a^{-1} の逆元は a となる．さらに $ae=aa^{-1}a=ea=a$ を得，よって左単位元は同時に右単位元でもある．

C) 群 G において，方程式

$$ax=b \tag{2}$$

及び

$$ya=b \tag{3}$$

は，各々未知数 x 及び y に関して解をもち，しかもその解は唯一つである．このことから，その特別な場合として，単位元の一意性及び逆元の一意性が出る．何故なら，e は方程式 $xa=a$ の解であり，また元 a^{-1} は方程式 $xa=e$ の解だからである．

方程式 (2) 及び (3) が解けることを証明するためには，元 $a^{-1}b$ が方程式 (2) の解であり，また元 ba^{-1} が方程式 (3) の解であることを示せばよい．更に，ここに示された解が一つしかないことは明らかである：方程式 (2) に左から a^{-1} を掛ければ $x=a^{-1}b$ を得，全く同様に，方程式 (3) に右から a^{-1} を掛ければ $y=ba^{-1}$ を得るからである．

D)　単位元及び逆元の一意性が証明された（C）参照）のであるから，今度は自然の順序として初等代数学において用いる一般の記号を導入しよう．m を自然数とするとき，a^{m+1} を，$a^1 = a$，$a^{m+1} = a^m a$ とおいて帰納的に定義する．負の巾は $a^{-m} = (a^{-1})^m$ とおいて，また巾 a^0 は $a^0 = e$ として定義される．そのとき，二つの整数 p 及び q に対して，普通の指数法則：$a^p a^q = a^{p+q}$, $(a^p)^q = a^{pq}$ が満たされることは容易に証される．加法の記号に対しては，a^n の代りに na と書く．

E)　群の元 a に対して，$a^m = e$ となるような自然数 m が存在するとき，元 a は**有限の位数**をもつといい，そうでないとき，元 a は**位数が無限**，または**位数 0**，或は，元 a は**自由元**である等という．元 a が有限の位数をもつとき，その位数の値 r を，$a^r = e$ となる最小の自然数として定義する．或る自然数 n に対して $a^n = e$ ならば，n は a の位数 r で割切れる．

このことを証明するために，n を r で割ってみよう．即ち，n を $n = pr + q$ なる形で表わす，但しここで，

$$0 \leqq q < r, \tag{4}$$

そのとき，

$$e = a^n = a^{pr+q} = (a^r)^p a^q = a^q,$$

故に $a^q = e$，従って不等式 (4) により $q = 0$，即ち n は r で割切れる．

極めて重要な群の例として，集合の**変換よりなる群**がある．群は変換の群として数学に現われたのであり，それが近来，抽象化の結果，変換とは関係なく考察されるようになったのである．

F)　或る集合 Γ からそれ自身の上への 1 対 1 対応を，集合 Γ の**変換**と呼ぶ．x 及び y を集合 Γ の二つの変換とするとき，その**積** $z = xy$ は，すべての $\xi \in \Gamma$ に対して $z(\xi) = x(y(\xi))$，という関係によって定義される．このように定義された写像 z が集合 Γ の変換であることは容易にわかる．この乗法に対する単位元は，任意の $\xi \in \Gamma$ に対して $e(\xi) = \xi$，なる関係で定義される集合 Γ の**恒等変換** e である：$ex = xe = x$ は明らかであろう．変換 x の逆変換 x^{-1} は，集合 Γ のすべての元 $x(\xi)$ を元 ξ に写すものとして定義される：明らかに，$x^{-1}x = e$.

よって変換 x^{-1} は変換 x の左逆元である．このように定義された変換の乗法法則に対して結合律が成立することを，下に示そう．そうすれば，集合 Γ の変換からなる一つの空でない集合 G が，任意の2元と共にその積を含み，また任意の変換と共にその逆をも含むならば，それは，上に定められた変換の乗法によって群をなす．このような群をすべて，集合 Γ の**変換群**という．集合 Γ の変換群 G は，Γ の任意の2元 ξ 及び η に対して $x(\xi)=\eta$ なる如き変換 $x\in G$ が存在するとき，**推移的**であるという．特に，集合 Γ の**すべて**の変換よりなる群は推移的である：ξ を η に写す一つの変換 x は，関係

$$x(\xi)=\eta,\ \ x(\eta)=\xi,\ \ x(\zeta)=\zeta\ \ (\zeta\neq\xi, \zeta\neq\eta)$$

によって与えられる．

変換の乗法について結合律を証明しよう．x, y 及び z を集合 Γ の三つの変換とし，$\xi\in\Gamma$ とする，そのとき，

$$(xy)z(\xi)=(xy)(z(\xi))=x(y(z(\xi))),$$

$$x(yz)(\xi)=x(yz(\xi))=x(y(z(\xi))),$$

よって，$(xy)z=x(yz)$．

例 1．n 箇の元から成る有限集合 Γ_n, 例えば数 $1, 2, \cdots, n$, の変換全体のなす群を，G_n とする．集合 Γ_n の各変換はまた**置換**とも呼ばれ，群 G_n は集合 Γ_n の**置換全体のなす群**ともいう．各置換は，周知のように，一意に**巡回置換**の積に分解される：巡回置換 $(i_1, i_2, \cdots, i_k)$ とは，数 i_1 を数 i_2 に，数 i_2 を数 i_3 に，…，最後に，数 i_k を数 i_1 に写すものである．集合 Γ_n の変換群 G_n は $n!$ 箇の元を含んでいる．例として，群 G_3 の元を数え上げてみよう．この群は，$a=(1, 2)(3)$；$b=(1, 3)(2)$；$ab=(1, 3, 2)$；$ba=(1, 2, 3)$；$aba=(1)(2, 3)$；$e=(1)(2)(3)=a^0$ からなる．このように，群 G_3 の元はすべて，その二つの元 a 及び b によって表わされる．このような場合，a 及び b は群 G_3 の**生成元**であるという．元 $(1, 2)(3)$, $(1, 3)(2)$, $(1)(2, 3)$ は位数2であり，元 $(1, 2, 3)$ 及び $(1, 3, 2)$ は位数3である．また $ab\neq ba$ 故，群 G_3 は非可換である．

例 2．$r=\|r^i{}_j\|$, $s=\|s^j{}_k\|$, $i=1, \cdots, a$；$j=1, \cdots, b$；$k=1, \cdots, c$ を複素数よりなる二つの行列とする．ここに書かれてあるように，第1の行列の列の数

は第2のものの行の数に等しい．この条件によって，行列 r と s との積 rs を行列 $t=\|t^i{}_k\|$，但し

$$t^i{}_k=\sum_{j=1}^{b} r^i{}_j s^j{}_k,\quad i=1,\cdots,a\,;k=1,\cdots,c$$

として定義することができる．

ここで，もし r 及び s が共に次数 n の正方行列，即ち，$a=b=c=n$ ならば，rs もまた，次数 n の正方行列である．行列式が 0 でないすべての n 次正方行列よりなる集合 G が，上に定義された乗法に関して群をなすことを証明しよう．結合律は，行列の乗法の定義から直ちに出る．

単位元は単位行列 $e=\|\delta^i{}_j\|$，但し，$\delta^i{}_i=1, \delta^i{}_j=0\ (i\neq j)$．行列 $s=\|s^i{}_j\|$ の逆行列 $r=\|r^i{}_j\|$ を見いだすためには，方程式の系

$$\sum_{j=1}^{n} r^i{}_j s^j{}_k=\delta^i{}_k$$

を，未知数 $r^i{}_j$ について解けばよい．i を固定したとき，これは n 箇の未知数に関する n 箇の方程式の系で，その係数の作る行列式 $|s^j{}_k|$ は 0 でないから，この方程式系は解くことができる．

容易にわかるように，実の行列よりなる，集合 G の部分集合 G' もまた，群をなす．

§2. 部分群，正規部分群，剰余群

今後屢々，群の種々な部分集合及びそれらの上のいくつかの演算を考察することが必要となる．ここで，これらの演算に対する記号を導入しておこう．

A) A と B とを群 G の二つの部分集合とする．そのとき AB によって，xy：$x\in A, y\in B$，なる形の元全体よりなる部分集合を表わす．A^{-1} によって，$x^{-1}:x\in A$，なる形の元全体を表わす．自然数 m に対して，部分集合 A^{m+1} を，$A^1=A$，$A^{m+1}=A^mA$，として，帰納的に定義する．部分集合 A^{-m} は，$A^{-m}=(A^{-1})^m$ として定義される．また部分集合 A^0 は，$A^0=\{e\}$ として定義される．今定義した記号を用いることによって，部分集合の任意整数巾の任意箇の積を作ること

ができる．今後場合によっては，一つの元を含む集合とその元自体とを区別しない．この意味で，記号 Ab ; $A \subset G, b \in G$, が定義される．A が空でなければ，

$$AG = GA = G, \tag{1}$$

$$G^{-1} = G, \tag{2}$$

$$Ae = eA = A \tag{3}$$

なることに注意しよう．加法記号に対しては，AB の代りに $A+B$ と書き，また A^n の代りに nA と書く．

或る群 G を取ろう．我々はこれから出発して，新しい群を構成することができる．最も簡単な構成法は，次の定義によって与えられる．

定義 2. 或る群 G の部分集合 H が，G における乗法によって群をなすとき，H を群 G の**部分群**という．

B)　群 G の部分集合 H が部分群をなすためには，それが次の2条件の一つをみたすことが必要かつ十分である．

a)　H の任意の2元 a, b と共に，元 ab^{-1} もまた H に含まれる．A) における記号を利用すれば，この条件は

$$HH^{-1} \subset H \tag{4}$$

という形に書くことができる．

b)　H の任意の2元 a, b と共に，元 ab 及び b^{-1} がまた H に含まれる．A) の記法に従えば，この条件は

$$H^2 \subset H, \tag{5}$$

及び

$$H^{-1} \subset H \tag{6}$$

の形に書ける．

上記の条件が必要であることは明らかである．それが十分であることを証明しよう．$a \in H$ ならば，条件 a) により $aa^{-1} = e \in H$ 更に $e \in H$, $a \in H$ 故再び条件 a) より $ea^{-1} = a^{-1} \in H$ を得る．また，a, b を H の2元とすれば，既に証明されたことから，$b^{-1} \in H$, 従って条件 a) より，$ab = a(b^{-1})^{-1} \in H$. 故に，条件 a) を満たせば，$H$ は部分群である．条件 b) が十分なることも，全く同様に証明

される.

任意の群は，その勝手な1元のすべての整数巾よりなる集合を，それ自身の部分群として含んでいる．例外的に，群が，その或る一つの元の巾全体よりなっているとき，その群を**巡回群**という．無限巡回群を**自由巡回群**ともいう．その元はすべて（もちろん単位元は除外して）自由元である（§1, E）参照）.

近代数学の新しい概念を構成する際，屢々同値関係が用いられる．それは次のように述べることができる.

C) 或る集合 M において**同値関係**が定義されているとは，その任意の2元 a, b に対して，それが同値であるか否か，記号で書けば，$a \sim b$ であるか $a \not\sim b$ であるかを定めることができ，かつ次の条件が満たされていることをいう：

a) **反射律**：$a \sim a$,

b) **対称律**：$a \sim b$ ならば $b \sim a$,

c) **推移律**：$a \sim b, b \sim c$ ならば $a \sim c$.

上記の条件が満たされているとき，M に設けられた同値関係は，自動的に，M を互に同値な元よりなる類に分割する：異なる類は共通の元を持たない.

次に，この一般的な同値の概念を，群に応用しよう.

D) G を或る群，H をその部分群とする．G の2元 a, b を，$ab^{-1} \in H$ であるとき，かつそのときに限り，$a \sim b$ と考えよう．このようにして集合 G に設定される同値関係は，定義 C）の条件をすべて満足し，その結果 G は互に同値な元の類に分割されることが示される．ここに得られた類を，群 G の部分群 H に関する**右剰余類**という．さらに，A を部分群 H に関する或る右剰余類，かつ $a \in A$ とすれば，$A = Ha$（A）参照）なることが示される．逆に Hb なる形の部分集合は，それぞれ一つの右剰余類であり，$H = He$ 故，部分群 H はそれ自身一つの右剰余類である．上に述べたことと方程式 $c = xa$ の解の一意性（§1, C）参照）とから，各右剰余類の濃度はすべて部分群 H の濃度に等しい．特に，G が位数 g の有限群で，部分群 H が位数 h をもてば，g は h で割切れ，g/h は右剰余類の数となる.

まず第一に，D）において与えられた同値関係が定義 C）の諸条件を満たすことを証明しよう.

実際, $aa^{-1}=e\in H$ 故 $a\sim a$. $a\sim b$ 即ち $ab^{-1}\in H$ ならば, $(ab^{-1})^{-1}=ba^{-1}\in H$, 即ち $b\sim a$. また, $a\sim b$ かつ $b\sim c$ ならば, 即ち $ab^{-1}\in H$ かつ $bc^{-1}\in H$ ならば, $ac^{-1}=ab^{-1}b\,c^{-1}\in H$, 即ち $a\sim c$. かくして三つの条件はすべて満たされる.

次に, A を部分群 H に関する或る右剰余類, $a\in A$ とするとき, $A=Ha$ となることを示そう. 実際, $x\in A$ とすれば $xa^{-1}\in H$, 従って $x\in Ha$. 逆に $y\in Ha$ とすれば $ya^{-1}\in H$, よって $y\in A$.

最後に, Hb なる形の集合はすべて剰余類なることを示そう. 実際, 元 b は, 剰余類の一つ, 例えば B, に属するから, 今証明したばかりの事実と併せて, $B=Hb$.

こうして命題 D) は証明された.

E) D) において導入された同値関係と並んで, $a^{-1}b\in H$ なるとき, かつそのときに限り $a\sim b$ と考えることによって, 全く同様に別の同値関係を定義することができる. この同値関係によって得られる類を, 部分群 H に関する**左剰余類**という. D) におけると全く同様に, 各左剰余類が aH なる形に書けること, また逆に bH なる形の部分集合は一つの左剰余類なることが証される.

そこで今度は, 如何なる条件の下で, 群 G の部分群 H に関する右剰余類と左剰余類とが一致するかという問題を考えてみよう. A が H に関する右剰余類であると同時に左剰余類でもあるとすれば, 任意の元 $a\in A$ に対して $A=Ha=aH$. すべての右剰余類が同時に左剰余類ならば, すべての $a\in G$ に対して $Ha=aH$. この式に左から a^{-1} を乗ずれば, $a^{-1}Ha=H$ を得る. このような性質をもつ部分群は, これを特に取上げて, 次のように定義する.

定義 3. N を群 G の部分群とする. すべての $n\in N$ 及びすべての $a\in G$ に対して $a^{-1}na\in N$ となるとき, 換言すれば, すべての $a\in G$ に対して $a^{-1}Na\subset N$ となるとき, N を群 G の**不変部分群**または**正規部分群**という.

N が正規部分群, 即ちすべての $a\in G$ に対して $a^{-1}Na\subset N$ となるとき, 実はすべての $a\in G$ に対して $a^{-1}Na=N$ である. 実際 $a=b^{-1}$ とおけば, $bNb^{-1}\subset N$. この関係に左から b^{-1}, 右から b を乗ずれば, $N\subset b^{-1}Nb$ を得る. しかし元 a は

任意だったから，b もまた G の任意の元である．よって任意の $b\in G$ に対して $b^{-1}Nb=N$ である．この関係は

$$Nb=bN \tag{7}$$

なる形にも表わせる．

F) 部分群 N に関する左右の剰余類が一致するためには，N が正規部分群であることが必要かつ十分である．

この条件が必要なることは既に証明した．これが十分なることを証明しよう．A を部分群 N に関する右剰余類とする．そのとき $A=Na$．ところが $Na=aN$((7) 参照) 故，A は左剰余類でもある．

次の定義は，与えられた群から新しい群を構成する第二の方法を与えるものである．

定義 4. N を群 G の正規部分群とし，さらに，A，B を N に関する剰余類：$A=Na, B=Nb$ とする．積 AB (A) 参照)を作れば，$AB=NaNb=NNab=Nab$，即ち，積 AB はまた N による剰余類である．こうして剰余類の集合において乗法が定義され，かつそれは，直ちに証明されるように，群の公理を満足する．このようにして得られた剰余類の群を，群 G の，正規部分群 N による**剰余群**といい，G/N で表わす．

G/N に対して定義 1 の公理 1), 2), 3) が満たされることを証明しよう．結合律は，それが G で成立するのであるから明らかである．群 G/N の単位元は N である．実際 $N(Na)=Na$．aN の逆元は Na^{-1} である．実際，$(Na^{-1})(aN)=N$.

G) すべての群 G には，少なくとも二つの正規部分群が存在する．即ち，唯一つの元，単位元 e のみを有する部分群 $\{e\}$ 及び G 自身と一致する部分群である．この二つの *trivial* な部分群以外に G に正規部分群がないとき，G を**単純群**という．

例 3. $s=\|s^i{}_j\|$ を任意の行列とする．これに対し，$t^i{}_j=s^j{}_i$ として，その**転置行列** $s^*=\|t^i{}_j\|$ を定義する．積 rs (例 2 参照) が定義できるような任意の二つの行列 r 及び s に対して，$(rs)^*=s^*r^*$ なることは見やすい．実の成分を有する正方行列で，$s^*s=e$ なるものを**直交行列**という．すべての n 次直交行列

の集合 H は，行列式 $\neq 0$ なるすべての実正方行列のなす群 G' (例2参照) の部分群である．

r, s を H の二つの行列とする．即ち $r^*r=e, s^*s=e$，そのとき，$(rs)^*rs=s^*r^*rs=s^*s=e$．即ち，$rs \in H$．さらに $r^*r=e$ より $r^*=r^{-1}$．よって $rr^*=e$．この等式両辺の転置行列を作れば，$(rr^*)^*=e^*=e$．即ち $r^{**}r^*=e$．このことは行列 r^* が直交行列なることを示す．こうして行列 r^{-1} は直交行列，即ち $r^{-1} \in H$．

$n \geqq 2$ に対しては，部分群 H は群 G の正規部分群でないことが，容易に証明される．

例 4. G を例2において与えられた行列の群とする．行列式が1の G の行列全体を H で表わす．行列を乗ずるとき，その行列式もまた乗ぜられる故，H は群 G の正規部分群である．

§3.　同型，準同型

この章の初めに，群の理論は群をただその群において定義された演算についてのみ考察するものであることを注意しておいた．この事情は次の定義において明瞭に表現されている．

定義 5.　群 G から群 G' の上への写像 f が1対1であり，かつ乗法演算を保つ，即ち，G の任意の2元 x, y に対して $f(xy)=f(x)f(y)$ となるとき，f を**同型写像**という．写像 f が同型写像ならばその逆写像もまた同型写像であることは容易にわかる．二つの群 G, G' は，その一つの群から他の群の上への同型写像が存在するとき，**同型**であるという．

A)　群 G からそれ自身の上への同型写像を考えることができる．このような同型写像を，群 G の**自己同型写像**或は略して**自己同型**という．群 G の自己同型は，それが1対1であることを考えれば，集合 G の一つの変換（§1, F）参照）である．従ってその意味で二つの自己同型の積が定義され，その結果得られる群 G の変換はまた，その群の自己同型である．さらに不動変換が自己同型であり，また，或る自己同型の逆変換がまた自己同型なることは明らかである．よって，群 G のすべての自己同型の集合は群をなす．

B) a を，群 G の或る固定された元とする．この元 a により，群 G の自己同型 f_a を

すべての $x \in G$ に対し，

$$f_a(x) = axa^{-1} \tag{1}$$

として定義する．こうして得られた自己同型を**内部自己同型**という．群 G のすべての内部自己同型の集合は全自己同型のなす群（自己同型群）の部分群であり，かつ

$$f_a f_b = f_{ab}. \tag{2}$$

関係（1）が実際に自己同型を与えることを証明しよう．まず第一に，写像 f_a に対して

$$f_a^{-1} = f_{a^{-1}} \tag{3}$$

で定義される逆写像 f_a^{-1} が存在する．事実，$f_a(f_{a^{-1}}(x)) = a(a^{-1}xa)a^{-1} = x$. よって f_a は1対1である．さらに，

$$f_a(xy) = axya^{-1} = axa^{-1}aya^{-1} = f_a(x)f_a(y).$$

内部自己同型の全体が自己同型群の部分群をなすことを証明するためには，後は関係（2）を証明しさえすればよい（§2, B) 参照）．ところで，

$$f_a(f_b(x)) = a(bxb^{-1})a^{-1} = (ab)x(ab)^{-1} = f_{ab}(x).$$

同型写像より弱い関係，所謂**準同型**写像が，二つの群の間に定義される．

定義 6. 群 G から群 G^* の中への写像 g が群乗法を保つとき，即ち G の任意の2元 x, y に対して

$$g(xy) = g(x)g(y) \tag{4}$$

となるとき，g を**準同型写像**という．群 G の元で，写像 g によって群 G^* の単位元 e^* に写像されるものの全体 $g^{-1}(e^*)$ を，準同型写像 g の**核**という．

g を群 G から群 G^* への準同型写像とするとき，

$$g(e) = e^*, \tag{5}$$

即ち，群 G の単位元は群 G^* の単位元に写される．その上，任意の $x \in G$ に対して

$$g(x^{-1}) = (g(x))^{-1}. \tag{6}$$

実際，$g(e)g(x)=g(ex)=g(x)$．よって $g(e)=e^*$．さらに，$g(x^{-1})g(x)=g(x^{-1}x)=g(e)=e^*$．これは $g(x^{-1})=(g(x))^{-1}$ なることを示している．

次の定理は，準同型写像と同型写像との間の関係を与えるものである．

定理 1.　g を群 G から群 G^* の上への準同型写像，N を準同型写像 g の核とする．そのとき，N は群 G の正規部分群であって，群 G^* は群 G/N (定義4参照) に同型である．さらに正確にいえば，x^* を群 G^* の或る元，$X=g^{-1}(x^*)$ とするとき，X は群 G の部分群 N に関する剰余類，即ち $X\in G/N$ であり，このようにして得られる群 G/N 及び G^* の元の間の1対1対応が，これらの群の間の同型写像を与える．この同型写像を，同じこれらの群の間の他の有り得べき同型写像と区別して，**自然な**同型写像という．

証明.　まず N が群となることを証明する．$x\in N, y\in N$ とする．このことは $g(x)=e^*$，$g(y)=e^*$ なることを意味し，従って $g(xy)=g(x)g(y)=e^*e^*=e^*$．即ち $xy\in N$. さらに，$x\in N$ ならば $g(x)=e^*$．しかしそのときは ((6) 参照)，$g(x^{-1})=(g(x))^{-1}=e^{*-1}=e^*$，即ち $x^{-1}\in N$．こうして N は群 G の部分群である（§2，B) 参照)．

N が群 G の正規部分群なることを示そう．$x\in N, a\in G$ とすれば，$g(a^{-1}xa)=g(a^{-1})g(x)g(a)=(g(a))^{-1}e^*g(a)=e^*$．即ち $a^{-1}xa\in N$.

次に a^* を G^* の或る元とし，$A=g^{-1}(a^*)$ とする．a, a' を A の二つの元とすれば，

$$g(a'a^{-1})=g(a')g(a^{-1})=g(a')(g(a))^{-1}=a^*a^{*-1}=e^*.$$

よって $a'a^{-1}\in N$，即ち a と a' とは N に関する同一の剰余類に属す．逆に，x が a と同一の剰余類に属すとすれば，即ち，$xa^{-1}\in N$ とすれば，$g(x)a^{*-1}=g(x)g(a^{-1})=g(xa^{-1})=e^*$．即ち，$g(x)=a^*$．こうして A は，N に関する剰余類の一つと一致する．このようにして，N に関する剰余類と G^* の元との間の1対1の対応が得られた．即ち，G^* の各元 a^* に対して，剰余類 $g^{-1}(a^*)$ が対応する．ところで各剰余類は群 G/N (定義4参照) の元である．従って，各元 $A\in G/N$ は元 $f(A)=a^*\in G^*$ に対応し，かつ f は1対1写像となる．そこで f が同型写像なることを示そう．A, B を G/N の2元，かつ $a\in A, b\in B$ としよう．

$g(a)=a^*, g(b)=b^*$ とおけば，$f(A)=a^*, f(B)=b^*$. さらに $ab\in AB$. 従って，

$$f(AB)=g(ab)=a^*b^*=f(A)f(B)$$

であり，同型の条件は満たされる．かくして f は同型写像である．

次の命題は定理1と密接な関係にある．

C) G を或る群，N をその正規部分群とする．群 G から群 G/N の上への写像 g を，各元 $x\in G$ に x を含む剰余類，X を対応させる写像，即ち，$g(x)=X\in G/N$，$(x\in X)$ として定義する．ここに得られた群 G から群 G/N の上への写像は準同型となる．これを群からその剰余群の上への**自然な**準同型写像といって，他のいろいろな準同型写像と区別する．

a, b を G の2元，$a\in A\in G/N, b\in B\in G/N$ としよう．そのとき，定義より，

$$g(a)=A, \tag{7}$$

$$g(b)=B. \tag{8}$$

他方，$ab\in AB$，従って

$$g(ab)=AB. \tag{9}$$

上記の関係 (7), (8), (9) より $g(ab)=g(a)g(b)$ を得るが，これは g が準同型なることを示している．

D) 準同型 g の核が単位元，即ち $N=\{e\}$ ならば，g は同型写像であることに注意しよう．実際そのときは，各剰余類がただ一つの元のみを含む故，G^* の各元に写像される G の元はただ一つだからである．

E) 群 G から G^* の中への準同型写像 g が，G^* の上への準同型写像ではないならば，集合 $H^*=g(G)$ は群 G^* の部分群である．

x^* 及び y^* が H^* の2元ならば，$x^*=g(x), y^*=g(y)$．そのとき $x^*y^{*-1}=g(xy^{-1})$，即ち，$x^*y^{*-1}\in H^*$．よって（§2, B) 参照) H^* は群 G^* の部分群である．

F) g を群 G から群 G^* の上への或る準同型写像とする．H が群 G の或る部分群ならば，$g(H)$ は群 G^* の部分群である．H が群 G の正規部分群ならば，$g(H)$ も群 G^* の正規部分群である．

$g(H)$ が部分群であることは命題 E) より出る．g は群 H から群 G^* の中への準同型写像を与えるからである．H が正規部分群なる場合を考えよう．$x^*\in G^*$

とする．そのとき $g(x)=x^*$ なる元 $x \in G$ が存在し，$x^{-1}Hx \subset H$，よって $x^{*-1}g(H)x^*=g(x^{-1}Hx) \subset g(H)$．故に $g(H)$ は群 G^* の正規部分群である．

G) g を群 G から群 G^* の中への或る準同型写像とする．H^* が群 G^* の部分群ならば，$g^{-1}(H^*)$ は群 G の部分群である．H^* が群 G^* の正規部分群ならば，$g^{-1}(H^*)$ は群 G の正規部分群である．

H^* を部分群，$a \in g^{-1}(H^*)$，$b \in g^{-1}(H^*)$ としよう．そのとき，$g(ab^{-1})=g(a)(g(b))^{-1} \in H^*$，即ち，$ab^{-1} \in g^{-1}(H^*)$．従って（§2, B)参照)，$g^{-1}(H^*)$ は部分群である．H^* を正規部分群，$a \in g^{-1}(H^*)$，$x \in G$ とする．そのとき，$g(x^{-1}ax)=(g(x))^{-1}g(a)\,g(x) \in H^*$，即ち，$x^{-1}ax \in g^{-1}(H^*)$ であり，従って $g^{-1}(H^*)$ は群 G の正規部分群である．

H) 容易にわかるように，g が群 G から群 G^* の中への準同型写像であり，g^* が群 G^* から群 G^{**} の中への準同型写像ならば，写像 $h=g^*g$ は群 G から群 G^{**} の中への準同型写像となる．

今度は変換の群を，§1，命題 F) で定義したよりいくらか広く定義しよう．

I) 群 G が集合 Γ の**変換群**であるとは，各元 $x \in G$ に集合 Γ の変換 x^* が対応して，$x^*=\tau(x)$ とするとき，$\tau(xy)=\tau(x)\,\tau(y)$ (§1, F) 参照) となることをいう．$G^*=\tau(G)$ とおく．明らかに G^* は §1, F) の意味で集合 Γ の変換の群であり，τ は群 G から群 G^* の上への準同型写像である．準同型写像 τ の核を変換群 G の**無効核**という．もし τ が同型写像ならば，群 G を**エフェクティヴな**変換群という．この場合群 G は，$x=x^*$ とおき G の各元を集合 Γ の変換と考えることによって，群 G^* と一致する．集合 Γ の変換の群 G に対し，群 G^* が推移的であるとき，即ち，集合 Γ の任意の2元 ξ, η に対して $x^*(\xi)=\eta$ なる元 $x \in G$ を見いだし得るとき，その変換群 G を**推移的**という．G を集合 Γ の変換群，G' を集合 Γ' の変換群としよう．写像 φ が群 G から群 G' の上への同型写像であり，また ψ が集合 Γ から集合 Γ' の上への1対1写像であり，かつ $x'=\varphi(x)$, $\xi'=\psi(\xi)$ ならば $x'^*(\xi')=\psi(x^*(\xi))$ なるとき，写像 φ, ψ の対を，対 G, Γ から対 G', Γ' の上への**相似写像**という．また対 G, Γ から対 G', Γ' の上への相似写像が存在するとき，対 G, Γ と G', Γ' とは**相似**であるという．

次に，推移的な変換群を考察しよう．

J）　G を群，H をその部分群，また G/H を群 G の部分群 H に関する左剰余類の集合とする．各元 $x \in G$ に対して，集合 G/H からそれ自身の中への写像 x^* : $x^*(\Xi) = x\Xi$; $\Xi \in G/H$, を対応させる．こうして定義された写像 x^* が集合 G/H の変換であり，かつ対応 $x \to x^*$ によって群 G は集合 G/H の推移的な変換群（I）参照）となることが示される．さらに，条件 $x^*(H) = H$ を満たす如き元 $x \in G$ の全体 K は H に一致する．変換群 G の無効核 N は H に含まれ，H に含まれる G の正規部分群をすべて含む．この意味で N は H に含まれる群 G の正規部分群中最大なものである．

x, y を G の 2 元，$z = xy$, $\Xi \in G/H$ とすると，$z^*(\Xi) = z(\Xi) = xy\Xi = x^*(y^*(\Xi))$. 従って $(xy)^* = x^*y^*$. e^* は集合 G/H のそれ自身の上への恒等写像であるから，各写像 x^* はその逆写像 $(x^{-1})^*$ を持ち，よってそれは集合 G/H の変換である．関係 $(xy)^* = x^*y^*$ は G が集合 G/H の変換群なることを示している．aH 及び bH を G/H の任意の 2 元とする．元 $x = ba^{-1}$ は明らかに，条件 $x^*(aH) = bH$ を満たす変換 x^* に対応する．こうして変換群 G は推移的となる．

$x \in K$ ならば $x^*(H) = xH = H$, 故に $x \in H$. $x \in H$ ならば $x^*(H) = xH = H$, 故に $x \in K$. 従って $K = H$. $x \in N$, $g \in G$ ならば $x^*(gH) = xgH = gH$, 即ち $g^{-1}xg \in H$, 故に $x \in gHg^{-1}$. 逆に任意の $g \in G$ に対して $x \in gHg^{-1}$ ならば，$g^{-1}xg \in H$, $x^*(gH) = gH$, 故に $x \in N$. 従って N は gHg^{-1} なる形のすべての集合の共通部分であり，またこの共通部分は，容易にわかるように，H に含まれる群 G の正規部分群の中最大なるものである．

K）　G を集合 Γ の推移的変換群（I）参照），α を集合 Γ の或る固定された元とする．$x^*(\alpha) = \xi$ なる如きすべての元 $x \in G$ の集合を $\psi(\xi)$ とし，$H_\alpha = \psi(\alpha)$ とおく．そのとき，H_α は群 G の部分群（α に関する**固定変換部分群**），$\psi(\xi)$ は群 G の部分群 H_α に関する左剰余類，また ψ は集合 Γ から，群 G の部分群 H_α に関する左剰余類の集合 G/H_α の上への 1 対 1 写像である．φ を群 G から自分自身の上への恒等写像とする．写像の対 φ, ψ は対 G, Γ から

対 G, G/H_αの上への相似変換なることが示される（I), J) 参照). さらにまた, もし, $\beta\in\Gamma$, x を $x^*(\alpha)=\beta$ なる如き群 G の元とすれば, $H_\beta=xH_\alpha x^{-1}$ となる.

命題 K) を証明しよう. 変換群 G は推移的だから集合 $\psi(\xi)$ は空ではない. x, y を集合 $\psi(\xi)$ の 2 元とする. そのとき $x^*(\alpha)=y^*(\alpha)$. よって $(x^{-1}y)^*(\alpha)=\alpha$ を得る. $\xi=\alpha$ なる特別な場合には, この関係から $H_\alpha^{-1}H_\alpha\subset H_\alpha$, 即ち H_α が群 G の部分群なることが結論される. 以上のことから, すべての ξ に対して, $\psi(\xi)$ の 2 元 x, y は, 群 G の部分群 H_α に関する同一の左剰余類に属することが結論される. 次に, $y\in\psi(\xi)$ で, x が y と同一の, 群 G の部分群 H_α に関する左剰余類に含まれるならば, $(x^{-1}y)^*(\alpha)=\alpha$, 即ち $x^*(\alpha)=y^*(\alpha)=\xi$, 従って $x\in\psi(\xi)$. こうして $\psi(\xi)$ は群 G の部分群 H_α に関する左剰余類である. ξ, η が集合 Γ の異なる元ならば, 明らかに集合 $\psi(\xi), \psi(\eta)$ は交わらず, 従って $\psi(\xi)\neq\psi(\eta)$. さらに xH_α を任意の左剰余類とすれば, $\psi(x^*(\alpha))=xH_\alpha$. よって ψ は集合 Γ から集合 G/H_α の上への 1 対 1 写像である. 元 $x\in G$ には, 集合 Γ の変換 x^* 及び集合 G/H_α の変換 (J) 参照)——これを同じく記号 x^* で表わす ; が対応する. 元 $\psi(x^*(\alpha))=xH_\alpha\in G/H_\alpha$ に変換 y^* を適用すれば,

$$y^*(\psi(x^*(\alpha)))=y^*(xH_\alpha)=yxH_\alpha=(yx)^*(H_\alpha)=\psi((yx)^*(\alpha))=\psi(y^*(x^*(\alpha))).$$

この関係で $x^*(\alpha)$ を ξ でおき換えれば, $y^*(\psi(\xi))=\psi(y^*(\xi))$ を得, これは写像の対 φ, ψ が対 G, Γ から対 $G, G/H_\alpha$ の上への相似写像なることを示す (φ は恒等写像).

$x^*(\alpha)=\beta$ ならば, 集合 $xH_\alpha x^{-1}$ の元に対応する変換はすべて β を動かさない. よって $xH_\alpha x^{-1}\subset H_\beta$. 同様に $x^{-1}H_\beta x\subset H_\alpha$ を得, この二つより $H_\beta=xH_\alpha x^{-1}$ が出る.

例 5. Γ を点集合と考えた Euclid 平面とする. 平面の**運動**とは, 周知の如く, その任意 2 点間の距離を変えず, また正の向きを正の向きに写す変換をいう. 二つの運動を相次いで行えば, 即ちそれらの変換としての積を作れば, 再び運動を得, また運動の逆変換がやはり運動であることは, 共に明らかである.

こうしてすべての平面運動の全体 G は, Γ の変換群をなす. この群は明らかに推移的である. 平面上の任意の点 α を固定したとき, これに応じて α を動かさないすべての運動, 即ち点 α のまわりのすべての廻転よりなる部分群 H_α を得る. 既に証明されたこと (J), K) 参照) から部分群 H_α は群 G の $\{e\}$ 以外の正規部分群を含まず, 従って H_α は群 G の正規部分群ではない. このことから, 特に, 群 G は非可換なることがわかる. 平面のすべての平行移動のなす群 N は, 容易に示し得る如く G の正規部分群である. N だけでも Γ の一つの推移的な変換群である.

例 6. G をすべての実数よりなる加法群, G' をすべての正の実数よりなる乗法群とする. 群 G と G' とが同型であることを示そう. 実際, 各元 $x \in G$ に元 $f(x)=e^x \in G'$ を対応させる写像 f は, 群 G から群 G' の上への同型写像である.

例 7. G を例 2 において与えられた行列の群, G^* を 0 ならざるすべての複素数よりなる乗法群とする. 群 G から群 G^* 上への準同型写像 g を与えよう. s を G の行列, $g(s)=|s|$, 但し $|s|$ は行列 s の行列式——とおく. そのとき, $g(st)=|st|=|s|\cdot|t|$. その上 0 でない任意の複素数 a に対し $|s|=a$ となる G の元 s が存在する. 以上により写像 g は群 G から G^* の上への準同型写像である. 群 G^* の単位元は数 1 故, 準同型写像 g の核は行列式が 1 なる行列の全体である.

§4. 中心, 交換子群

この§では, 因子の順序とその積との関係を考察する.

A) 群 G の 2 元 a, b は, その積が因子の順序に無関係なるとき, 即ち $ab=ba$ なるとき, **可換**であるという.

定義 7. 群 G の元 z が群 G のすべての元と可換なるとき, 即ちすべての $x \in G$ に対して $zx=xz$ なるとき, z を**中心元**という. このことは $x^{-1}zx=z$ なるときと言っても同じである. 群 G のすべての中心元の集合 Z を, 群 G の**中心**という.

中心 Z が群 G の部分群なることを示そう. 実際, z, z' を Z の 2 元とするとき, すべての $x \in G$ に対して $xzz'=zxz'=zz'x$. 即ち $zz' \in Z$. さらに等式 $xz=zx$

の両辺に左及び右から z^{-1} を乗ずると $z^{-1}x=xz^{-1}$ を得るから $z^{-1}\in Z$ である．故に Z は群 G の部分群である．

B) 群 G の中心 Z の任意の部分群 H は G の正規部分群である．実際，$h\in H$ ならば $h\in Z$．従ってすべての $x\in G$ に対して $x^{-1}hx=h\in H$．よって特に中心自身も正規部分群である．群 Z の部分群を**中心正規部分群**という．

C) 元 a,b が可換か否かの問題を明確にするためには，積 $ab(ba)^{-1}=ab$ $a^{-1}b^{-1}$ を作ってみればよい．もしそれが単位元に等しければ a と b とは可換であり，然らざれば非可換である．積 $aba^{-1}b^{-1}$ を元 a,b の**交換子**という．

定義 8. 群 G の元で $q_1q_2\cdots q_m$，——但し各因子 q_i は群 G の或る交換子——の形に表わされるもの全体の集合 Q を作る．集合 Q を群 G の**交換子群**という．

群 G の交換子群 Q は，この群の正規部分群なることを示そう．

x,y を Q の元とすれば，$x=q_1\cdots q_m$, $y=q'_1\cdots q'_n$，となる．但し右辺の因子は交換子である．そのとき $xy=q_1\cdots q_m q'_1\cdots q'_n$，従って $xy\in Q$．また q を交換子とすれば $q=aba^{-1}b^{-1}$，よって $q^{-1}=bab^{-1}a^{-1}$．即ち q^{-1} もまた交換子，よって $x^{-1}=q_m{}^{-1}\cdots q_1{}^{-1}$ は Q に属す．このようにして Q は群 G の部分群である．さらに $q=aba^{-1}b^{-1}$ ならば $c^{-1}qc=(c^{-1}ac)(c^{-1}bc)(c^{-1}ac)^{-1}(c^{-1}bc)^{-1}$．即ち $c^{-1}qc$ も交換子である．$x=q_1\cdots q_m$ とすれば，$c^{-1}xc=(c^{-1}q_1c)\cdots(c^{-1}q_mc)$，従ってすべての $c\in G$ 及びすべての $x\in Q$ に対して，$c^{-1}xc\in Q$．

D) 群 G のその交換子群 Q に関する剰余群 G/Q は可換である．その上 Q は，それに関する剰余群が可換になるような群 G の正規部分群中最小のものである，即ち群 G/N が可換ならば，$Q\subset N$ である．

A,B を Q に関する剰余類として，積 $ABA^{-1}B^{-1}$ を作ればこの積は交換子 ab $a^{-1}b^{-1}$，但し $a\in A, b\in B$——を含んでいる．ところが $ABA^{-1}B^{-1}$ は Q に関する剰余類故，$ABA^{-1}B^{-1}=Q$ である（定義 4 参照）．従って，A,B を群 G/Q の元とみれば，$ABA^{-1}B^{-1}$ はこの群の単位元である．即ち A,B は G/Q において可換であり，よって G/Q は可換群である．

N を群 G の正規部分群，$N\not\supset Q$ とする．そのとき部分群 N は群 G の交換子のすべてを含むことはできない：含むとすれば部分群 N は交換子の積すべてを含み，従ってまた Q を含むからである．そこで a, b を $aba^{-1}b^{-1}$ が N の元でないような G の2元とする．部分群 N による剰余類で a, b を含むものをそれぞれ A, B としよう．$aba^{-1}b^{-1}$ は N に入らぬ故，$ABA^{-1}B^{-1}$ は群 G/N の元として単位元ではない．即ち A, B は G/N において非可換である．かくして群 G/N は非可換となる．

E) N を群 G の正規部分群，Q を群 N の交換子群とする．そのとき Q は群 G の正規部分群である．

Q が群 G の部分群なることは明らか，q を群 N の元の交換子；$q=aba^{-1}b^{-1}$，但し $a\in N$, $b\in N$——とする．そのときすべての $c\in G$ に対して $c^{-1}qc=(c^{-1}ac)(c^{-1}bc)(c^{-1}ac)^{-1}(c^{-1}bc)^{-1}$，ところが N は群 G の正規部分群故，$c^{-1}ac\in N$, $c^{-1}bc\in N$. 故に $c^{-1}qc$ は N の元の交換子である．従って Q は群 G の正規部分群となる．

定義 9. G を或る群とする．G の部分群の列 $Q_1, \cdots, Q_i, \cdots$；但し Q_1 は群 G の交換子群，Q_{i+1} は群 Q_i の交換子群——を作る．Q_i はすべて群 G の正規部分群（E）参照）である．このようにして作られた列が群 G の単位元のみよりなる部分群を含むならば，群 G を**可解**であるという．

中心及び交換子群の概念は，非可換群の理論において重要な役割を演ずる．

例 8. G を例2で与えられた行列の群とする．G の行列で λe，但し λ は複素数，e は単位行列——の形に表わせるもの全体を Z とする．Z が群 G の中心正規部分群となることは容易にわかるが，さらに Z が群 G の中心なることが証明できる．また行列式が1であるすべての行列の作る G の正規部分群（例4参照）を Q とすれば，G/Q は容易にわかるように可換群となる（例7参照）故，群 G の交換子群は群 Q に含まれる（D）参照）．実は Q は群 G の交換子群であることが証明される．

例 9. Euclid 平面 E の変換 f は，平面 E の任意の2点間の距離を保ち，かつその向きを保つとき，**運動**という．解析幾何学より知られるように，平面上の運動 f は Descartes 座標によって

$$x'=x\cos\varphi-y\sin\varphi+a,\quad y'=x\sin\varphi+y\cos\varphi+b$$

なる形に表わされる，但し $(x, y)=\xi$ は平面上任意の点，また $(x', y')=\xi'=f(\xi)$

はξが運動fの結果移される点とする．実数φ, a, bによって運動fは定まる：角φは**廻転角**であり，点(a, b)は座標原点の運動fによる像である．明らかに平面Eのすべての運動の集合Gは平面Eの一つの変換群（§1, F）参照）である．さらに座標原点を動かさない，即ち条件$a=b=0$を満たすすべての運動からなる部分集合Hが群Gの部分群をなすことも明らかである．平面のすべての**平行移動**，即ち$\varphi=0$なる如き運動f，の集合Nはまた，群Gの部分群をなす．群Gの上記部分群H, Nは共に可換であって，それらの共通部分は群Gの単位元だけしか含まない．しかし群G自身は非可換である．部分群Nは群Gの正規部分群であり，また剰余群G/Nは群Hに同型なることも，容易に確かめられる．これらのことから群Gの交換子群はNに含まれ，従って群Gは非可換な可解群（定義9参照）である．

§5. 群の直積

直積は群の理論において重要な役割を演ずる：それによって，与えられた群から新しい群を構成したり，或はまた複雑な群の研究を，より単純な群の研究に帰着させることができるのである．ここではまず直積を二つの因子に対して定義し，その後で因子の任意の集合に対してこれを拡張しよう．

A）N_1, N_2を二つの群，その単位元をe_1, e_2とする．$(x_1, x_2); x_1 \in N_1, x_2 \in N_2$のような形の対（pair）全体の集合を$G'$とする．集合$G'$には自然な仕方で乗法演算が定義される．即ち$(x_1, x_2) \in G'$，$(y_1, y_2) \in G'$に対して$(x_1, x_2)(y_1, y_2) = (x_1 y_1, x_2 y_2)$とおけばよい．集合$G'$においてこのように定義された乗法演算は，群の公理をすべて満足する．結合律は群N_1, N_2の各々で成立しているから明らかにG'においても成立つ．単位元の役割は$e' = (e_1, e_2)$が務める．最後に(x_1, x_2)の逆元は，$(x_1, x_2)^{-1} = (x_1^{-1}, x_2^{-1})$である．この群$G'$を群$N_1, N_2$の**直積**といい，記号で$G' = N_1 \times N_2$と書く．次に各元$x_1 \in N_1$に元$f_1(x_1) = (x_1, e_2) \in G'$を対応させよう．同様に群$N_2$から$G'$の中への写像$f_2$を$f_2(x_2) = (e_1, x_2)$とおいて定義する．そのとき，$f_i, i=1, 2,$は群$N_i$から群$G'$の中への同型写像であり，部分群$N_i' = f_i(N_i)$は群$G'$の正規部分群でしかも

$$N_1'N_2' = G', \qquad (1)$$

$$N_1' \frown N_2' = e' \qquad (2)$$

が成立つことが示される.

先ず f_1 が同型写像であることを証明しよう.

$$f_1(x_1y_1) = (x_1y_1, e_2) = (x_1, e_2)(y_1, e_2) = f_1(x_1)f_1(y_1),$$

故に f_1 は準同型写像である．さらに $f_1(x_1) = e'$ ならば，$(x_1, e_2) = (e_1, e_2)$，よって $x_1 = e_1$. 即ち準同型写像 f_1 の核は単位元のみを含むから，f_1 は同型写像である．全く同様に f_2 が同型写像であることが証明される.

今度は (x_1, e_2) を N_1' の任意の元，(c_1, c_2) を G' の任意の元としよう．そのとき $(c_1, c_2)^{-1}(x_1, e_2)(c_1, c_2) = (c_1^{-1}x_1c_1, e_2) \in N_1'$ だから，N_1' は群 G' の正規部分群である．N_2' が群 G' の正規部分群なることも全く同様に証明される.

次に関係 (1), (2) を証明しよう．(x_1, x_2) を G' の任意の元とすれば，$(x_1, x_2) = (x_1, e_2)(e_1, x_2)$，従って関係 (1) が成立つ．次に $(x_1, e_2) = (e_1, x_2)$ と仮定する．そのとき $x_1 = e_1, x_2 = e_2$，従って $(x_1, e_2) = (e_1, x_2) = e'$．こうして関係 (2) もまた成立する.

群 G' の正規部分群 N_1', N_2' の性質 (1), (2) は，直積の概念に対してその新しい見方を与えるものである.

B) 単位元を e とする群 G の二つの正規部分群 N_1 及び N_2 に対して，条件

$$N_1N_2 = G, \qquad (3)$$

$$N_1 \frown N_2 = e \qquad (4)$$

が満たされるとき，G はその部分群 N_1, N_2 の**直積に分解された**という．この条件の下で，部分群 N_1 の各元は部分群 N_2 の各元と可換，かつ群 G の各元は一意に x_1x_2 ; $x_1 \in N_1, x_2 \in N_2$, なる形に書表わせることが証明される．さらに，$f((x_1, x_2)) = x_1x_2$ なる関係によって定義される群 $G' = N_1 \times N_2$ (A) 参照)から群 G の中への写像 f は，群 G' から群 G の上への同型写像であり，かつ ff_i は群 N_i からそれ自身の上への恒等写像であることも証明される.

可換性の証明．$x_1 \in N_1, x_2 \in N_2$ とする．元 x_1, x_2 の交換子 $q = x_1x_2x_1^{-1}x_2^{-1}$ を作る．そのとき，$q = (x_1x_2x_1^{-1})x_2^{-1}$ であって，N_2 は群 G の正規部分群故 $x_1x_2x_1^{-1}$

$\in N_2$, 従って $q\in N_2$. 同様に $q = x_1(x_2x_1^{-1}x_2^{-1})$ で N_1 が群 G の正規部分群なることから $x_2x_1^{-1}x_2^{-1}\in N_1$, よって $q\in N_1$. 従って (4) から $q = e$. 即ち $x_1x_2 = x_2x_1$.

(3) によって G の各元は x_1x_2 ; $x_1\in N_1, x_2\in N_2$ という形に書ける. この書き方が一意であることを証明しよう. このような書き方が2通りあったとしてそれを $y_1y_2 = x_1x_2$ とする. この関係に左から x_1^{-1}, 右から y_2^{-1} を乗ずれば, $x_1^{-1}y_1 = x_2y_2^{-1}$ を得る. ところがこの式の左辺は N_1 に属し, また右辺は N_2 に属す. よって (4) から $x_1^{-1}y_1 = x_2y_2^{-1} = e$. 従って $x_1 = y_1, x_2 = y_2$.

次に f が群 G' から群 G の上への同型写像であることを証明する. G の各元が一意に x_1x_2 ; $x_1\in N_1, x_2\in N_2$, の形に書かれることから, f は群 G' から群 G の上への1対1写像である. そこでそれが準同型写像なることを示そう.

$(x_1, x_2)\in G'$, $(y_1, y_2)\in G'$ とする. そのとき部分群 N_1 の元と部分群 N_2 の元との可換性より,

$$f((x_1, x_2)(y_1, y_2)) = f((x_1y_1, x_2y_2)) = x_1y_1x_2y_2 = x_1x_2y_1y_2$$
$$= f((x_1, x_2))f((y_1, y_2)).$$

最後に ff_1 が群 N_1 からそれ自身の上への恒等写像なることを示す. $x_1\in N_1$ とすれば $f(f_1(x_1)) = f((x_1, e)) = x_1e = x_1$ (群 N_1, N_2 は単位元 e を共有するからここでは $e_1 = e_2 = e$). 全く同様に ff_2 は群 N_2 からそれ自身の上への恒等写像である.

次に, 群の任意の族に対して, その直積を構成することを考えよう. この場合関係 (3), (4) に代るべき条件を導入するために, 一つの群の部分群の任意の集合について, その共通部分及び積を考察する.

C) Ω を群 G の部分集合よりなる或る族, また $\Delta(\Omega)$ を族 Ω に属するすべての集合の共通部分とする. 族 Ω に属する集合がすべて群 G の部分群ならば, $\Delta(\Omega)$ もまた群 G の部分群であり, 族 Ω に属する集合がすべて群 G の正規部分群ならば, $\Delta(\Omega)$ もまた群 G の正規部分群である.

実際, 族 Ω が部分群よりなるとき, $x\in\Delta(\Omega), y\in\Delta(\Omega)$ としよう. 任意の $H\in\Omega$ に対して $x\in H, y\in H$. 従って $xy^{-1}\in H$. ところが H は族 Ω の任意の元であったから, $xy^{-1}\in\Delta(\Omega)$. このように $\Delta(\Omega)$ は群 G の部分群である. 次に Ω が正規

部分群からなるとし，$x \in \varDelta(\Omega)$, $c \in G$ としよう．$N \in \Omega$ ならば $x \in N$，よって $c^{-1}xc \in N$，ところが N は族 Ω の任意の元故，$c^{-1}xc \in \varDelta(\Omega)$．従って，この場合は $\varDelta(\Omega)$ は群 G の正規部分群である．

D) 群 G の元の或る集合 M に対して，群 G の部分群で，集合 M を含むもの全体を Ω とする．部分群 $H(M)=\varDelta(\Omega)$ (C)参照) は集合 M を含む G の部分群中**最小**のものである．即ち G の部分群 H が M を含めば H は必らず $H(M)$ をも含む．群 $H(M)$ は

$$x = x_1 x_2 \cdots x_r \tag{5}$$

のような形の元全体からなる，ここに $x_1, x_2, \cdots, x_r$ は集合 $M \cup M^{-1}$ から任意に選んだ有限箇の元である．部分群 $H(M)$ を集合 M によって**生成された**部分群という．さらに，M を含む群 G の正規部分群全体を Ω' とすれば，正規部分群 $N(M)=\varDelta(\Omega')$ は集合 M を含む**最小の** G の正規部分群である，即ち群 G の正規部分群 N が M を含めば，それはまた $N(M)$ をも含む．正規部分群 $N(M)$ は

$$x = c_1^{-1} x_1 c_1 c_2^{-1} x_2 c_2 \cdots c_r^{-1} x_r c_r \tag{6}$$

のような形の元全体からなる．ここに $c_1, \cdots, c_r$ は群 G の任意有限箇の元，また $x_1, \cdots, x_r$ は集合 $M \cup M^{-1}$ の任意有限箇の元である．

$H(M)$ が (5) のような形の元全体からなることを示そう．$H(M)$ は集合 M を含む群 G の部分群故，それは (5) のような形の元全体を含んでいる．逆に (5) のような形の 2 元の積はまた (5) のような形の元であり，また (5) のような形の元の逆元もまた (5) のような形の元である．従って (5) のような形のすべての元の集合は，M を含む最小の部分群であり，従ってそれは $H(M)$ と一致する．同様に $N(M)$ が (6) のような形のすべての元からなることも証明される．この場合には更に，x が (6) のような形の元で，また $c \in G$ ならば $c^{-1}xc$ もまた (6) のような形の元となることを証明しなければならないが，実際，

$$c^{-1}xc = (c_1c)^{-1}x_1(c_1c)(c_2c)^{-1}x_2(c_2c)\cdots(c_rc)^{-1}x_r(c_rc)$$

と (6) の形になっている．

E) H を群 G の部分群，N を G の正規部分群とする．そのとき $HN = NH$ でしかも HN は群 G の部分群である．もし H もまた正規部分群ならば，HN

は群 G の正規部分群である．このことから，$N_1, \cdots, N_r$ が群 G の正規部分群ならば積 $N_1N_2\cdots N_r$ はその因子の順序に関係なく，しかもそれは群 G の正規部分群となることがわかる．さらに，Ω を群 G の正規部分群の任意の族とし，族 Ω のすべての集合の和集合を M とする．そのとき $N(M)$（D）参照）は族 Ω に属するすべての正規部分群を含む**最小の** G の正規部分群である．また $N(M)$ は $N_1N_2\cdots N_r$；$N_1\in\Omega, N_2\in\Omega, \cdots, N_r\in\Omega$，なる形のすべての正規部分群の和集合である．積 $N_1N_2\cdots N_r$ がその因子の順序に無関係であることから，各因子はその中にただ一度だけ含まれるものと考えることができる．正規部分群 $N(M)$ は，族 Ω に含まれるすべての正規部分群の積と呼ばれる．これを $\Pi(\Omega)$ と表わすことにしよう．族 Ω が有限箇の正規部分群 $N_1, \cdots, N_r$ よりなっているときは，$\Pi(\Omega)=N_1N_2\cdots N_r$ である．

等式 $HN=NH$ は任意の $h\in H$ に対して $hN=Nh$ となることから明らかである．HN が部分群なることを証明しよう．実際

$$HN(HN)^{-1}=HNN^{-1}H^{-1}=HNH^{-1}=NHH^{-1}=NH=HN.$$

H が正規部分群ならば，$c\in G$ に対して，$c^{-1}HNc=c^{-1}Hcc^{-1}Nc=HN$．従って HN は正規部分群である．

次に $N(M)$ が $N_1N_2\cdots N_r$ のような形のすべての正規部分群の和集合であることを示す．明らかに $M^{-1}=M$ で，任意の $c\in G$ に対して $c^{-1}Mc=M$．このことから (6) のような形の積はこの場合 $y_1y_2\cdots y_r$；但し $y_1, y_2, \cdots, y_r$ は任意有限箇の M の元——の形に書くことができる．各 y_i に対して y_i を含む，族 Ω に属する正規部分群 N_i が存在し，$y_1y_2\cdots y_r\in N_1N_2\cdots N_r$，従って正規部分群 $N(M)$ は $N_1N_2\cdots N_r$ なる形のすべての正規部分群の和集合に含まれる．逆の包含関係は明らかである．

次に群の任意の集合についてその直積を定義しよう．

定義 10.　Ω を群を元とする任意の集合，α を各群 $N\in\Omega$ に群 N の元 $\alpha(N)$ を対応させる写像とする．G^* をこのような写像 α の全体からなる集合とし，集合 G^* に乗法演算を導入する．α, β を集合 G^* の 2 元とするとき，それらの積 $\gamma=\alpha\beta$ を，すべての $N\in\Omega$ に対して $\gamma(N)=\alpha(N)\beta(N)$ として定義する．

集合 G^* はこのように定義された乗法演算によって群となる：乗法の結合律が G^* において成立することは，結合律が集合 Ω の各群において成立することからわかる；G^* における単位元は各群 $N\in\Omega$ にその単位元 $e'(N)$ を対応させる写像 e' である；元 α の逆元 β は $\beta(N)=(\alpha(N))^{-1}$ なる関係によって定義される．このように定義された群 G^* を，集合 Ω に属する群の**完全直積**という．$\alpha(N)$ が有限箇の N に対してのみ N の単位元と異なるような写像 α の全体よりなる G^* の部分集合を G' としよう．明らかに G' は群 G^* の部分群である．群 G' を集合 Ω に属する群の**直積**という．

完全直積は位相群の理論において有用であるが，ここでは単に直積 G' のみを利用しよう．Ω が有限集合のときは，完全直積 G^* は直積 G' に一致する．Ω が二つの群よりなっているときは，今定義された直積は A) で定義された直積と一致する．

F)　G' を集合 Ω に属する群の直積とし，$x\in N\in\Omega$ とする．N, x なる対に対して，$P=N$ では $\alpha_{N,x}(P)=x$ となり，$P\neq N$ では $\alpha_{N,x}(P)=e'(P)$ となる写像 $\alpha_{N,x}\in G'$ を対応させ，さらに $f_N(x)=\alpha_{N,x}$ とおく．N に依って定まる写像 f_N は各元 $x\in N$ に元 $f_N(x)\in G'$ を対応させる．f_N は群 N から群 G' の或る正規部分群 N' の上への同型写像である．N' が条件

$$P\neq N \text{ に対して} \qquad \alpha(P)=e'(P) \tag{7}$$

を満たす写像 $\alpha\in G'$ の全体よりなることは容易にわかる．群 G' の正規部分群 N'; $N\in\Omega$, の全体からなる集合を Ω' で表わし，Ω' から群 N' を取去った残りの集合を $\Omega'_{N'}$ で表わそう．さらに $K'_{N'}=\Pi(\Omega'_{N'})$ (E) 参照) とおく．

群 $K'_{N'}$ は条件

$$\alpha(N)=e'(N) \tag{8}$$

をみたす写像 $\alpha\in G'$ 全体からなる．すべての正規部分群 $K'_{N'}$; $N'\in\Omega'$——の集合を $\hat{\Omega}'$ としよう．そのとき，ここで先の関係 (1), (2) の役を演ずる関係

$$\Pi(\Omega')=G', \tag{9}$$

$$\Delta(\hat{\Omega}')=e' \tag{10}$$

が成立する．族 Ω が有限で，群 $N_1, \cdots, N_r$ よりなっているときは，$K'_{N'_1}=N'_1$

$N'_2 \cdots N'_{i-1} N'_{i+1} \cdots N'_r$ である.

f_N が群 N から群 G の正規部分群の上への同型写像であることは, A) においてこれに対応する事実と同様に証明される. $K'_{N'}$ が条件 (8) を満たす函数 $\alpha \in G'$ の全体からなる群 G' の正規部分群であること, 及び関係 (9) は, 演算 Π の定義と E) で得たその性質及び関係 (7) から, また関係 (10) は関係 (8) から導かれる.

命題 F) は直積の概念の新しい取扱い方を与えるものである.

定義 10′. G を群, Ω を G の正規部分群よりなる或る集合とする. $N \in \Omega$ に対し $\Omega_N = \Omega \setminus N$ [即ち N 以外の Ω の元の全体], $K_N = \Pi(\Omega_N)$ とし, すべての正規部分群 K_N ; $N \in \Omega$——の集合を $\hat{\Omega}$ で表わす. 条件

$$\Pi(\Omega) = G, \tag{11}$$

$$\Delta(\hat{\Omega}) = e \tag{12}$$

が満たされるとき, 群 G はその部分群の集合 Ω の**直積に分解する**という.

G) 群 G がその部分群の集合 Ω の直積に分解 (定義 10′ 参照) したとする. そのとき, 任意の群 $N \in \Omega$ の各元は他の群 $P \in \Omega (N \neq P)$ の各元と可換であって, 単位元 e と異なる元 $x \in G$ はすべて一意に

$$x = x_1 x_2 \cdots x_r \tag{13}$$

なる積の形に書くことができる. 但し元 $x_1, x_2, \cdots, x_r$ は単位元でなく, かつこれらの元はそれぞれ集合 Ω の異なる群に属す, 即ち $x_i \in N_i$ とすれば, $i \neq j$ ならば $N_i \neq N_j$ である. 因子 $x_1, x_2, \cdots, x_r$ は可換であることから, 積の順序は問題にならない. さらに G' を集合 Ω に属する群の直積 (定義 10 参照) とし, $\alpha \in G'$ に対して, 写像 α が単位元と異なる値をとるような集合 Ω の元を $N_1, \cdots, N_r$ とする (集合 Ω のすべての群の単位元はここでは群 G の単位元と一致している).

$$f(\alpha) = \alpha(N_1)\alpha(N_2)\cdots\alpha(N_r) \tag{14}$$

とおけば, f は群 G' から群 G の上への同型写像であり, ff_N は群 N からそれ自身の上への恒等写像である (F) 参照).

まず可換性を証明しよう. 群 K_P ; $P \neq N$, $P \in \Omega$——全体の集合を $\hat{\Omega}_N$ とする. $P \neq N$ に対しては群 K_P は群 N を含む故,

$$N \subset \varDelta(\hat{\Omega}_N). \tag{15}$$

これと関係 (12) とから

$$N \frown K_N = e. \tag{16}$$

さらに群 K_N の定義自身から

$$NK_N = G. \tag{17}$$

このように群 G はその部分群 N, K_N の直積に分解する (B) 参照). このことから可換性の証明が出る (B) 参照). 次に各元 $x \in G$; $x \neq e$ が一意に (13) のような積の形に書けることを証明しよう. (11) から x は

$$x = x_1 x_2 \cdots x_r \tag{18}$$

と書ける, 但し $x_i \in N_i \in \Omega, i = 1, 2, \cdots, r$, かつ群 $N_1, N_2, \cdots, N_r$ はすべて相異なる (E)参照). 表示 (18) において単位元に等しい因子は省略し得るから, x_i はすべて単位元と等しくないものと考えよう. 次に分解 (13) と並んで同様な分解

$$x = y_1 y_2 \cdots y_s, \tag{19}$$

但し $y_j \in P_j \in \Omega, j = 1, 2, \cdots, s$; があったとしよう. 群 N_i が集合 $P_1, P_2, \cdots, P_s$ の中にないとすれば,

$$x_i(x_1 \cdots x_{i-1} x_{i+1} \cdots x_r) = y_1 y_2 \cdots y_s, \tag{20}$$

かつ $x_i \in N_i, x_1 \cdots x_{i-1} x_{i+1} \cdots x_r \in K_{N_i}, y_1 y_2 \cdots y_s \in K_{N_i}$. 既に証明されているように, 群 G はその部分群 N_i と K_{N_i} との直積に分解する故, (20) から $x_i = e$ となり, 仮定に反する. このように各 N_i は $P_1, P_2, \cdots, P_s$ の中の一つと一致する. 全く同様に各 P_j が $N_1, N_2, \cdots, N_r$ の中の一つと一致することが証明され, 従って $r = s$ で, $N_i = P_i, i = 1, 2, \cdots, r$ と考えることができる. そこで

$$x_i(x_1 \cdots x_{i-1} x_{i+1} \cdots x_r) = y_i(y_1 \cdots y_{i-1} y_{i+1} \cdots y_r),$$

かつ $x_i \in N_i$, $x_1 \cdots x_{i-1} x_{i+1} \cdots x_r \in K_{N_i}$, $y_i \in N_i$, $y_1 \cdots y_{i-1} y_{i+1} \cdots y_r \in K_{N_i}$ を得, よって群 G がその部分群 N_i, K_{N_i} の直積に分解することより $x_i = y_i$ が出る. かくして分解の一意性は証明された. 分解の一意性より, f は群 G' から群 G の上への 1 対 1 写像となる. 写像 f が同型写像なることは, B) におけると同様に証明される. ff_N が群 N からそれ自身の上への恒等写像であることも, B) に

おけると同様に証明される．

H)　G' を集合 Ω の群の直積とし，集合 Ω は相交わらない二つの集合 Ω_1, Ω_2 の和になっているものとする．集合 Ω_2 のすべての群の上で単位元に等しい値をとる函数 $\alpha \in G'$ 全体の集合を N_1'，同様に集合 Ω_1 のすべての群の上で単位元に等しい値をとる函数 $\alpha \in G'$ 全体の集合を N_2' とする．N_1', N_2' が群 G' の正規部分群であること，及び $N_1'N_2' = G', N_1' \cap N_2' = e'$ なることは直ちに検証される．こうして群 G' はその二つの部分群 N_1', N_2' の直積に分解する．定義10と10′とが同値であることを顧慮すれば，これから直ちに，もし群 G がその部分群よりなる集合 Ω の直積に分解し，かつ Ω が互に交わらない二つの集合 Ω_1, Ω_2 の和に分解するならば，群 G はその二つの部分群 $\Pi(\Omega_1), \Pi(\Omega_2)$ の直積に分解することがわかる．

I)　群 G がその部分群 N_1, N_2 の直積に分解するとき，剰余群 G/N_1 は群 N_2 に同型である，即ち，各元 $x \in N_2$ に元 x を含む剰余類 $f(x) \in G/N_1$ を対応させれば，群 N_2 から群 G/N_1 の上への同型写像が得られる．

この主張が正しいことは直ちに検証される．

直積の概念についての今一つの見方を示そう．

J)　G を群，Ω をその部分群を元とする或る集合としよう．また任意の部分群 $N \in \Omega$ の各元は任意の他の部分群 $P \in \Omega, N \neq P$ の各元と可換，かつ単位元以外の元 $x \in G$ はすべて一意に

$$x = x_1 x_2 \cdots x_r \tag{21}$$

のように，集合 Ω の互に異なる群に属する，単位元以外の元の積に分解されるものとしよう．そのとき G は，その部分群の集合 Ω の直積に分解する．

表示 (21) の可能性及び可換性の仮定により，各群 $N \in \Omega$ は群 G の正規部分群である．また (21) なる表示の可能なことから関係 (11) が，また表示 (21) の一意性より関係 (12) が出て，G は実際集合 Ω に属する部分群の直積に分解することになる．

例 10．G を，一定の次数の，行列式が正である実正方行列全体のなす乗法群とする (例2参照)．行列式が1の行列全体のなす群 G の正規部分群を N_1，ま

た λe；但し λ は正数，e は単位行列——のような形の行列全体のなす正規部分群を N_2 とすれば，$N_1N_2=G, N_1\frown N_2=e$ なることは容易にわかり，よって群 G はその部分群 N_1 と N_2 との直積に分解する．

例 11．G を可換群で単位元以外の元は，すべて同一の素数 p を位数とするものとする．そのとき群 G は，位数 p の巡回部分群の直積に分解する．

証明のために，群 G の単位元以外の元を整列し $x_1, x_2, \cdots$ とする．x_1 を生成元とする群 G の巡回部分群を N_1 で表わす．或る超限添数 α より小なる添数を有する巡回部分群の超限列 $N_1, N_2, \cdots$ で，この列の部分群全体によって生成される部分群 H_α がそれらの直積に分解し，或る超限添数 $\beta, \beta\geqq\alpha$，より小なる添数をもつすべての元 $x_1, x_2, \cdots$ が全部これに含まれるようなものが，既に構成されているものとしよう．次に，γ を x_γ が部分群 H_α に入らないような超限添数の中最小なるものとし，N_α として x_γ を生成元とする巡回部分群を採る．この超限過程の切れるとき，求める分解が得られる．

例 12．G を 0 以外のすべての有理数の作る，通常の乗法法則による群とする．すべての素数を大きさの順序に番号をつけたものを $p_1, p_2, \cdots$とし，また $p_0=-1$ とする．p_i を生成元とする群 G の巡回部分群を P_i としよう．そのとき $i>0$ に対しては群 P_i は自由巡回群で，P_0 は位数 2 の群である．そして，群 G が部分群 P_0, P_1，$P_2, \cdots$ の直積に分解することが，容易に検証される（J）参照)．

§6. 可換群

この§では，可換群論の基本定理（定理 2)の証明を述べる．この§の結果はただ第 6 章においてのみ利用され，この本の他の章の理解のためには必要ではない．

ここでは可換群のみを考察するから，加法の記号を用いる．特に，直積は**直和**と呼ぶことにする．

A）群 G の有限箇の元の集合 $g_1, g_2, \cdots, g_k$ は，関係

$$a_1g_1+\cdots+a_kg_k=0, \tag{1}$$

但し $a_1, \cdots, a_k$ は整数——から

$$a_1 = 0, \cdots, a_k = 0$$

が出るとき，**1次独立**であるという．群 G の無限箇の元の集合は，その任意の有限部分集合が1次独立なるとき，**1次独立**であるという．群 G に含まれる1次独立な集合の濃度の最大値を G の**階数**という．明らかに，1次独立な集合は位数有限の元を含み得ない．

B)　群 G の元の有限または無限の集合 M は，任意の元 $g \in G$ が

$$g = a_1 g_1 + \cdots + a_k g_k, \tag{2}$$

但し，$g_i \in M$, a_i は整数，$i = 1, \cdots, k$——の形に表わされるとき，この群の**生成元の系**という．群 G を生成する系 M が1次独立ならば，各元 g の表示(2)は，容易に見られるように，一意である．1次独立な生成元の系から生成される可換群を**自由可換群**という．

C)　G を有限箇の1次独立な生成元の系

$$g_1, \cdots, g_k \tag{3}$$

により生成される自由可換群とする．そのとき群 G の各部分群 H はまた自由可換群で，1次独立な生成元の有限系で生成され，その生成元の箇数は k を超えない．

証明は帰納法による．$k = 0$ のときは，G はただ0だけからなり，H は G に一致する故，上の主張は明らかである．この主張が $k = m$ に対しては証明されたものとして，$k = m+1$ に対してそれを証明しよう．

そこで $k = m+1$ とおく．$g_1, \cdots, g_m$ を生成元とする群 G の部分群を G', H と G' との共通部分を H'：$H' = H \cap G'$，とする．帰納法の仮定より，群 G' の部分群 H' は1次独立な生成元の有限系

$$h_1, \cdots, h_n \tag{4}$$

で生成され，かつ $n \leqq m$ である．次に

$$h = a_1 g_1 + \cdots + a_m g_m + a_{m+1} g_{m+1}$$

を群 H の任意の元とする．1次独立性の仮定より整数 a_{m+1} はここで元 h により一意に定まる．元 $h \in H$ をどのように選んでも，整数 a_{m+1} が0に等しいならば，$H \subset G'$，即ち $H = H'$ であり，従って，H に対して既に1次独立な生成元

の系が得られている．そこで，或る元 $h\in H$ に対して整数 a_{m+1} が0でないとしよう．そのとき整数 a_{m+1} が正になるような元 h が存在する：h と共に $-h$ もまた群 H に属するからである．次に整数 a_{m+1} がその最小の正の値 a'_{m+1} をとるような元を任意に一つ定めて，これを h_{n+1} としよう：

$$h_{n+1}=a_1'g_1+\cdots+a'_mg_m+a'_{m+1}g_{m+1},$$

各 $h\in H$ に対して整数 a_{m+1} は a'_{m+1} で整除されることを示す．整数 a_{m+1} は $a_{m+1}=b_{n+1}a'_{m+1}+r$，但し b_{n+1}, r は整数, $0\leqq r<a'_{m+1}$——の形に表わせる．そのとき

$$h-b_{n+1}h_{n+1}=(a_1-b_{n+1}a'_1)g_1+\cdots+(a_m-b_{n+1}a'_m)g_m+rg_{m+1}$$

は群 H の元で, それに対する整数 a_{m+1} は r なる値をとる．ところが $0\leqq r<a'_{m+1}$ であってしかも a'_{m+1} は整数 a_{m+1} の取り得る最小の正数値故，$r=0$．従って a_{m+1} は a'_{m+1} で整除され, 元 $h-b_{n+1}h_{n+1}$ は G' に, よってまた H' に属す．従って

$$h-b_{n+1}h_{n+1}=b_1h_1+\cdots+b_nh_n$$

((4)参照) であり，従ってまた

$$h=b_1h_1+\cdots+b_nh_n+b_{n+1}h_{n+1}.$$

故に $h_1, \cdots, h_n, h_{n+1}$ は部分群 H の生成元の系である．この系の1次独立性は，系 (4) の1次独立性と元 h_{n+1} の定義とから直ちに出る．

次の命題D) は定理2の証明の基礎となるものである．

D)　$a=\|a_{ij}\|$ を，行の数が p，列の数が q で要素 a_{ij} が整数の行列とする．そのとき，行列式の絶対値が1で，次数がそれぞれ p 及び q の，二つの整数正方行列 s 及び t が存在して，行列 $b=\|b_{ij}\|=sat$ (例2参照) が所謂標準形となる, 即ち b は次の条件を満足する：a) $i\neq j$ に対しては $b_{ij}=0$；b) 整数 $b_{i+1,\,i+1}$ は整数 b_{ii} の整数倍；c) 整数 b_{ii} は負でない．

証明のため，整数行列 x に対する所謂**基本の操作**を導入しよう．操作1)：行列 x の勝手な或る一つの行に -1 を乗ずること；操作2)：行列 x の任意の二つの行を入れ換えること；操作3)：行列 x の或る行に，x の他の行の整数倍を加えること．同様に操作1′), 2′), 3′) が，今度は行に対してではなく列に対して定義される．容易に見られるように，操作1), 2), 3) はいずれも行列 x に，行列式の絶対値が1の整数正方行列を左から乗ずることによって実現される．

同様に操作1′), 2′), 3′) はいずれも，行列 x に右から，整数正方行列でその行列式の絶対値が1であるものを乗じて実現される．それ故，命題 D) を証明するためには，行列 x に基本の操作を逐次適用することによって，それを標準形にまで変形し得ることを示せば十分である．

行列 $x=\|x_{ij}\|$ において，もし要素 x_{11} が第1行及び第1列のすべての要素を割切るならば，x に逐次基本の操作を行うことによって，行列 x を $y_{11}=x_{11}$ で，しかも第1行及び第1列にある他の要素がすべて0に等しいような行列 y に変形することができることを示そう．

x_{i1} は条件により x_{11} で整除されるから，$x_{i1}=-rx_{11}$, r は整数——とおこう．行列 x の第 i 行に第1行の r 倍を加えれば，第1列の i 番目が0である新しい行列を得る．この操作を，第2行を始め各行に対して行い，次に同様の操作を，第2列を始めとする各列に対して行えば，求める結果を得ることができる．

次に，零行列でない行列 x の0以外の要素の絶対値の中で最小のものを，簡単のため (x) と書き，行列 x の要素の中に (x) で整除されないものがあれば，行列 x は基本の操作によって，$(y)<(x)$ なる行列 y に変形され得ることを示そう．

行列 x の行，列の順序と行の符号とを変えることによって，行列 x を条件 $(x)=x_{11}$ を満足する形に変形し得ることは，容易にわかる．次にもし行列の第1列に x_{11} で割切れない要素 x_{i1} がある場合には，$x_{i1}=-rx_{11}+n$, $0<n<x_{11}$ とおこう．行列 x の第 i 行にその第1行の r 倍を加えれば，新しい行列 y を得て $(y)\leqq n<(x)$．行列 x の第1列の要素はすべて x_{11} で割切れるが，第1行の要素の中には x_{11} で割切れないものがあるならば，同様の操作を列に対して行うことによって再び，条件 $(y)<(x)$ を満足する行列 y を得ることができる．もし行列 x の第1行及び第1列の要素がすべて x_{11} で割切れるならば，この行列は，第1行及び第1列において要素 x_{11} のみが0でないような形に導くことができる．次に，ここに得られた行列において，もし x_{11} で割切れない要素 x_{ij} が存在するならば，第1行に第 i 行を加えて，再び，第1行の要素の中に x_{11} で割切れないものが存在するような行列 y を得て，この行列について先の議論を適用する．

今証明したばかりの事実から，零行列でない行列 x は基本の操作によって，その各要素が (z) で割切れるような行列 z に変形し得ることがわかる．実際，もし行列 x の要素で (x) で割切れないものがあれば，行列 x は，既に示したように，基本の操作によって $(y)<(x)$ なる行列 y に変形し得るのであるが，ここで (x), (y) 等はすべて自然数なのであるから，このように (x) が減って行くことは有限回数しか起り得ない，従って，上の手続きを有限回繰返した後には，(z) でその各要素が割切れるような行列 z への変形が完成するわけである．

従って結局，基本の操作を行うことによって，零以外の行列 x はその各要素が (x) で割切れるような形に導き得る．更に，同じく基本の操作により，数 x_{11} が (x) に等しく，かつ行列 x の第1行及び第1列に位置するその他の要素はすべて0に等しいようにすることができる；この際，行列のすべての要素が (x) で割切れることに変りはない．このようにして得られた行列 x の形を半標準形と言おう．行列 x からその第1行及び第1列を取去って得る行列を x' とする．行列 x' の各要素は x_{11} で割切れる．行列 x' が零行列でなければ，これをまた半標準形に変形し，この手続きを更に続けて行けば，結局行列 x を標準形に導くことができる．

こうして命題D) の証明は完結する．

E) X を1次独立な生成元の有限系を有する群，Y をその部分群とする．そのとき，X において，次のような1次独立な生成元の系 $x_1', \cdots, x_q'$ を選ぶことができる，即ち，元

$$d_1x_1', \cdots, d_rx_r', \qquad r \leqq q,$$

は群 Y の1次独立な生成元の系であり，$d_i>0, i=1, \cdots, r$, かつ d_{i+1} は d_i で割切れる $(i=1, \cdots, r-1)$.

$$x_1, \cdots, x_q \tag{5}$$

を群 X の一つの1次独立な生成元の系，また

$$y_1, \cdots, y_p \tag{6}$$

を群 Y の任意の1次独立な生成元の系としよう（C) 参照）．そのとき，

$$y_i = a_{i1}x_1 + \cdots + a_{iq}x_q, \quad i=1, \cdots, p, \tag{7}$$

但し，$\| a_{ij} \| = a$ は整数行列，という関係が成立つ．更に $s = \| s_{ki} \|$ 及び $t = \| t_{jl} \|$ を，次数がそれぞれ p 及び q，行列式の絶対値が1に等しい，二つの整数正方行列とし，この行列を利用して，群 X 及び Y に新しい生成元の系

$$x_1', \cdots, x_q', \tag{8}$$

$$y_1', \cdots, y_p' \tag{9}$$

を関係

$$x_j = t_{j1}x_1' + \cdots + t_{jq}x_q', \quad j = 1, \cdots, q, \tag{10}$$

$$y_k' = s_{k1}y_1 + \cdots + s_{kp}y_p, \quad k = 1, \cdots, p \tag{11}$$

によって導入しよう．これにより実際に群 X 及び Y の新しい生成元の系を導入することができる：行列 t 及び s の行列式の絶対値は1に等しいから，関係 (10) 及び (11) は (8) 及び (6) の元について解け，しかもこれらの各元は，(5) 及び (9) の元の，整数係数の1次形式として表わすことができるからである．新しい生成元の系に対しては，関係 (7) の代りに

$$y_k' = \sum_{i=1}^{p}\sum_{j=1}^{q}\sum_{l=1}^{q} s_{ki}a_{ij}t_{jl}x_l' = a'_{k1}x_1' + \cdots + a'_{kq}x_q', \quad k = 1, \cdots, p,$$

但し，$\| a'_{kl} \| = a'$ は整数行列で，$a' = sat$——が成立つ．行列 s 及び t を行列 a' が標準形となるように選べば (D) 参照)，記号はそのままで，群 X の必要としている生成元の系 $x_1', \cdots, x_q'$ が得られる．

定理 2. 有限箇の元から生成される群 G は，巡回群

$$U_1, \cdots, U_m ; V_1, \cdots, V_n$$

の直和に分解される．但し，$U_i, i = 1, \cdots, m$，は自由巡回群，$V_j, j = 1, \cdots, n$，は有限位数 $\tau_j > 1$ の巡回群，かつ τ_{j+1} は τ_j で割切れる．このような分解は，一般にいって一意的ではないが，その分解をどのように選んでも，数 m 及び数 $\tau_1, \cdots, \tau_n$ は常に同一である．

証明. 群 G を生成する有限箇の元の1組を $g_1, \cdots, g_q$ としよう．これに対してこの元の数と同じ数の変数 $x_1, \cdots, x_q$ に関する，整係数の1次形式

$$x = a_1x_1 + \cdots + a_qx_q \tag{12}$$

の全体を X で表わそう．X においては自然に加法演算が定義され，X は1次独

立な生成元の系 $x_1, \cdots, x_q$ を有する群を作る．各元 $x \in X$ ((12) 参照) に群 G の元 $f(x)=a_1g_1+\cdots+a_qg_q$ を対応させれば，写像 f は，明らかに，群 X から群 G の上への準同型写像である．準同型写像 f の核を Y とする．次に X において命題 E) によって構成された 1 次独立な生成元の系

$$x_1', \cdots, x_q' \tag{13}$$

を選ぶ．$g_i'=f(x_i'), i=1, \cdots, q$, とすれば，$g_1', \cdots, g_q'$ は群 G の生成元の系である．この生成元は

$$d_1g_1'=0, \cdots, d_rg_r'=0$$

なる関係を満足する (E) 参照)．他方，

$$b_1g_1'+\cdots+b_qg_q'=0$$

という関係が成立するとする．

$$x'=b_1x_1'+\cdots+b_qx_q'$$

とおけば，$f(x')=0$，即ち $x' \in Y$ を得る．元 $d_1x_1', \cdots, d_rx_r'$ は群 Y の 1 次独立な生成元の系であるから，$i=1, \cdots, r$ に対して b_i は d_i で割切れ，$i=r+1, \cdots, q$ に対しては $b_i=0$ である．

次に，系 $d_1, \cdots, d_r$ の中 1 に等しい数を $d_1, \cdots, d_s$，また $d_{s+1}, \cdots, d_r$ を $\tau_1, \cdots, \tau_n$ で表わし，更に，$g'_{s+j}=v_j, j=1, \cdots, n, g'_{r+i}=u_i, i=1, \cdots, q-r=m$ とおく．u_i を生成元とする群 G の部分群を U_i, v_j を生成元とする部分群を V_j とする．このように構成された部分群が群 G の直和分解を与えることは見易い．

数 $m\,; \tau_1, \cdots, \tau_n$ が不変であることを証明するために，可換群 A と素数 p の巾 p^k とに，これらによって定義される群 Ap^k を対応させる演算を導入しよう．$p^kx, x \in A$, の形の群 A の元全体の集合を p^kA と書く．明らかに p^kA は群 $p^{k-1}A$ の部分群である，但し $k \geqq 1$．そこで剰余群 $p^{k-1}A/p^kA$ として群 Ap^k を定義しよう．容易に検証できるように，A がもし群 $A_1, \cdots, A_t$ の直和ならば，Ap^k は群 $A_1p^k, \cdots, A_tp^k$ の直和である．A が巡回群であるとき，Ap^k がどんな群になるかを明らかにしよう．

a を群 A の生成元とする．もし A が自由群ならば，群 $p^{k-1}A$ は自由な生成元 $a'=p^{k-1}a$ をもち，その部分群 p^kA もまた自由な生成元 pa' をもつ．このこと

から直ちに，Ap^k はこの場合位数 p の巡回群であることがわかる．また A が位数 α の有限巡回群なるときは，数 α と p^k との最大公約数を p^l とし，また $\alpha''=\alpha/p^l$ とする．群 p^kA の生成元は元 $a''=p^ka$ である．それが位数 α'' をもつことを示そう．実際，元 rp^ka が0に等しいためには rp^k が α で割切れることが必要かつ十分であるが，しかしこれは r が α'' で割切れるとき，かつそのときにのみ可能である．従って，群 p^kA の位数は α'' に等しい．同様にして，群 $p^{k-1}A$ の位数 α' も計算することができる．群 Ap^k の位数 α'/α''（§2, D）参照）は，α が p^k で割切れなければ1に等しく，割切れれば素数 p に等しいことは，容易にわかる．後の場合，Ap^k は位数 p の巡回群である．

以上に証明したことから，群 Gp^k は位数 p の巡回群の有限箇の直和である；その箇数を $g(p^k)$ としよう．群 Gp^k の位数は $p^{g(p^k)}$ に等しいから，数 $g(p^k)$ は群 Gp^k によって，従って群 G と数 p^k とによって，一意に定義される．群 G の各直和因子 U_i は必然的に群 Gp^k の位数 p の巡回直和因子を生成し，従って $g(p^k)=m+h(p^k)$ となる．但し $h(p^k)$ は直和因子 V_j によって生成される位数 p の直和因子の箇数である．直和因子 V_j が位数 p の直和因子を生成するのは，数 τ_j が p^k で割切れるとき，かつそのときに限る．十分大きな k に対しては，p^k で割切れる数 $\tau_1, \cdots, \tau_n$ の箇数は0であるから，$\lim_{k\to\infty} g(p^k)=m$ である．このようにして，m は群 G の不変量である．数 $h(p^k)-h(p^{k+1})$ は，$\tau_1, \cdots, \tau_n$ の中 p^k で割切れるが p^{k+1} では割切れないものの箇数である．故に，二つの変数 p と k との函数 $g(p^k)$ を知り，τ_{i+1} が τ_i で割切れることを考えれば，数 $\tau_1, \cdots, \tau_n$ はすべて見出だすことができる．

このようにして，定理2は完全に証明された．

F)　G を可換群とする．G の1次独立な元の列

$$x_1, \cdots, x_k \tag{14}$$

があり，どんな元 $x\in G$ に対しても，列 $x, x_1, \cdots, x_k$ が1次従属になるとき，この系列(14)を**極大**であるという．もし群 G に長さ k の，即ち k 箇の元からなる，1次独立な元の極大な列が存在するならば，群 G の元の，長さが k より大きい列は，すべて1次従属である．この事情によって，群 G により一意に定まる

量即ちGの不変量として**階数**を定義することができる：即ち階数とはGに含まれる1次独立な元の極大な列の長さであり，もしGに任意の自然数kに対して長さkの1次独立な元の列が存在するならば，階数は無限とするのである．Gが有限箇の元から生成されるときは，定理2で述べられた群Gの分解において，自由巡回群である直和因子の箇数がその群の階数に等しくなることは，容易に確かめることができる．

(14) が1次独立な元の極大な列であるとき，長さ$l>k$の列

$$y_1, \cdots, y_l \tag{15}$$

はすべて1次従属であることを示そう．列 (14) の極大性から

$$b_j y_j = \sum_{i=1}^{k} a_{ji} x_i, \quad j = 1, \cdots, l, \tag{16}$$

但しa_{ji}, b_jは整数，$b_j \neq 0$——を得る．整数行列$\|a_{ji}\|$は列より多くの行をもつから，その行の間に，有理数を係数とする1次従属関係が存在する．そこでその係数にそれらの公分母を掛ければ，整数$c_1, \cdots, c_l$を係数とする，行列$\|a_{ji}\|$の行の間の1次従属関係が得られる．よって関係 (16) にc_jを掛けて加えれば，

$$\sum_{j=1}^{l} c_j b_j y_j = \sum_{j=1}^{l}\sum_{i=1}^{k} c_j a_{ji} x_i = 0,$$

数$c_1 b_1, \cdots, c_l b_l$の中には0に等しくないものが存在するから，この式は (15) の元の間の1次従属関係を与える．

例 13. Rをすべての有理数の集合の，普通の加法演算による群とする．Rが階数1の可換群であり，その元が，勿論0は除き，すべて位数無限であることは，容易にわかる．群Rは有限箇の元では生成されない，もしされるとすれば，定理2によってそれは自由巡回群，即ち，すべての有理数がar_0，但しr_0は定った有理数で群の生成元，aは整数——の形に表わされることになるからである．

γを各素数pに整数または$-\infty$を対応させる函数で，高々有限箇のpに対してのみ正数値を取るものとする．R_γを群Rの部分群で，0及び

$$r = \pm p_1^{\alpha_1} p_2^{\alpha_2} \cdots p_k^{\alpha_k}$$

なる形の有理数全体，但し，$p_1, p_2, \cdots, p_k$ は，$\gamma(p)>0$ となる素数 p_i をすべて含む，任意有限箇の互に異なる素数で，また $\alpha_1, \alpha_2, \cdots, \alpha_k$ は条件 $\alpha_i \geqq \gamma(p_i)$，$i=1, 2, \cdots, k$ を満たす整数とする．群 R_γ によって，群 R の部分群がすべて尽くされることは容易にわかる．群 R_γ は函数 γ のすべての値の和が有限であるとき，かつそのときに限り巡回群となる．群 R_γ が巡回群でなければ，その各元 r は**無際限の分割**を許す：即ち，好きなだけ大きな自然数 n を見いだして，$r/n \in R_\gamma$ とできる．群 R_γ と $R_{\gamma'}$ が互に同型になるのは，函数 γ と γ' とが，互に，単に有限箇の変数値に対してのみ，しかもその各変数値に対して有限の数だけ，異なっているとき，かつそのときに限る．このことから容易に，群 R の互に同型でない部分群の集合は連続の濃度をもつことが認められる．

例 14. R^k を有理係数 $r_1, \cdots, r_k$ をもつすべての 1 次形式

$$r_1\xi_1 + \cdots + r_k\xi_k \tag{17}$$

よりなる集合とする．集合 R^k が普通に定義される加法演算によって，階数 k の可換群となることは容易にわかる．R_i を，(17) なる形の形式で，$r_1=0, \cdots, r_{i-1}=0, r_{i+1}=0, \cdots, r_k=0$，なる如きもの全体からなる群 R^k の部分群とする．R^k がその部分群 $R_1, \cdots, R_k$ の直和に分解し(定義 10′ 参照)，各群 R_i が有理数全体の加法群に同型なることは容易にわかる．

階数 k の可換群 G で，その元が，0 を除き，すべて自由元であるものは，すべて群 R^k の或る部分群に同型となることを示そう．

$x_1, \cdots, x_k$ を群 G の 1 次独立な元の系で極大なものとする．そのとき各元 $x \in G$ に対して，整係数の関係

$$ax = a_1x_1 + \cdots + a_kx_k, \quad a \neq 0 \tag{18}$$

が成立する．(18) と共に他の整係数の関係

$$bx = b_1x_1 + \cdots + b_kx_k, \quad b \neq 0 \tag{19}$$

が成立すると仮定しよう．関係 (18) に b を掛けた式から，関係 (19) に a を掛けた式を引けば，

$$(ba_1 - ab_1)x_1 + \cdots + (ba_k - ab_k)x_k = 0$$

を得る．元 $x_1, \cdots, x_k$ の 1 次独立性によって，$ba_i - ab_i = 0$，或は $\dfrac{b_i}{b} = \dfrac{a_i}{a}$ を

得る．このように，固定された系 $x_1, \cdots, x_k$ に対しては，有理数 $r_i = \dfrac{a_i}{a}$，$i = 1, \cdots, k$，は元 x によって一意に定められる．他方，有理数 $r_1, \cdots, r_k$ に上記の如く対応する元 x が存在するとすれば，x は，$r_1, \cdots, r_k$ によって一意に定まる．このことは群 G に位数有限の元が存在しないことに由来する．こうして，数 $r_1, \cdots, r_k$ は元 $x \in G$ の座標と考えることができる．座標 $r_1, \cdots, r_k$ をもつ元 $x \in G$ に元 $\varphi(x) = r_1\xi_1 + \cdots + r_k\xi_k \in R^k$ を対応させれば，群 G から群 R^k の或る部分群の上への同型写像が得られる．

例 15．定理 2 は，有限箇の生成元をもつ可換群が最も単純な群（巡回群）の直和に分解することを示している．無限箇の生成元をもつ群に対しては，これと類似の定理は成立しないことを示そう．詳しく言えば，階数 2 の群 G で直和に分解しないもの，即ち $G = N_1 \times N_2$；N_1, N_2 は 0 でない群——の形に書くことを許さないものを作ろうというわけである．

R^2 を，有理係数 r, s の 1 次形式 $r\xi + s\eta$ 全体のなす加法群とする．また群 G を，元の集合 $\eta, \xi_0 = \xi, \xi_1, \xi_2, \cdots$ で生成される（§5, D）参照）群 R^2 の部分群として定義しよう：ここで ξ_{i+1} $(i \geqq 0)$ なる元は関係

$$\xi_{i+1} = \frac{\xi_i + \eta}{2^{k_{i+1}}} \tag{20}$$

によって定める．但し，$k_1, k_2, \cdots$ は自然数で，その中にはいくらでも大きなものが存在するものとするのである．群 R^2 の各元は任意の自然数で常に，しかも一意に割ることができるから，関係 (20) は意味をもち，群 R^2 の元の系列 $\xi_1, \xi_2, \cdots$ が逐次定義される．簡単な計算を実行すれば，

$$\xi_i = \frac{\xi + (1 + 2^{k_1} + 2^{k_1+k_2} + \cdots + 2^{k_1+k_2+\cdots+k_{i-1}})\eta}{2^{k_1+k_2+\cdots+k_i}}, \quad i = 1, 2, \cdots \tag{21}$$

なることがわかる．関係 (20) より，系列 $\xi_0, \xi_1, \xi_2, \cdots$ の各元が，その系列においてそれに続く元と元 η とから，整数を係数として表わせることは明らかである．このことから，各 $x \in G$ に対して，適当に大きな番号 i が存在して，x が ξ_i と η とから整数を係数として表わされることがわかる．従って関係 (21) に基づいて，もし $s\eta \in G$ ならば s は整数である，と結論することができる．次に群

G には無際限に分割可能な 0 でない元が存在しないことを示そう．このことは，任意の 0 でない元 $x \in G$ に対して，適当に大きい自然数 n が存在して，$a>n$ に対しては等式 $ay=x$ は群 G においては解けない，即ち元 $y=x/a \in R^2$ は群 G に属さないということである．今 G に或る元 $x \neq 0$ が存在して，無際限の分割を許すと仮定してみよう．そのとき，x の整数倍はすべて無際限の分割を許し，従って無際限分割可能な元 x は，$a\xi+b\eta$；a, b は整数——の形をしていると考えることができる．関係 (21) において，分母には 2 の巾しかないことから，容易に，もし元 x の無際限分割が可能ならば，x は 2 のいくらでも高い巾で割れることがわかる．従って，任意の i に対して，元 $u_i=\dfrac{x}{2^{k_1+k_2+\cdots+k_i}}$ が G の中に存在する．この元は

$$u_i=\frac{a\xi+b\eta}{2^{k_1+k_2+\cdots+k_i}}$$

という形に書ける．u_i から $a\xi_i$ を引けば，式 (21) によって

$$u_i-a\xi_i=\frac{b-a(1+2^{k_1}+\cdots+2^{k_1+\cdots+k_{i-1}})}{2^{k_1+\cdots+k_i}}\eta=s_i\eta$$

を得る．和 $1+2^{k_1}+\cdots+2^{k_1+\cdots+k_{i-1}}$ を幾何級数で置換えれば，

$$\frac{1+2^{k_1}+\cdots+2^{k_1+\cdots+k_{i-1}}}{2^{k_1+\cdots+k_i}}<\frac{2}{2^{k_i}}$$

を得る．この評価に基づいて $|s_i|<\dfrac{2(|a|+|b|)}{2^{k_i}}$ を得，a 及び b は固定され，また k_i の中にはいくらでも大きなものが存在するのであるから，s_i が整数であることを考えれば，十分大きな k_i に対しては $s_i=0$, 即ち

$$b-a(1+2^{k_1}+\cdots+2^{k_1+\cdots+k_{i-1}})=0$$

となるが，ここでまた，k_i はどんなに大きくてもよいのだから，不合理である．これで，G は，0 以外の無際限分割可能な元を，有しないことが証明された．

今度は，G が二つの 0 でない部分群 N_1, N_2 の直和に分解したと仮定しよう．直和を作る際階数は各因子の階数の和となり，また R^2 は 0 でない位数有限の元を含まないから，その各々の階数は 1 に等しい．群 N_1, N_2 はどちらも無際限分割可能な元を含まない，階数 1 の群に対しては，このことはそれが自由巡回

群なることを意味する（例13及び14参照）．このようにして我々は，Gが二つの自由巡回群の直和であるという結論に達した．この結論が誤りであることは明らかである．

§7. 環及び体

数学において群と並んで重要な役割を演ずるものに，**環**と**体**とがある．これらはそこにおいて二つの演算，即ち加法及び乗法の定義された代数系である．この§においては，それらの概念を定義し，その簡単な性質を求める．またこの§の終では，任意の体の上の射影幾何について述べる．この§の結果は本書ではただ第4章§§25—27においてのみ利用される．

定義 11. Rをその演算が加法の記号で書かれるアーベル群とする．集合Rにおいて，**加法**の演算と共に，**乗法の演算**，即ちRの元x, yの各対に対してその**積**と呼ばれるRの一つの元$xy \in R$を対応させる操作が定義され，下記の条件を満たすとき，Rを**環**という．条件：

1） **結合律**：x, y, zをRの三つの元とするとき，$(xy)z = x(yz)$.

2） **分配律**：x, y, zをRの三つの元とするとき，$(x+y)z = xz+yz, z(x+y) = zx+zy$.

加法群Rの単位元0を環Rの**0**という．環Rが次の条件を満たすとき，それを**体**という：

3） 環Rの0以外の元は，環Rに定義されているその乗法演算によって群をなす．その乗法群の単位元を体の**単位元**という．

環における乗法は，一般には，非可換である．もし乗法が常に可換なら，その環を**可換**であるという．可換な体を**可換体**という．

Rを環，$x \in R$とする．そのとき，$0x = x0 = 0$. 実際，$0x = (0+0)x = 0x+0x$, 従って$0x = 0$. $x0 = 0$も同様に証明される．更に，$y \in R$とすると，$(-x)y = x(-y) = -xy$. 実際，$(-x)y+xy = (-x+x)y = 0y = 0$, よって，$(-x)y = -xy$. 同様に$x(-y) = -xy$も証される．

A） 環Rから環R'の中への写像gが加法及び乗法の演算を保つとき，即ち，

R の任意の x, y に対して $g(x+y)=g(x)+g(y)$, かつ $g(xy)=g(x)g(y)$ なるとき, g を**準同型写像**という. 準同型写像 g によって環 R' の 0 に写される環 R の元全体を, 準同型写像 g の**核**という. 準同型写像 g の核 I は加法群 R から加法群 R' の中への準同型写像の核であり, よって加法群 R の部分群であるが, その上に条件

$$RI \subset I, \tag{1}$$

$$IR \subset I \tag{2}$$

を満たす.

実際, $x \in R$, $y \in I$ とすれば, $g(xy)=g(x)g(y)=g(x)0=0$. 即ち $xy \in I$. 同様に包含関係 $yx \in I$ も証明される.

B) 環 R の部分集合 I が加法群 R の部分群であり, かつ条件 (1), 或は条件 (2) を満たすとき, I を, それぞれ, **左イデアル**, 或は**右イデアル**という. 左イデアルであり, 同時に右イデアルでもあるような集合 I を, **両側イデアル**, 或は単に**イデアル**ともいう. 体 R は, どんな環にも含まれているイデアル $\{0\}$ 及び R を除いては, 左イデアルも右イデアルも有しない：これは容易にわかる. 環 R を加法群とみて, それをそのイデアル I に関して剰余類に分割すれば, 加法群 R/I を得る. そこでは自然に乗法が定義され, R/I は環となる. その環を環 R のイデアル I に関する**剰余環**という. 即ち, X と Y とを R/I の2元, $x \in X$, $y \in Y$, とするとき, 積 xy は, 或る一つの, しかもただ一つの剰余類 Z に属し, その Z は剰余類 X, Y から元 x, y を選ぶ選び方に依らない. そこで元 Z を R/I における元 X, Y の積と考える. この乗法法則によって R/I が環になることは, 困難なく証明できる. 各元 $x \in R$ にそれを含む元 $g(x) \in R/I$ を対応させれば, 環 R から環 R/I の上への**自然な準同型写像** g が得られる. その核は I である.

C) 一つの環から他の環の上への準同型写像が1対1であるとき, それを**同型写像**という. 同型写像の逆写像がまた同型写像となることは容易にわかる. 二つの環は, その一方から他方の上への同型写像が存在するとき, **同型**であるという.

D) I を環 R から環 R^* の上への準同型写像の核とする. 加法群 R/I から加

法群 R^* の上への自然な同型写像 f (定理1参照) は, また同時に, 環 R/I から環 R^* の上への同型写像でもあることが, 容易に証明できる.

次の命題 E), F), G) 及び H) において, 代数的な体の理論の若干の基本的な知識を導くことにしよう.

E) 一つの環の 0 でない元 a に対して, 0 でない元 b で $ab=0$ または $ba=0$ となるようなものがその環に存在するとき, その元 a をその環の**零因子**という. 明らかに, 体には零因子は存在しない.

R を零因子をもたない可換環とする. そのとき, 環 R を可換体 R^* に含ませ, しかも R^* は R を含む真の部分体をもたないようにすることができる. 更に, f を環 R から或る体 K の中への同型写像, R' を体 K の環 $f(R)$ を含む最小の部分体とすれば, 同型写像 f は, 一意に, 可換体 R^* から体 R' の上への同型写像に拡張することができる. この意味で, 可換体 R^* は環 R によって一意的に定義される. これを環 R の**商体**という. 整数のなす環の商体は有理数体である.

可換体 R^* を構成するために, 対 $\dfrac{a}{b}$: $a, b \neq 0$ は環 R の元——の全体 M を考える. 集合 M の二つの対 $\dfrac{a_1}{b_1}$ と $\dfrac{a_2}{b_2}$ とは, $a_1b_2=b_1a_2$ なる等式が成立するとき, 同値である : $\dfrac{a_1}{b_1} \sim \dfrac{a_2}{b_2}$ ——と考える. 明らかに, こうして導入された同値関係は反射律及び対称律を満たす. それはまた推移的でもあることがわかる. 実際, $\dfrac{a_1}{b_1} \sim \dfrac{a_2}{b_2} \sim \dfrac{a_3}{b_3}$ とすれば,

$$a_1b_2=b_1a_2, \quad a_2b_3=b_2a_3.$$

最初の等式に b_3 を, 次のに b_1 を掛ければ, $a_1b_2b_3=b_2a_3b_1$; 零因子が存在しないのであるから, この等式は b_2 を約すことができて, $a_1b_3=a_3b_1$ となる. 即ち $\dfrac{a_1}{b_1} \sim \dfrac{a_3}{b_3}$ である. 上に導入された同値関係によって, 集合 M は互に同値な元の類にわかたれる. この類の集合を R^* で表わそう. 対 $\dfrac{a}{b}$ を含む類を $\left\{\dfrac{a}{b}\right\}$ で表わす. そのとき, 集合 R^* には自然な仕方で加法及び乗法の演算が導入されて, 集合 R^* は可換体になる. R^* における和及び積は,

$$\left\{\frac{a_1}{b_1}\right\}+\left\{\frac{a_2}{b_2}\right\}=\left\{\frac{a_1b_2+b_1a_2}{b_1b_2}\right\}, \quad \left\{\frac{a_1}{b_1}\right\}\left\{\frac{a_2}{b_2}\right\}=\left\{\frac{a_1a_2}{b_1b_2}\right\}$$

とおいて定義される．このように定義された和，積が類$\left\{\frac{a_1}{b_1}\right\}$，$\left\{\frac{a_2}{b_2}\right\}$から対$\frac{a_1}{b_1}$，$\frac{a_2}{b_2}$を選ぶ選び方に依らないことは，直ちに検証することができる．R^*における0は類$\left\{\frac{0}{b}\right\}$であり，単位元は類$\left\{\frac{b}{b}\right\}$であり，また類$\left\{\frac{a}{b}\right\}\neq 0$の逆元は類$\left\{\frac{b}{a}\right\}$である．以上によって$R^*$は可換体である．最後に，各元$a\in R$に可換体$R^*$の元$\left\{\frac{ac}{c}\right\}$を対応させれば，環$R$を可換体$R^*$に嵌め込む自然な同型写像が得られる．今度は，$a, b$を環$R$の任意の2元，$b$は0でないとしよう．そのとき，可換体$R^*$の部分体で環$R$を含むものは，必らず元$\left\{\frac{ac}{c}\right\}\left\{\frac{bc}{c}\right\}^{-1}=\left\{\frac{ac}{c}\right\}\left\{\frac{c}{bc}\right\}=\left\{\frac{a}{b}\right\}$をもまた含まなければならない．従って，可換体$R^*$は環$R$を含む最小の可換体である．

次に，fを，環Rから体Kの中への同型写像，R'を体Kの部分体で，環$f(R)$を含む最小のものとする．可換体R^*から体Kの中への写像gを$g\left\{\frac{a}{b}\right\}=f(a)(f(b))^{-1}$として定義しよう．こうして定義された可換体$R^*$から体$K$の中への写像$g$が，可換体$R^*$から体$R'$の上への同型写像であり，また，ここに作られた写像$f$の延長$g$は，可換体$R^*$から体$K$の中への同型写像で$R$上では$f$と一致する唯一つのものである．

こうして，命題E)は証明された．

F)　Kを任意の体，eをその単位元とする．元eは，加法群Kの元と考えれば，或る位数をもっている．それをrとしよう（§1, E)参照）．この数rを体Kの**標数**という．標数がrのとき加法群Kの各元$a\neq 0$も同一の位数rをもっていることは，容易にわかる．標数rは，0であるか，さもなければ素数である．始めの場合，各整数mに体Kの元$f(m)=me$を対応させれば，整数の環Zから体Kの部分環$f(Z)$の上への同型写像が得られる．こうして，標数0の場合には，体Kは環$f(Z)$の商体P^0（$(me)(ne)^{-1}$なる形の元全体から成る――）を含む．可換体P^0は有理数体と同型である．可換体P^0の各元は$\frac{m}{n}e=(me)(ne)^{-1}$なる形に書くことができる．標数が素数；$r=p$，の場合には，単位元$e$の整数倍は集合$P^p=\{0, e, 2e, \cdots, (p-1)e\}$で尽くされる．これは整数の環$Z$の$p$を法とする剰余類の体に同型である．部分体 P^r；$r=0, p$, は体 K の最小の部分体であり，これを K の**素体**という．

命題 F) を証明するために，各整数 m に体 K の元 $f(m)=me$ を対応させる．写像 f は明らかに整数の環 Z から体 K の中への準同型写像である．この準同型写像 f の核を I としよう．イデアル I が整数 r のすべての整数倍より成ることは明らかである．$r=0$ ならば，f は同型写像である．$e \neq 0$ なのであるから，$r=1$ の場合はあり得ない．$r>1$ として，そのとき r が素数であることを示そう．そうでないとすれば，$r=mn$ で，m と n とは共に 1 より大きい自然数となる．そのとき $me \neq 0$, $ne \neq 0$. しかも，$me \cdot ne = re = 0$ となるが，体には零因子は存在しないのであるから，これは不可能である．イデアル I の生成元 r が素数 p ならば，剰余環 $Z/I=P^p$ は可換体をなす．こうして，命題 F) は証明された．

G) P を任意の可換体とする．可換体 P の元 $a_0, a_1, \cdots, a_n$ と文字 x に対する式 $a_0+a_1x+\cdots+a_nx^n$ を P 上の**多項式**と名づける．このような文字 x を今後**不定元**という．可換体 P 上の多項式全体 $P[x]$ は自然な方法で環となる．多項式についての加法及び乗法の法則は普通の仕方で定義するのである．不定元 x に関する可換体 P 上の多項式のなす環 $P[x]$ は可換であり，かつ零因子をもたない．従ってこの環 $P[x]$ の商体 $P(x)$ を作って，$P[x] \subset P(x)$ とすることができる（E)参照）．この商体を不定元 x に関する可換体 P 上の**有理函数体**という．環 $P[x]$ 及び可換体 $P(x)$ は，始めの可換体 P によって一意的に定まる．

H) K を任意の体とする．体 K の各元と可換な元の全体を，その**中心**という．体 K の中心がその体の可換部分体となることは容易にわかる．中心の部分体（当然可換体である）を体 K の**中心部分体**という．任意の体の素体 P^r（F) 参照）が中心部分体であることは，容易にわかる．P を体 K の或る中心部分体，t を体 K の或る元としよう．可換体 P 上の多項式 $\varphi(x)$（G)参照）において文字 x を元 t で置換えたとき，$\varphi(t)=0$ となるのが多項式 $\varphi(x)$ が 0 なる場合に限るならば，元 t を可換体 P に関して**超越的**であるという．t を可換体 P に関して超越的な K の元とする．各元 $\varphi=\varphi(x) \in P[x]$ に元 $f(\varphi)=\varphi(t)$ を対応させれば，多項式環 $P[x]$ から環 $P[t]\subset K$ の上への同型写像を得る．環 $P[x]$ よりその商体に移れば，可換体 $P(x)$ から元 t に関する可換体 P 上の有理函数の体 $P(t)\subset K$ の上への同型写像が得られる．

本§の残りの部分を，若干の幾何学的概念，即ち，任意の体の上の**ベクトル空間**及び**射影幾何**の構成に捧げる．

I) K を或る体，R を演算が加法で書かれた可換群とし，その元と体 K の元との積が定義されている；即ち，$a\in K$, $x\in R$ に対して，群 R の元 ax が定義されるものとする．可換群 R は，その元と体 K の元との積が次の条件を満たすとき，体 K 上の**ベクトル空間**という．条件：e を体 K の単位元，a, b をその任意の元，また x, y を R の任意の元とするとき，

$$ex = x, \qquad (a+b)x = ax+bx,$$
$$a(bx) = (ab)x, \quad a(x+y) = ax+ay.$$

ベクトル空間の元を**ベクトル**という．体 K 上の空間 R のベクトルの系 $u_1, \cdots, u_n$ において，

$$a_1u_1+\cdots+a_nu_n = 0\,; \quad a_i\in K, i = 1, \cdots, n$$

なる関係があれば必らず $a_1 = \cdots = a_n = 0$ であるとき，この系は**1次独立**であるという．空間 R において，n 箇の1次独立なベクトルの系は存在するが，$n+1$ 箇のベクトルよりなる系はもはやすべて1次独立にはならないというとき，ベクトル空間 $R = R^n$ を**有限次元**，n をその**次元**という．今後はただ有限次元のベクトル空間のみを考えるので，有限次元という条件は一々繰返さない．n 次元ベクトル空間 R^n の n 箇の1次独立なベクトルから成る系 $u_1, \cdots, u_n$ をその**基底**という．与えられた基底 $u_1, \cdots, u_n$ に対して，各元 $x\in R$ は一意的に

$$x = x_1u_1+\cdots+x_nu_n\,; \quad x_i\in K, i = 1, \cdots, n$$

の形に書表わされる．体 K の元 $x_1, \cdots, x_n$ をベクトル x の基底 $u_1, \cdots, u_n$ における**座標**という．R の二つのベクトル x, y が基底 $u_1, \cdots, u_n$ に関する座標によって，$x = \{x_1, \cdots, x_n\}$, $y = \{y_1, \cdots, y_n\}$ の如く与えられているとき，ベクトル $z = ax+by$；但し，$a\in K, b\in K$, は座標の形では

$$z = \{ax_1+by_1, \cdots, ax_n+by_n\} \tag{3}$$

となる．このように，次元 n のベクトル空間 R は，K の n 箇の元の列 $\{x_1, \cdots, x_n\}$ の全体に自然な仕方で加法及び体 K との積 ((3) 参照) が定義されたものと同型である．従って，任意に与えられた体 K 及び任意の数 n に対して，K 上の n 次元ベクトル空間 R は常に存在し，しかもこれは，同型のものを同じとみれば，ただ一つである．

J) R を体 K 上のベクトル空間とする．加法群 R の部分群 S が更に，$a \in K$, $x \in S$ ならば $ax \in S$, という条件を満たすとき，S を空間 R の**ベクトル (線型) 部分空間**，或は単に**部分空間**という．ベクトル空間 R の各部分空間はそれ自身体 K 上のベクトル空間であり，従って定った次元をもっている．

K) R^{n+1} を或る体 K 上の次元 $n+1$ のベクトル空間とする．空間 R^{n+1} のすべての $(k+1)$ 次元部分空間の集合を G_k とする．集合 $G_0, G_1, \cdots, G_n$ の系 P^n を体 K 上の ***n* 次元射影幾何**という．集合 G_0 の元を**幾何** P^n における**点**，集合 G_1 の元を**直線**，集合 G_2 の元を**平面**，一般に集合 G_k の元を幾何 P^n における ***k* 次元の部分空間**という．ベクトル空間 R^{n+1} の線型部分空間 $a \in G_k$ 及び $b \in G_l$, 但し，$0 \leqq k \leqq l \leqq n$, の間に $a \subset b$ なる関係があるとき，部分空間 a は部分空間 b に**含まれる**，或は部分空間 b は部分空間 a を**通る**といい，$a \dashv b$ と書く．関係 $\dashv$ は射影幾何において基本的である．二つの射影幾何 $P^n = \{G_0, G_1, \cdots, G_n\}$ と $\bar{P}^n = \{\bar{G}_0, \bar{G}_1, \cdots, \bar{G}_n\}$ とは，集合 $Q = G_0 \cup G_1 \cup \cdots \cup G_n$ から集合 $\bar{Q} = \bar{G}_0 \cup \bar{G}_1 \cup \cdots \cup \bar{G}_n$ の上への，次元及び関係 $\dashv$ を保存する 1 対 1 なる写像 f, 即ち，条件

$$f(G_k) = \bar{G}_k, \; k = 0, 1, \cdots, n\,; \tag{4}$$

$$a \dashv b, \; a \in Q, \; b \in Q \text{ ならば } f(a) \dashv f(b), \tag{5}$$

$$\bar{a} \dashv \bar{b}, \; \bar{a} \in \bar{Q}, \; \bar{b} \in \bar{Q} \text{ ならば } f^{-1}(\bar{a}) \dashv f^{-1}(\bar{b}) \tag{6}$$

を満たす 1 対 1 写像 f が存在するとき，**同型**であるという．

明らかに，体 K 上の n 次元射影幾何は，同型のものを同じと見れば，体 K によって一意に定義される．

L) 体 K 上の射影幾何 $P^n = \{G_0, G_1, \cdots, G_n\}$ における関係 $\dashv$ は，射影幾何の**結合の公理**と呼ばれる下記の条件 I—VII を満足する．この公理を定式化するために，**1 次従属**の概念を導入する．$a_0, a_1, \cdots, a_q$ を点の系とする，この系は，

そのすべての点が或る一つの q' 次元部分空間 $a \in G_{q'}$, $q'<q$, に含まれるとき，**1次従属**であるという．また，この条件が満たされないとき，この点の系は**1次独立**であるという．

Ⅰ．$a \dashv b$, $b \dashv c$ ならば，$a \dashv c$.

Ⅱ．各直線は少なくとも三つの異なる点を含む．

Ⅲ．任意の $q+1$ 箇の1次独立な点に対して，これらの点を通る q 次元部分空間は唯一つ，しかも唯一つに限り存在する，ここに，$q=1, 2, \cdots, n$.

Ⅳ．q 次元部分空間はすべて，$q+1$ 箇の1次独立な点を含む；$q=1, 2, \cdots, n$.

Ⅴ．b を1次独立な点の系 $a_0, \cdots, a_q$ を通る部分空間（その次元は問わない），また a を点 $a_0, \cdots, a_q$ を通る q 次元部分空間とする．そのとき，$a \dashv b$.

Ⅵ．$a_0, \cdots, a_p$ を p 次元部分空間 a の1次独立な点，$b_0, \cdots, b_q$ を q 次元部分空間 b の1次独立な点，しかも点の系 $a_0, \cdots, a_p, b_0, \cdots, b_q$ は1次従属であるとする．そのとき，部分空間 a と b とは少なくとも一つの点を共有する．

Ⅶ．n 次元部分空間はただ一つだけ存在する．即ち，集合 G_n は一つの元から成っている．

条件Ⅰ—Ⅶは容易に検証される．条件Ⅱの正しいことがどのようにして確かめられるのかを示し，残りのものの検証は読者に委せることにしよう．l を P^n の任意の直線，即ち空間 R^{n+1} の2次元ベクトル部分空間とし，a, b をその基底とする．ベクトル $a, b, a+b$ のそれぞれを含む1次元ベクトル部分空間はいずれも直線 l に属する点であり，しかも明らかに互に異なっている．これでⅡが証明された．特にもし K が2を法とする整数の剰余類の体であれば，直線 l は上記3点以外の点を含まない．

例16. 射影幾何の綜合的な構成を与えよう．

或る集合 $G_0, G_1, \cdots, G_n$ の系 P^n は，そこに $\dashv$ なる関係が定義されており，即ち，任意の2元 $a \in G_k$, $b \in G_l$, 但し $0 \leqq k \leqq l \leqq n$, に対して，関係 $a \dashv b$ か或はその否定 $a \not\dashv b$ かのどちらかが成立し，しかも命題L）の条件Ⅰ—Ⅶを満たすとき，これを **n 次元射影幾何**という．集合 G_0 の元を**点**，集合 G_1 の元を**直線**，集合 G_2 の元を**平面**，等々と名づける．二つの射影幾何間の**同型写像**も，命題J）におけると同様に定義される.

次元≧3 の射影幾何においては，結合の公理から，重要な役割を演ずる **Desargues の定理**を導くことができる．Desargues の定理を述べるために，次の用語を導入する．幾何 P^n の三つの 1 次独立な点の作る図形を **3 角形**という．二つの点列 $a_1, \cdots, a_r$ と $b_1, \cdots, b_r$ とが**配景の位置にある**とは，配景の中心 s，即ち，任意の $i=1, \cdots, r$ に対して 3 点 a_i, b_i, s が 1 次従属になるような点 s が存在することをいう.

Desargues の定理（順及び逆）．a_1, a_2, a_3 及び b_1, b_2, b_3 を射影幾何 $P^n, n\geqq 3$, における二つの 3 角形とする．もし 3 角形 a_1, a_2, a_3 と b_1, b_2, b_3 とが配景の位置にあるならば，3 点 c_1, c_2, c_3 が存在して，次の (7) における 3 点はすべて 1 次従属となる：

$$a_1, a_2, c_3\,; b_1, b_2, c_3\,; a_1, a_3, c_2\,; b_1, b_3, c_2\,; a_2, a_3, c_1\,; b_2, b_3, c_1\,; c_1, c_2, c_3. \quad (7)$$

もし，逆に，(7) における 3 点が悉く 1 次従属になるような三つの点 c_1, c_2, c_3 が存在するならば，3 角形 a_1, a_2, a_3 と b_1, b_2, b_3 とは配景の位置にある．（言い換えれば二つの 3 角形が配景の位置にあるためには対応辺の交点が 1 直線上にあることが必要かつ十分である.）

（順或は逆の）Desargues の定理における条件が満たされる場合，点 $a_1, a_2, a_3, b_1, b_2, b_3, c_1, c_2, c_3, s$ が，すべて，一つの 3 次元部分空間に含まれることは，容易に検証できる．ここでそれらが，一つの平面に含まれないときは，Desargues の定理は全く簡単に証明できる．もし 3 角形 a_1, a_2, a_3 と b_1, b_2, b_3 とが同一の平面 $f\in G_2$ に含まれるならば，定理の証明のためには，平面 f に含まれず，かつ，3 角形 a_1, a_2, a_3 及び b_1, b_2, b_3 の各々と配景の位置にある 3 角形 b_1', b_2', b_3' を補助的に作図する必要がある．これがなくては，Desargues の定理の証明は不可能である．しかし，2 次元の射影幾何に対しては，この定理は必ずしも成立たない．即ち，2 次元の**非 Desargues 的な幾何**が存在するのである.

射影幾何学の基礎的な問題は，任意の公理的に定義された射影幾何が，或る体の上の射影幾何と同型になるであろうか，という問題である．この問題は，次元 $n\geqq 3$ の射影幾何に対しては肯定的に解決される．この解において重要な役割をDesarguesの定理が演ずるのである．ここで，この問題の肯定的な解法を記そう．

lを射影幾何P^n, $n \geqq 3$, の或る直線，また，$0, e, u$をその三つの相異なる点とする．更に，Kを直線l上にあってuと異なる幾何P^nの点全体の作る集合とする．そのとき，射影的な作図によって，集合Kに加法及び乗法の演算を定義し，集合Kが点0を零としeを単位元とする体となり，しかも体K上のn次元射影幾何が始めの幾何P^nに同型となるようにすることができる．ここで集合Kにおける演算の定義は一意的である．

集合Kにおける加法は，次のようにして定義する(第1図)．a, bを直線lのuと異なる2点とする．mを直線lを含む平面，また，l_a, l_b, l_u'をそれぞれ点a, b, uを通るこの平面内の直線で，lとは異なり，かつそれらは1点では交わらないものとする．直線l_u'と直線l_a, l_bとの交点をそれぞれa', b'とする．直線$(0, b')$とl_aとの交点をa''，また直線(a'', u)とl_bとの交点をb''とし，最後に，直線(a', b'')と直線lとの交点をdとして，$a+b=d$と定める．この定義が妥当であることを証明するためには，点dが点$a, b, 0, u$によって一意的に定義されること，即ち，直線l_a, l_b, l_u'の選び方に依存しないことを言わねばならない．$\bar{l}_a, \bar{l}_b, \bar{l}_u'$をそれぞれ直線$l_a, l_b, l_u'$に相当する別の3直線(第1図上の点線参照)とし，それらは或る平面$\bar{m}$上にあるものとする．点a', a'', b', b''に相当する点をそれぞれ$\bar{a}', \bar{a}'', \bar{b}', \bar{b}''$で表わす．そのとき，3角形$a', b', a''$と$\bar{a}', \bar{b}', \bar{a}''$

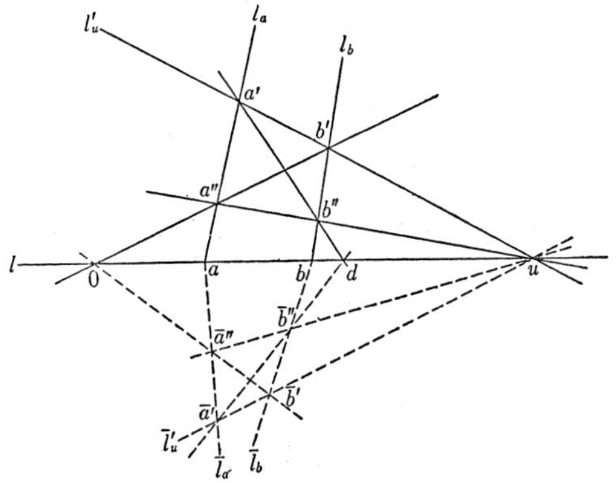

第1図

とは，Desarguesの定理の逆によって，配景の位置にある．3角形b', b'', a''と$\bar{b}', \bar{b}'', \bar{a}''$とも同様である．従って，点列$a', b', a'', b''$と$\bar{a}', \bar{b}', \bar{a}'', \bar{b}''$とが配景の位置にあり，よって，特に3角形$a', a'', b''$と$\bar{a}', \bar{a}'', \bar{b}''$とも配景の位置にある．この故に，Desarguesの定理の順によって，直線(a', b'')と$(\bar{a}', \bar{b}'')$とは直線$(a, u)=l$上で交わる．かくして点dは一意に定義される．

ここに導入された加法の演算が可換であることは，直線$l_u'=(a', b')$と$l_u''=(a'', b'')$とがその役割を交換し得ることに由来する：この際点aとbとはその役割を交換するが，点dは変らない．$a+0=a$なることは明らか．更に，第1図の作図を別の順序で実行すれば，点$0, a, d, u$を知って点bを見いだすことができ，方程式$a+b=d$はbに関して解けることになる．

加法の結合律を証明するために，第1図に任意の点$c \neq u$を補う（第2図）．直線$(0, b'')$とl_u'との交点をc'とし，直線(c, c')をl_cで表わす．また，直線l_cとl_u''との交点をc''で表わす．そのとき，l_{a+b}として直線(a', b'')を採れば，$(a+b)+c$が直線lと直線(a', c'')との交点なることを知る．更に，点$b+c$は

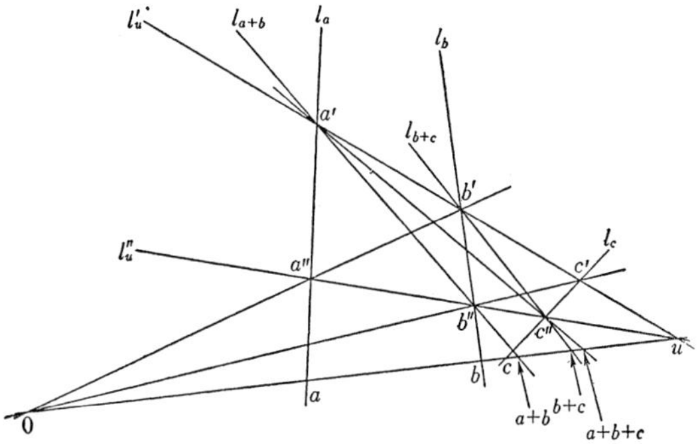

第 2 図

直線(b', c'')上にあり，それをl_{b+c}として採用する．最後に，直線l_a及びl_{b+c}は既に定義されているから，点$a+(b+c)$は直線(a', c'')上にある，即ち$(a+b)+c$と一致する．

このようにして，Kは加法群となる．

集合Kにおける乗法は，次のようにして定義する（第3図）．a, bを直線lの

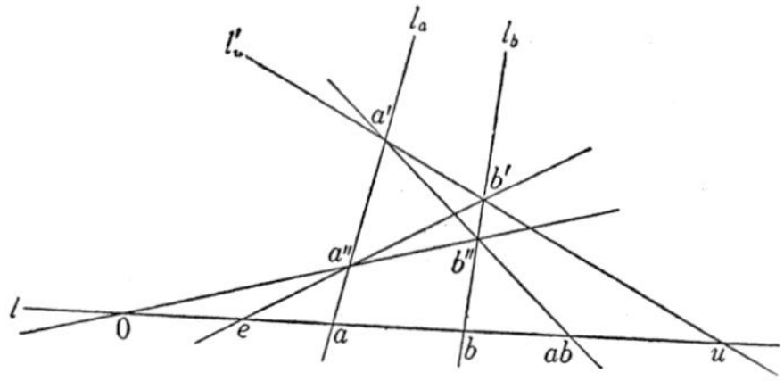

第 3 図

u と異なる二つの点とする．m を直線 l を含む平面，l_a, l_b, l_u' をそれぞれ点 a, b, u を通るこの平面内の直線で，l とは異なり，かつ，それらは1点では交わらないものとする．直線 l_u' と直線 l_a 及び l_b との交点をそれぞれ a' 及び b' と書く．直線 (e, b') と l_a との交点を a''，直線 $(0, a'')$ と l_b との交点を b'' で表わし，最後に，直線 (a', b'') と l との交点を積 ab として採用する．この定義の正当なること，即ち積 ab が直線 l_a, l_b, l_u' のとり方に関係しないことは，加法におけると全く同様に証明される．等式 $ea = a$ 及び逆元の存在も，直ちに検証される．乗法の結合律及び分配律も，先に類する作図を用いて検証される．

こうして，K は体となり，それは，一般に言って，非可換である．射影幾何学において，この体 K 上の n 次元射影幾何が始めのものに同型になることが証明される．

体 K が可換になるためには，体 K 上の射影幾何において，分解した (即ち，相交わる2直線より成る) 2次曲線に対して **Pascal の定理**が成立することが，必要であり，かつまた十分でもある．

第2章　位 相 空 間

群の理論が乗法という代数的演算の，最も純粋な形における考察であったように，抽象位相空間論においては，その全考察を極限をとる過程におく：考えている要素のその他の性質はすべて無視するのである．

何かある一つの，実数の集合 M が与えられたものとしよう．そのとき各実数について，それが集合 M の**極限点**であるか否かを決めることができる．実数列の収束条件，また一般に極限をとることに関連する概念はすべて極限点——集積点なる用語を使って述べることができる．即ち集積点の概念は位相空間の公理化の基礎をなすものである．しかし直接集積点の概念を公理化せず，それと全く同等な**閉苞**の概念を公理化する方が合理的であると思われる．与えられた集合 M にそのすべての集積点を附加えて，所謂，集合 M の**閉苞** $\bar{M}$ を得る：それは M に属するすべての点と，M のすべての集積点とから成る．このようにして，集積点を知ればそれによって閉苞を知ることができる．また逆に，閉苞なる用語を用いて集積点の概念を述べることもできる：点 a が集合 M に属さない場合には，a は $a\in\bar{M}$ なるとき，しかもそのときに限り M の集積点である．しかし，$a\in M$ なる場合には，この規準は十分ではない：a は集合 M の孤立点でもあり得るからである．だがもし a が集合 M に入り，同時に M の集積点であれば，a は集合 $M\setminus a$ [a 以外の M の元の作る集合：巻頭の記号に関する注意を参照] の集積点でもある．即ち $a\in\overline{M\setminus a}$ である．この条件は十分でもあり，更に a が M に属さないときにも当てはまる：その場合は $M=M\setminus a$ だからである．このようにして，結局，$a\in\overline{M\setminus a}$ なるとき，かつそのときに限り，a は M の集積点となる．

閉苞の概念を公理化して，**位相空間**の概念に到達する．

§8. 位相空間の概念

定義 12. 集合 R：その元はどんな種類のものでもよい——が**位相空間**であるとは，空間 R の各部分集合に対して，M の**閉苞**と名づけられる集合 $\bar{M}$ が対応づけられ，次の諸条件を満足していることをいう：

1) もし M がただ一つの元 a のみを含むならば，$\bar{M}=M$ である．換言すれば，$\bar{a}=a$.

2) M, N が空間 R の二つの部分集合なるとき，$\overline{M\cup N}=\bar{M}\cup\bar{N}$. 即ち，和の閉苞は閉苞の和に等しい．

3) $\bar{\bar{M}}=\bar{M}$. 即ち，閉苞をとる演算を2回適用したとき，これを1回適用したときと同一の結果を得る．

位相空間の元をその**点**という．$a\in\bar{M}$ なるとき，点 a を集合 M の**触点**という．空間 R の点 a は $a\in\overline{M\setminus a}$ なるとき集合 M の**集積点**という．

A) $M\subset\bar{M}$ なることを示そう．

実際，$a\in M$ とすれば，$M=M\cup a$. 等式両辺の閉苞をとり，$\bar{M}=\overline{M\cup a}=\bar{M}\cup\bar{a}=\bar{M}\cup a$, 即ち $a\in\bar{M}$. 従って $M\subset\bar{M}$.

B) $M\subset N$ ならば，$\bar{M}\subset\bar{N}$.

実際，$N=M\cup N$. 等式両辺の閉苞をとり，$\bar{N}=\bar{M}\cup\bar{N}$. 即ち $\bar{N}\supset\bar{M}$ を得る．

定義 13. 位相空間 R の部分集合 F が $\bar{F}=F$ のとき，F を**閉集合**という．R の部分集合 G は，$R\setminus G$ が閉集合なるとき，**開集合**という．

定義13より明らかなように，閉集合と開集合とは，空間 R において互に他の補集合となっている．従って閉集合に関する命題には悉く開集合に関するある命題が対応している．この注意を考慮に入れて，次の簡単な諸定理を証明しよう．

C) 閉集合の有限和は閉集合である．

実際，E 及び F を二つの閉集合とすれば，

$$\overline{E\cup F}=\bar{E}\cup\bar{F}=E\cup F,$$

従って $E\cup F$ は閉である．帰納法により，この命題は任意有限箇の和の場合に拡張される．

これに対応する，開集合についての命題は：

D) 任意有限箇の開集合の共通部分はまた開集合である．

この命題の証明は全く *trivial* である．よって今後これと類似の証明は省略するが，一度だけその証明を実行しておこう．G, H を R の二つの開集合とする．そのとき $E=R\setminus G$ 及び $F=R\setminus H$ は閉集合．共通部分 $G\frown H$ は $E\smile F$ の補集合，即ち $G\frown H=R\setminus(E\smile F)$．ところが $E\smile F$ は閉集合（C）参照）．従って $G\frown H$ は開集合である．

E) Σ を空間 R の閉集合から成る任意の集合系，D を Σ に属するすべての集合の共通部分とすれば，D は閉集合である．

実際，F を系 Σ の或る集合とすれば，$D\subset F$．従って $\bar{D}\subset\bar{F}=F$（B）参照）．F は系 Σ の任意の元故，$\bar{D}\subset D$．所が $\bar{D}\supset D$（A）参照）．従って $\bar{D}=D$．

これに対応する，開集合についての命題は，

F) 任意箇数の開集合の和集合は開集合である．

G) 空間 R がただ一つの点のみを含むような *trivial* な場合を除けば，空間 R 自身及び空集合は閉集合であると同時に開集合でもあることに注意しよう．

実際，全空間 R の閉苞は R に含まれ，従って $\bar{R}\subset R$ である．これと命題 A）とより，$\bar{R}=R$．即ち R は閉じている．更に R が二つの異なった点 a, b を含むとすれば，空集合は，1点 a のみを含む集合と1点 b のみを含む集合との共通部分であるから，閉じている（E）参照）．

H) 空間 R の集合 M は，$\bar{M}=R$ なるとき（**到る処**）**稠密**であるという．

例 17. R を一つの無限集合とする．R において閉苞演算を次の条件で定義しよう．即ち，M が R の有限集合のときは $\bar{M}=M$ とし，M が R の無限集合のときは $\bar{M}=R$ とする．この閉苞演算が定義12の条件を満足していることは容易に検証できる．

例 18. R を或る集合とする．R のすべての集合に対して $\bar{M}=M$ とおいて，そこに閉苞演算を定義する．そのとき定義12の条件，1），2），3）が満たされることは容易に検証できるから，これによって R は位相空間となる．このように定義された位相空間 R を**ディスクリート**であるという．

§9. 近　傍

この§では位相空間を近傍によって与える方法を述べる．この方法は極めて重要であり，屢々位相空間の概念を公理的に定義する基礎とされるものである．

位相空間 R を定めるためには，定義12により，集合 R の各部分集合 M にその閉苞 $\bar{M}$ を対応させることが必要である．しかし，すべての集合に対してその閉苞を与えることは必要ではなく，閉集合の全体を与えるだけで十分である．そうすれば，R のすべての集合の閉苞は一意的に定まるからである．次の命題はこの主張が正しいことを示すものである．

A)　M を R の集合，Σ を M を含む R の閉集合全体とする．Σ に属するすべての集合の共通部分を D とすれば，$\bar{M}=D$ である．換言すれば，$\bar{M}$ は M を含む**最小の**閉集合である．

実際，$\bar{\bar{M}}=\bar{M}$ 故，$\bar{M}$ は閉集合である．その上 $\bar{M}\supset M$ であるから $\bar{M}\in\Sigma$ となり，よって $D\subset\bar{M}$．更に $D\supset M$ で，D は閉集合の共通部分故，$D=\bar{D}\supset\bar{M}$．従って $D=\bar{M}$．

空間 R のすべての閉集合を与えるためには，空間 R のすべての開集合を与えれば十分である．何故ならば，閉集合はすべて或る開集合の補集合となっており，また開集合の補集合はすべて閉集合だからである．従って，位相空間 R を定義するためには R の開集合の全体を定めてもよい．任意の開集合系の和集合がまた開集合であることを利用して，これを多少簡単にすることができる．それは次に述べる近傍系の概念によるものである．

定義14.　空間 R の開集合の系 Σ は，R の空でない開集合がすべて Σ に属する開集合の或る和集合として得られるとき，空間 R の**基**という．空間 R の基 Σ はまた空間 R の**完全近傍系**とも呼ばれ，系 Σ の各開集合は，その開集合に含まれる任意の点に対して，その点の**近傍**と呼ばれる．空間 R のすべての基の中に，その**濃度が最小**のものが存在する：何故ならば，濃度の集合は整列だからである．この最小の濃度を空間 R の**位相濃度**という．

空間 R の基の最も簡単な例は，R の全開集合の族である．

空間 R の基を知れば，それによって R の開集合を全部知ることができ，従って，R における閉苞は一意的に定義される．このように，空間 R を定めるためには，その或る一つの基を指定すれば十分である．

定義 14 からわかるように，近傍の概念は R に設定された閉苞演算によって完全に定まるわけではなく，基 Σ の選択にも依存する．それ故今後近傍と言うときは，或る定った基 Σ が既に選ばれてあるものと考える．

B) 空間 R の開集合系 Σ が R の基となるための必要十分条件は，すべての開集合 G 及び G に属するすべての点 a に対して，$a\in U\subset G$ なる開集合 U が系 Σ の中に存在することである．

実際，Σ を空間 R の基とすれば，Σ に属する開集合の系 Σ' で，Σ' に属する全開集合の和が G となるようなものが存在する．そのとき G の元 a を含む開集合 $U\in\Sigma'$ が見出だされる．開集合 G は Σ' に属する開集合の和として得られ，U はその族の中に入っているから，$U\subset G$ である．

次に，上に述べた条件が Σ に対して満たされているものとしよう．G を R の任意の開集合とするとき，すべての点 $x\in G$ に対して，$x\in U_x\subset G$ となるような開集合 $U_x\in\Sigma$ を見出だすことができる．すべての開集合 U_x; $x\in G$, の和は，明らかに G に等しく，従って Σ は空間 R の基である．

規準 B) と平行に，次のように定義しよう．

B′) 点 a の近傍の系 Σ' において，点 a を含む任意の開集合 G に対し，G に含まれる近傍 $U\in\Sigma'$ を見出だし得るとき，Σ' を点 a における**基**，または点 a の**完全近傍系**という．B) より直ちに，もし Σ が全空間の基ならば，点 a を含む系 Σ の開集合全体は，点 a における基となることがわかる．

既に注意したように，空間 R に完全近傍系を定めれば，この空間において一意的に閉苞演算を定義することができるようになる．近傍から閉苞演算へのこの過程がどのように行われるかを，具体的に示してみよう．

C) a を或る点，M を R の或る部分集合とする．点 a が $\bar{M}$ に属するのは，点 a の任意の近傍 U が M に属する或る点を含むとき，しかもそのときに限る．ここで点 a の近傍とは，点 a における基の要素と考える（B′) 参照)．

実際，a が $\bar{M}$ に入らないとしよう．そのとき $R\setminus\bar{M}$ は a を含む開集合であり，

従って $a\in U\subset R\setminus\bar{M}$ なる如き開集合 $U\in\Sigma'$ が存在する（B′）参照）．このようにして点 a の近傍で M と交わらないものが存在する．逆に，もし V が点 a の近傍で M と交わらないものとすれば，$M\subset R\setminus V=F$．しかも，V が開集合故 F は閉集合である．故に $\bar{M}\subset\bar{F}=F$，即ち $\bar{M}$ は a を含まない．かくして集合 $\bar{M}$ が a を含まないためには，点 a が M と交わらない近傍をもつことが必要かつ十分である．所がこの主張は主張 C）と同値である．

D） Σ が位相空間 R の完全近傍系であるとき（定義 14 参照），次の条件が満たされる．

a） 空間 R の相異なる任意の 2 点 a, b に対して，点 a の近傍 $U\in\Sigma$ で点 b を含まないものが存在する．

b） 点 $a\in R$ の任意の二つの近傍 U, V に対して，同じくこの点 a の近傍 $W\in\Sigma$ で $W\subset U\frown V$ なるものが存在する．

実際，1 点 b は閉集合故 $R\setminus b$ は開集合，従って，B）により，点 a の近傍 U で $R\setminus b$ に含まれるものが存在する．これが a）である．条件 b）が満たされることを証明するためには，同様に B）を点 a を含む開集合 $U\frown V$ に適用すればよい．

前項における条件 a），b）は重要である：位相空間を近傍によって定義する際，それらは，今度は公理として採用されるものだからである．この考えは，更に完全に次の定理 3 の形に言表わされる．これはまた，命題 C），D）を併せたものの逆にもなっている．

定理 3. R を一つの集合，Σ をその部分集合の或る系で，次の諸条件を満たすものとする．

a） R の相異なる任意の 2 点 a, b に対して，系 Σ の集合 U で，a を含み b は含まないようなものが存在する．

b） 系 Σ の，点 $a\in R$ を含む任意の 2 集合 U, V に対して，系 Σ の集合 W で $a\in W\subset U\frown V$ なるものが存在する．

このとき，点 a を含む系 Σ の集合がすべて M と交わるとき，しかもそのときに限り $a\in\bar{M}$ として，R に閉苞演算を定義する．このように定義された閉苞演算は，定義 12 の諸条件を満たし，従って R は位相空間となる．これに対し

て始めの系 Σ は，ここに得られた空間 R の完全近傍系となる．

証明. 閉苞演算は既に定義されている．これに対して定義 12 の条件 1), 2), 3) が満たされることを証明しよう．その際，$a\in U$ なる集合 $U\in\Sigma$ を点 $a\in R$ の**近傍**と呼ぶ．

M が 1 点 a のみを含むとする．点 a の近傍はすべて a を含むから，$a\in\bar{M}$ である．今度は b を R の点で a と異なるものとする．そのとき定理の条件 a) により，点 b の近傍で a を含まないものが存在する．従って b は $\bar{M}$ に属さない．以上により $\bar{M}=a$ であり，定義 12 の条件 1) は満たされる．

M と N とを R の二つの集合とする．$a\in\bar{M}\cup\bar{N}$ ならば，点 a の近傍はすべて M か N かに交わる．所がそのときは U は $M\cup N$ に交わる．即ち $a\in\overline{M\cup N}$ である．次にもし a が $\bar{M}\cup\bar{N}$ に属さなければ，点 a の，M と交わらない近傍 U，及び N に交わらない近傍 V が存在する．定理の条件 b) より，点 a の近傍 W で共通部分 $U\cap V$ に含まれるものが存在し，近傍 W は $M\cup N$ に交わらない．従って a は $\overline{M\cup N}$ に属さない．こうして $\overline{M\cup N}=\bar{M}\cup\bar{N}$ であり，定義 12 の条件 2) が満たされる．

定義 12 の条件 3) に移るに先立って，定理 3 で導入された閉苞演算に対して，$N\subset\bar{N}$ となることに注意しておこう．実際，$x\in N$ ならば，点 x の近傍は点 x を含むのであるからすべて N と交わる．よって $x\in\bar{N}$，即ち $N\subset\bar{N}$.

$a\in\bar{\bar{M}}$ とする．このことは点 a の近傍 U がすべて $\bar{M}$ と交わる：即ち $b\in U$ なる点 $b\in\bar{M}$ が存在することを意味する．所がそのとき U は点 b の近傍になっており一方 $b\in\bar{M}$ なる故，U は M に交わる．即ち点 a の任意の近傍 U が M と交わる．よって $a\in\bar{M}$. 従って $\bar{\bar{M}}\subset\bar{M}$. 他方上に証明したことから $\bar{M}\subset\bar{\bar{M}}$. こうして $\bar{\bar{M}}=\bar{M}$. 即ち定義 12 の条件 3) が満たされる．

今度は Σ が空間 R の完全近傍系となることを示そう．先ず最初に，集合 $U\in\Sigma$ はすべて空間 R の開集合なることを証明する．そのためには集合 $F=R\setminus U$ が閉集合であることをいえばよい．点 x が F に属さないとすれば，x は U に含まれる．従って U は点 x の近傍で，しかも F に交わらない．かくして x は $\bar{F}$ に属せず，故に $\bar{F}=F$，従って U は開集合である．今度は G を R の勝手な開集合とし，$a\in G$ とする．そのとき集合 $R\setminus G=F$ は閉じており，かつ a を含まない．従って点 a の近傍 W で F と交わらないものが存在する．このように，任意の開集合 G，及び任意の点 $a\in G$ に対して，$a\in W\subset G$ なる如き近傍 $W\in\Sigma$ が存在する．即ち Σ は空間 R の基である（B）参照）．

このようにして，定理3は完全に証明された．

E）定理3によれば，位相空間 R を，直接閉苞演算によって定義せずに，定理3の条件 a)，b) を満たすような，空間 R の部分集合の系 Σ を指定することによって，定めることができる．系 Σ が与えられた際，R の閉苞演算は定理3に示されたように定義されるが，その場合，系 Σ のことを，空間 R の**決定近傍系**という．

位相空間 R が決定近傍系で定義される場合，R の閉苞演算は一意的に定められる．しかし，逆は正しくない：空間 R が閉苞演算によって与えられているとき，その決定近傍系は一意的には定まらない．このために，同一の集合上に与えられた二つの異なる決定近傍系は，如何なる条件の下で，同一の閉苞演算を定義するかという問題が生じてくる．

F）二つの決定近傍系 Σ, Σ' は，それらが同一の閉苞演算を定義するとき，**同値**であるという．空間 R の二つの決定近傍系 Σ, Σ' が同値であるための必要十分条件は，任意の点 a 及びそのすべての近傍 $U\in\Sigma$ に対して，点 a の近傍 $U'\in\Sigma'$ で $U'\subset U$ となるものが存在し，また逆に，任意の点 a のすべての近傍 $V'\in\Sigma'$ に対し，その点 a の近傍 $V\in\Sigma$ で $V\subset V'$ となるものを見出だし得ることである．

先ずこの条件が必要であることを示そう．U は a を含む開集合であり，Σ' は R の基であるから，近傍 $U'\in\Sigma'$ で $a\in U'\subset U$ なるものが存在する．全く同様に V' に対する V の存在が証明される．次に十分なこと，即ち，Σ と Σ' とに対する同値の条件が満たされたとき，Σ と Σ' とが同一の閉苞演算を定めることを示そう．実際，Σ によって定められた閉苞の意味で $a\in\bar{M}$ とし，V' を系 Σ' から採った点 a の近傍としよう．同値の条件により，点 a の近傍 $V\in\Sigma$ で $V\subset V'$ なるものが存在する．所が V は M と交わる故，V' もまた M と交わる．V' は点 a の系 Σ' から採った任意の近傍であったから，系 Σ' によって定められ

た閉苞の意味でも $a \in \bar{M}$ である.

今度は，空間 R の部分集合 G が開集合であるための必要十分条件を，近傍を用いて言い表わしてみよう.

G) 空間 R の部分集合 G は，G の任意の点 a に対し，その点 a の近傍で，G に含まれるものが存在するとき，かつそのときに限り，開集合である.

この条件が必要であることは決定近傍系が空間 R の基であることから直ちに出る. 次に G が上記の条件を満たしているとして，$R \diagdown G = F$ が閉集合なることを示そう. a が F に属さないとする. そのとき $a \in G$，従って点 a の近傍 U で F と交わらないものが存在する. 故に a は $\bar{F}$ に属さない. 従って F は閉集合である.

なお，点 a が集合 M の集積点 (定義 12 参照) であるための必要十分条件を，近傍の用語を使って示してみよう. その条件は次のように述べられる.

H) 点 a が集合 M の集積点であるためには，点 a の各近傍が M の無限部分集合を含むことが必要であり，点 a の各近傍が少なくとも一つの，a と異なる M の点を含むことが十分である.

実際，$a \in \overline{M \diagdown a}$ とし，点 a のある近傍 U が単に集合 $M \diagdown a$ の点の有限集合 N を含むに過ぎないとすれば，$U \diagdown N$ は a を含む開集合であり，従って点 a の $U \diagdown N$ に含まれる近傍 V が存在し，それは集合 $M \diagdown a$ と交わらない. 所が一方 $a \in \overline{M \diagdown a}$ 故，これはあり得ない. 逆に点 a の各近傍が a と異なる M の点を含むならば，点 a の各近傍は $M \diagdown a$ と交わる：即ち $a \in \overline{M \diagdown a}$ であり，従って a は M の集積点である.

例 19. R^n を n 次元 Euclid 空間とする. R^n の各点はその n 箇の Descartes 座標によって定められる. 点列 $x_k, k = 1, 2, \cdots$ を考えよう. 点 x_k の座標を $x^i{}_k$, $i = 1, \cdots, n$, で表わす. すべての i に対して $\lim_{k \to \infty} x^i{}_k = x^i$ なるとき，点列 $x_1, x_2, \cdots$ は座標 x^i の点 x に**収束**するという. M を R^n の点の集合とする. M の中に x とは異なる点の列で x に収束するものが存在するとき，x を集合 M の**集積点**という. 集合 M の**閉苞** $\bar{M}$ を，M に属するかまたは M の集積点であるような点の全体として定義する. このように定義された閉苞演算が定義 12 のすべての要求を満足することは，容易にわかる．こうして R^n は位相空間となる．

R^n は Euclid 空間であるから，そこには任意2点間の**距離**が定義されている．R^n の点で，或る固定された点 a からの距離が与えられた正数 r より小さいようなもの全体を，中心 a，半径 r の**球**という．球がすべて R^n における開集合であることは，容易にわかる．すべての球の集合は空間 R^n の基をなすことも，困難なしに証明される．全く同様にして，有理点を中心とし，有理数を半径とするような球の全体も，空間 R^n の基となる．

例 20．この§では閉苞演算を近傍を使って定義する方法を示した．閉苞演算を定める今一つの重要な方法は**距離**を用いる定め方である．しかし，距離を使って閉苞演算を定めることは，すべての位相空間に対して可能なわけではない．このために，**距離附け可能な**位相空間の類という，極めて重要な概念が生じてくる．

一つの集合 M において，その任意の点対 x, y に対して，その**距離**，即ち，次の条件を満たすような負でない実数 $\rho(x, y)$ が対応させられているとき，M を**距離空間**という．条件：a) $\rho(x, y)=0$ は，$x=y$ なるとき，しかもそのときに限る；b) $\rho(x, y)=\rho(y, x)$；c) $\rho(x, y)+\rho(y, z)\geqq\rho(x, z)$．条件 c) は **3 角公理**または **3 角不等式**と呼ばれている．

距離空間においては自然に，定義12の諸条件を満たす閉苞演算が定義され，従って距離空間は位相空間になる．その位相は次のようにして定義される．M を距離空間 R の或る部分集合，a を R の或る点とするとき，$x \in M$ に対する数 $\rho(a, x)$ の下限 $\rho(a, M)$ を，点 a から集合 M に到る**距離**という．集合 M の閉苞 $\bar{M}$ は，M に到る距離が0であるような点全体として定義する．位相空間であって，そこにおける閉苞演算が，或る距離を使い上に示したようにして定義することができるものを，**距離附け可能**であるという．

距離空間における，中心 a 半径 ε の**球**とは，a に到る距離が ε よりも小さいようなすべての点の集合をいう．距離空間 R における球がすべて開集合であり，またすべての球の集合が位相空間 R の基をなすことは，容易にわかる．

距離空間の重要な例は，有限次元の **Euclid 空間**（例19参照），及びその無限次元への一般化である所の，所謂 **Hilbert 空間** H である．空間 H の元は，実数列 $x=\{x_1, \cdots, x_n, \cdots\}$ で級数 $x_1^2+\cdots+x_n^2+\cdots$ が収束するようなものの全体である．H における距離は

$$\rho(x, y)=\sqrt{(x_1-y_1)^2+\cdots+(x_n-y_n)^2+\cdots}$$

なる関係で定義される．

§10. 同相写像，連続写像

位相という観点から見れば，同じ性質の閉苞演算をもつ二つの位相空間は同じものであって，それらは互に**同相**であるといわれる．次の定義は，このことを更に正確に表現したものである．

定義 15. 位相空間 R から位相空間 R' の上への写像 f が，1) 1対1であり，かつ，2) 閉苞演算を保つ，即ちすべての $M\subset R$ に対し，$f(\bar{M})=\overline{f(M)}$，なるとき，写像 f を**同相写像**または**位相写像**という．写像 f が同相写像ならば，その逆写像 f^{-1} もまた同相写像であることは，容易にわかる．二つの位相空間 R, R' は，その一方から他方の上への位相写像が存在するとき，**同相**，**同位相**，または**位相同型**であるという．

位相空間における同相写像の概念は，群における同型写像の概念に対比すべきものである．位相空間の**位相的な性質**とは，同相写像によって変らない性質である．定義 15 から，位相的な性質は，閉苞という用語によって表現し得るもの，しかもそのようなものに限るということが明らかになる．こういうわけで，或る集合が開集合であるとか閉集合であるとかいう性質は位相的であるが，これに反し，近傍であるという性質は位相的ではない．それは，同一の開集合が，空間の或る基には属するが他の基には属さないということがあり得るからである．近傍の概念は位相的に不変ではないのであるから，何らかの定義を近傍という言葉を使って述べるときには，いつでも，その定義の位相不変性を確かめておかねばならない．定義の不変性を確かめるには，或る近傍系をそれと同値なもの（§9, F）参照）に置換えた際，その定義が依然有効であることを示せばよい．

二つの位相空間の間の関係で同相写像より弱いものに，**連続写像**がある．同相写像が群における同型写像に対比すべきものとすれば，連続写像は準同型写像に対比すべきものである．

定義16.　位相空間 R から位相空間 R' の中への写像 g が，すべての集合 $M \subset R$ に対して関係

$$g(\bar{M}) \subset \overline{g(M)}$$

を満たすとき，g を**連続写像**という．

A)　写像 g が1対1かつ双連続ならば，即ち，写像 g, g^{-1} が共に連続ならば，それは同相写像であることを示そう．

写像 g は連続であるから，$g(\bar{M}) \subset \overline{g(M)}$ である．集合 $g(M)$ を M' とかけば，今得た式は $g(\bar{M}) \subset \bar{M}'$ である．g は1対1写像故 $g^{-1}(g(\bar{M})) = \bar{M} = \overline{g^{-1}(M')}$ だから上式より $\overline{g^{-1}(M')} \subset g^{-1}(\bar{M}')$ を得る．所が写像 g^{-1} は連続故，$\overline{g^{-1}(M')} \supset g^{-1}(\bar{M}')$．この二つの関係を併せて，$g^{-1}(\bar{M}') = \overline{g^{-1}(M')}$．即ち写像 g^{-1} は同相写像である：集合 M が任意であったから，集合 M' もまた任意だからである．g^{-1} が同相写像故，g もまた同相写像である．

次に一つの位相空間から他の位相空間の中への写像に対する，重要な，連続性の規準を与える．

B)　下記の2条件，a) と b) とは，各ゝ，空間 R から空間 R' の中への写像 g が連続であるために，必要かつ十分である．

a)　F' を空間 R' の任意の閉集合とするとき，その完全原像 $F = g^{-1}(F')$ もまた閉集合である．

b)　G' を空間 R' の任意の開集合とするとき，その完全原像 $G = g^{-1}(G')$ もまた開集合である．

まず第一に，a) と b) とが同値であることを示そう．F' と G' とを，空間 R' の互に交わらない集合でその和が R' になるものとしよう．そのとき明らかに $g^{-1}(F')$ と $g^{-1}(G')$ とはまた交わらず，しかもその和は R になる．条件 a) が満たされ，G' を開集合とすれば，F' は閉集合，よって $g^{-1}(F')$ は閉集合，故に $g^{-1}(G')$ は開集合となる．即ち条件 b) が満たされる．b) から a) が出ることも

同様に示される．

次に，条件 a) が満たされるならば，写像 g が連続になることを示そう．M を空間 R の任意の集合，$M'=g(M)$ とする．集合 $\bar{M}'$ は閉，故にその完全原像 $F=g^{-1}(\bar{M}')$ もまた閉集合，ところで，$M\subset F$．従って $\bar{M}\subset\bar{F}=F$．故に $g(\bar{M})\subset\bar{M}'=\overline{g(M)}$．よって連続性の規準 (定義 16 参照) は満たされる．

最後に，写像 g が連続であるとして，条件 a) が満たされることを示そう．F' を空間 R' の任意の閉集合，$F=g^{-1}(F')$ とする．写像 g は連続故，$g(\bar{F})\subset\overline{g(F)}\subset\bar{F}'=F'$．所が F は集合 F' の完全原像故，関係 $g(\bar{F})\subset F'$ から $\bar{F}\subset F$ が出，よって集合 F は閉集合である．従って条件 a) は満たされる．

今度は，写像の連続性の条件を，近傍によって与えよう．この条件は極めて有用であり，かつ直観的に見易いものである．

C)　空間 R から空間 R' の中への写像 g は，任意の点 $a\in R$，及び点 $a'=g(a)$ の任意の近傍 U' に対して，$g(U)\subset U'$ なる如き点 a の近傍 U が存在するとき，しかもそのときに限り，連続である．この条件が点 a において満たされるとき，写像 g は**点 a において連続である**という．

証明には，命題 B) の規準 b) を利用する．写像 g が連続であると仮定しよう．そのとき $g^{-1}(U')$ は点 a を含む開集合，従って $g^{-1}(U')$ に含まれる点 a の近傍 U が存在し (§9, G) 参照)，そのとき $g(U)\subset U'$ である．今度は C) にいう条件が満たされていると仮定し，G' を R' における開集合として，$G=g^{-1}(G')$ が R における開集合なることを示そう．$a\in G$ とすれば，$a'=g(a)\in G'$ で，G' は開集合故，G' に含まれるような，点 a' の近傍 U' が存在する．C) にいう条件によって，点 a の近傍 U で $g(U)\subset U'\subset G'$ となるものが存在する．G は開集合 G' の完全原像であるから，$g(U)\subset G'$ なる関係から，$U\subset G$ が出る．このようにして，G は開集合となる (§9, G) 参照)．

D)　g が空間 R から空間 R' の中への連続写像，また g' が空間 R' から空間 R'' の中への連続写像なるとき，$h=g'g$ は空間 R から空間 R'' の中への連続写像となることは，容易にわかる．

位相群の理論において，連続写像と共に本質的な役割を演ずるものに，**開写**

像がある.

E) 位相空間 R から位相空間 R' の中への写像 f は，開集合を開集合に写すとき，即ち空間 R の任意の開集合 U に対し $f(U)$ が開集合なるとき，**開写像**という．写像 f は，すべての点 $a\in R$，及び a のすべての近傍 V に対して，点 $f(a)=a'$ の近傍 V' で $V'\subset f(V)$ なるものが存在するとき，かつそのときに限り，開写像である.

実際，もし写像 f が開写像ならば，上に要求する近傍 V' の存在は明らかである：$f(V)$ が点 a' を含む開集合だからである．次に，近傍 V' の存在についての仮定が，すべての点 a 及びその近傍に対して満たされているものとしよう．U を空間 R の或る開集合とする．$f(U)$ が開集合であることを証明するのである．$a'\in f(U)$ とすると $a'=f(a), a\in U$ なる a が存在する．点 a の或る近傍で U に含まれるようなものを V としよう：U が開集合故，このような近傍は存在する．仮定により，点 a' の近傍 V' で，$V'\subset f(V)$ なるものが存在する．一方 $V\subset U$ 故 $f(V)\subset f(U)$．従って $V'\subset f(U)$．所がこれは $f(U)$ が開集合であることを示している（§9, G）参照).

§11. 部分空間

第2章と第1章とにおける諸概念の間の analogy において，同相写像と連続写像とは，それぞれ同型写像，準同型写像に対比すべきものであった．次に部分群に対比すべきものを構成することにしよう.

定義 17. R を位相空間，R^* を R の任意の一つの部分集合とする．R^* には，自然に位相（これを空間 R の位相から**誘導される**位相という.）を導入して，集合 R^* 自身が位相空間になるようにすることができる．この位相空間 R^* を R の**部分空間**という．但し空間 R^* における集合 M の閉苞 $\tilde{M}$ は，$\tilde{M}=\bar{M}\cap R^*$ として定義するのである.

この閉苞演算 $M\to\tilde{M}$ が定義 12 の条件, 1), 2), 3) を満たすことを示そう.

M がただ一つの点 a のみを含むとすれば，$\tilde{M}=\bar{M}\cap R^*=M\cap R^*=M$．故に条件 1) は満たされる.

M, N を R^* の二つの集合とする．そのとき，

$$\widetilde{M \cup N} = (\overline{M \cup N}) \cap R^* = (\bar{M} \cup \bar{N}) \cap R^*$$
$$= (\bar{M} \cap R^*) \cup (\bar{N} \cap R^*) = \tilde{M} \cup \tilde{N}.$$

即ち，条件 2) が満たされる．

条件 3) に移るに際し，$N \subset \tilde{N}$ なることに注意しておこう．実際，$\tilde{N} = \bar{N} \cap R^* \supset N \cap R^* = N$ である．更に，$\bar{M} \cap R^* \subset \bar{M}$ より，$\overline{\bar{M} \cap R^*} \subset \bar{M}$. 従って，

$$\tilde{\tilde{M}} = \bar{\tilde{M}} \cap R^* = (\overline{\bar{M} \cap R^*}) \cap R^* \subset \bar{M} \cap R^* = \tilde{M}.$$

一方，今証明したばかりのことから，$\tilde{M} \subset \tilde{\tilde{M}}$. 故に $\tilde{\tilde{M}} = \tilde{M}$, 即ち条件 3) も満たされる．

次に部分空間の概念について，そのいくつかの基本的な性質を明らかにしよう．

A) R^* を空間 R の或る部分空間とする (定義 17 参照)．F が R における閉集合ならば，$E = F \cap R^*$ は R^* における閉集合である．また逆に，R^* における閉集合 E はすべて，R の或る閉集合 F と R^* との共通部分として得られる．

実際，F を R における閉集合，$E = F \cap R^*$ とすれば，$E \subset F$. よって $\bar{E} \subset \bar{F} = F$. この関係の両辺と R^* との共通部分をとれば，$\bar{E} \cap R^* \subset F \cap R^*$, 即ち $\tilde{E} \subset E$ を得る．所が常に $E \subset \tilde{E}$ であるから，$\tilde{E} = E$ となり，従って E は R^* における閉集合である．

今度は逆に，E を R^* における閉集合としよう．このことは $E = \tilde{E} = \bar{E} \cap R^*$ なることを意味し，E は閉集合 $\bar{E}$ と R^* との共通部分となる．

B) R^* を空間 R の或る部分空間とする．G が R における開集合ならば，$H = G \cap R^*$ は R^* における開集合である．逆に R^* における開集合 H は，すべて，R における開集合 G と R^* との共通部分として得られる．

G を R における任意の開集合とする．そのとき，$F = R \setminus G$ は閉集合．$H = G \cap R^*, E = F \cap R^*$ とおけば，容易にわかるように，$H = R^* \setminus E$. 所が，先に証明したこと (A) 参照) から，E は R^* における閉集合．従って H は R^* における開集合である．

逆に H が R^* における開集合ならば，$E = R^* \setminus H$ は R^* における閉集合．従

って $E=F\frown R^*$, 但し F は R における閉集合 (A)参照). そのとき $G=R\diagdown F$ は R における開集合で, $H=G\frown R^*$ である.

C) R を位相空間, R^* をその部分空間, Σ を R における或る基とする. Σ^* によって, $U\frown R^*$; $U\in\Sigma$ なる形の集合全体を表わそう. そのとき, Σ^* は R^* における基となる. 同様の命題が, 1点における基に対しても成立する.

実際, Σ の元はすべて R における開集合であるから, 先に証明したこと (B) 参照) によって, Σ^* は R^* における開集合の族である. そこで R^* における任意の開集合 H が族 Σ^* に属する開集合の和として得られることを証明しよう. 先に証明したこと (B) 参照) から, H は G を R の或る開集合として $H=G\frown R^*$ と表わされる. Σ は R における基であるから, G は Σ のある部分集合 Δ に属する開集合の和として得られる. Δ^* を, $U\frown R^*$; $U\in\Delta$ なる形の集合全体とする. そのとき $\Delta^*\subset\Sigma^*$ で, H は Δ^* に入るすべての集合の和となる.

D) R^* を空間 R の部分空間とする. 各点 $x\in R^*$ に点 $f(x)=x\in R$ を対応させる. そのとき写像 f は, 空間 R^* から空間 R の中への連続写像である.

証明のために, §10, B) 項の条件 a), 及び注意 A) を利用しよう. F が空間 R の或る部分集合ならば, 集合 F の写像 f に関する完全原像は $F\frown R^*$ である. F が閉じているときは, 集合 $F\frown R^*$ もまた R^* において閉じており, 従って写像 f は連続である.

E) g を空間 R から空間 R' の中への連続写像とし, $g(R)\subset R^*\subset R'$ とする. そのとき, R^* は空間 R' の部分集合として, それ自身位相空間となっているが, 写像 g は, 空間 R から空間 R^* の中への連続写像となる.

これを証明するためには, $F\subset R'$ ならば, 集合 F の写像 g に関する完全原像が集合 $F\frown R^*$ のこの写像に関する完全原像と一致することを示せばよい. これを F が R' の閉集合なる場合に適用すれば, それは証明すべき事実と同値な命題を表わしているからである (§10, B) 参照).

命題 D) 及び E) は, 定義 17 が, ある意味で妥当であるということを示している. 実際, 我々が部分集合に位相を与えようという場合には, 命題 D) 及び E) が成立するように位相づけしようと努めるであろう. ここで, この要請をみたすような部分空間の位相は一意的であるという興味ある事実に注意しておこう．つまり，命題 D) 及び E) を満足させようとすれば，どうしても定義 17 に落着くのである．

例 21．R を全実数の集合とする．R は数直線上のすべての点の集合と見なすことができる．R において例 19 $(n=1)$ のようにして閉包演算を定義する．R^* を $-1<y<+1$ なるすべての実数 y より成る，空間 R の部分集合とする．R と R^* とは同相であることを示そう．$y=\dfrac{e^x-e^{-x}}{e^x+e^{-x}}$ とする．この関係によって，数直線 R の各点 x に区間 R^* の点が対応し，しかもこの対応は，1 対 1，双連続である．

例 22．R を平面；そこには自然な位相が入っている（例 19 参照）ものとする．また R^* を，単位円周上のすべての点，即ち，$x^2+y^2=1$ なる関係を満たすすべての点 (x, y) より成る R の部分空間とし，R^{**} を，$0 \leqq \varphi < 2\pi$ なる関係を満たすすべての実数 φ の集合とする．空間 R^{**} から空間 R^* 上への 1 対 1 かつ連続な写像を，$x=\cos\varphi, y=\sin\varphi$ なる関係によって与えよう．この写像が連続なこと及び 1 対 1 なることは，容易に検証される．ここで興味あるのは，この写像が双連続ではないという事実である：即ち，空間 R^* から空間 R^{**} 上への逆写像は，連続ではない．実際，この写像は座標 $(1, 0)$ なる点において切れ目をもっている．

§12. 分離の公理

種々な目的のために利用される位相空間は，単に位相空間の公理をみたすだけでなく，多くの場合更にいくつかの条件を満足する．最も重要ないくつかの附加条件の中に，所謂，**分離に関する諸公理**がある．これらの諸公理の中の二つは，位相空間の上での定数函数以外の実数値連続函数の存在に関する問題と，密接な関係がある．従って，ここで分離の公理を述べるに先立って，連続函数の概念について考察しよう．

A)　すべての実数の集合 D には，自然な位相が存在し，その位相は，すべての区間 $I_{p,q}$ $(p<q)$ よりなる基 Σ によって与えることができる：ここで区間 $I_{p,q}$

とは，$p<x<q$ なるすべての実数 x の集合のことである．基 Σ から，Σ に同値なその一部分 Σ' を取出すことができる（§9, F）参照）：例えば端点 p, q が有理数であるような区間 $I_{p,q}$ の全体をとればよい．従って空間 D は可算の基を有する．位相空間 R から位相空間 D の中への連続写像を，R 上で定義された**連続な実数値函数**という．各点 $x \in R$ に実数値 $f(x)$ を対応させる函数 $f(x)$ は，任意の正数 $\varepsilon>0$ に対し，空間 R における点 a の近傍 U を適当に選んで，$x \in U$ ならば $|f(x)-f(a)|<\varepsilon$ とすることができるとき，しかもただそのときに限り，点 $a \in R$ において連続になる（§10, C）参照）．

この連続性の規準が正しいことを証明しよう．$a \in R, a'=f(a)$ とする．上の規準が満たされているものと仮定し，$I_{p,q}$ を点 a' を含む基 Σ に属する近傍としよう．$p<a'<q$ 故，2数 $a'-p, q-a'$ は共に正数で，その中の小さい方を ε として採用すれば，$|f(x)-f(a)|<\varepsilon$ なるとき $f(x) \in I_{p,q}$ となる．従って，写像 f は連続である（§10, C）参照）．次に，もし写像 f が連続ならば，$p=a'-\varepsilon, q=a'+\varepsilon$ として得られる近傍 $I_{p,q}$ に対して，関係 $f(x) \in I_{p,q}$ から $|f(x)-f(a)|<\varepsilon$ が出る．

定義 18. 次に分離に関する四つの公理を，弱いものから順に述べる．

1） 空間 R の相異なる任意の2点 a, b に対して，$a \in G, b \in H$ なるような，互に交わらない開集合 G, H が存在する．この公理はこれを始めて掲げた人の名によって Hausdorff の分離の公理と呼ばれ，これを満たす空間 R を **Hausdorff 空間**という．

2） 空間 R の任意の点 a，及びこれを含まぬ任意の閉集合 B に対して，$a \in G$，$B \subset H$ となるような，互に交わらぬ開集合 G, H が存在する．この公理を満たす空間を**正則**であるという．

3） 空間 R の任意の点 a，及びそれを含まぬ任意の閉集合 B に対して，R 上で定義された連続な実数値函数 f で，すべての $x \in R$ に対して $0 \leqq f(x) \leqq 1$ であって，$f(a)=0$ であり，また，$x \in B$ に対しては $f(x)=1$ となるものが存在する．この公理を満たす空間 R を**完全正則**であるという．

4） 空間 R の相交わらない任意の2閉集合 A, B に対して，$A \subset G, B \subset H$ なる

互に交わらない開集合 G, H が存在する．この公理を満たす空間 R を **正規**であるという．

条件 2), 3), 4) の各々から，その前のものが導けることを示そう．2) から 1) が出ることは明らかである．条件 3) から条件 2) を導くために，I を 1/2 より小さいすべての実数の集合，また I' を 1/2 より大きいすべての実数の集合とする．集合 $G=f^{-1}(I)$ と $H=f^{-1}(I')$ とは，互に交わらない開集合（§10, B) 参照）で，しかも $a\in G$, $B\subset H$ である．従って条件 2) は満たされる．最後に条件 4) から条件 3) が出ることは，**Urysohn の補助定理**（後述，次頁参照）からの直接の結果である．

条件 1), 2), 3), 4) の各々は，実際本当の制限になっている．つまり，条件 1) を満たさない位相空間が存在し，また条件 2), 3), 4) の各々に対しても，その前のものは満たすがそれ自身は満足しないような空間が存在するのである．

次に，分離の公理 1), 2), 4) を，いくらか変えた形で述べてみよう．

B)　定義 18 の条件 1), 2), 4) はそれぞれ下記の条件と同値である．

1 a)　空間 R の互に異なる任意の 2 点 a, b に対して，a を含む開集合 G で，その閉苞が b を含まないものが存在する．

2 a)　空間 R の任意の点 a，及びこれを含まぬ任意の閉集合 B に対して，点 a を含む開集合 G で，その閉苞が B と交わらないものが存在する．

4 a)　空間 R の互に交わらない任意の 2 閉集合 A, B に対して，A を含む開集合 G で，その閉苞が B と交わらないものが存在する．

条件 1), 2), 1 a), 2 a) では，開集合 G を，条件 1) では開集合 H をも，与えられている基の近傍と言換えてもよい．更に条件 2) は次のように述べることもできる．

2 b)　空間 R の任意の点 a のすべての近傍 U に対して，$\bar{V}\subset U$ なる如き点 a の近傍 V が存在する．

命題 B) の証明は全く *trivial* に行われる．

次に，決して *trivial* ではない Urysohn の補助定理を述べ，かつこれを証明することにしよう．これは位相空間論において重要な役割を演ずるものである．

Urysohnの補助定理　正規空間（定義18, 条件4）参照）の互に交わらぬ任意の2閉集合E, Fに対し，R上に与えられた連続な実数値函数（A）参照）で，すべての$x \in R$に対して$0 \leqq f(x) \leqq 1$, $x \in E$に対しては$f(x)=0$, また$x \in F$に対しては$f(x)=1$となるものが存在する．

証明の構想は次の如くである．各2進分数[1] $r\,(0<r<1)$に空間Rの開集合G_rを対応させる．ここに$E \subset G_r$で，$\bar{G}_r$はFと交わらず，$r'<r''$に対しては$\bar{G}_{r'} \subset G_{r''}$なるものとする．このような開集合$G_r$の系を構成した後に，函数$f$の点$x \in R$における値$f(x)$を，$x \in G_r$なる如き$r$の下限として定義する．またもしその点$x$がどの開集合$G_r$にも含まれないならば，$f(x)=1$とする．

証明． 始めに，Rにおいて，開集合G_rから成る有限系Σ_nを作る，ここにrは有理数で，$\frac{q}{2^n}\,(q=1, 2, \cdots, 2^n-1)$なる形に表わされ，次の諸性質をもつものである：a) $E \subset G_r$で，$\bar{G}_r$はFと交わらない．b) $r'<r''$に対しては$\bar{G}_{r'} \subset G_{r''}$.

その構成はnに関し帰納的に行われ，Σ_{n+1}はΣ_nの拡張によって得られる．

系Σ_1はただ一つの開集合$G_{\frac{1}{2}}$のみを含まねばならない．条件4 a)（B)参照）によって，$E \subset G$で$\bar{G}$がFに交わらぬような開集合Gは存在する．そこで$G_{\frac{1}{2}}=G$とする．条件a)はΣ_1に対して満たされている．条件b)は今の処問題にならない．

系Σ_nが既に構成されたものとして，系Σ_{n+1}を構成しよう．$r=\frac{q}{2^{n+1}}$とおく．qが偶数：$q=2p$ならば$r=\frac{p}{2^n}$で，そのときは$G_r \in \Sigma_n$となり，開集合G_rは既に作られている．次に，$q=2p+1$とおく．$s=\frac{p}{2^n}$, $t=\frac{p+1}{2^n}$としよう．ここで次の三つの場合にわかれる．1) $s>0, t<1$：この場合，G_s及びG_tは既に作られており，$A=\bar{G}_s$, $B=R \setminus G_t$とすれば，$\bar{G}_s \subset G_t$故，A, Bは，互に交わらない閉集合である．2) $s=0$：このときG_tは存在し，$A=E$, $B=R \setminus G_t$とすれば，$E \subset G_t$より，A, Bは閉じた互に交わらない集合である．3) $t=1$：このときはG_sが存在し，$A=\bar{G}_s$, $B=F$とすれば，$\bar{G}_s$とFとは交わらぬ故，A, Bは閉じた互に交わらぬ集合となる．条件4 a)によって，この三つの場合のいずれにおい

訳註 1)　$\frac{q}{2^n}$の形の分数を2進分数という．但しqは整数とする．

ても, $A\subset G$ で $\bar{G}$ が B と交わらぬような開集合 G が存在する. そこで, $G_r=G$ とする. こうして, 開集合の系 Σ_{n+1} が構成されるのである.

こうして作られた系 Σ_{n+1} が条件 a) を満たすことを示そう. 1) の場合, $E\subset G_s\subset G_r$, かつ $\bar{G}_r\subset G_t\subset R\setminus F$, 従って, $E\subset G_r$ で $\bar{G}_r$ は F と交わらない. 2) の場合, $E\subset G_r$, かつ $\bar{G}_r\subset G_t\subset R\setminus F$, 故に $E\subset G_r$ で $\bar{G}_r$ は F と交わらない. 最後に 3) の場合, $E\subset G_s\subset G_r$, かつ $\bar{G}_r\subset R\setminus F$. 故に $E\subset G_r$ で $\bar{G}_r$ は F と交わらない. このように, 条件 a) は満たされている.

次に条件 b) に移ろう. $r'<r''$, $r'=\dfrac{q'}{2^{n+1}}$, $r''=\dfrac{q''}{2^{n+1}}$ とおこう. もし q', q'' が偶数ならば, $G_{r'}$, $G_{r''}$ は Σ_n に属し, 従って帰納法の仮定によって $\bar{G}_{r'}\subset G_{r''}$ である. $q'=2p', q''=2p''+1$ とおく. $s=\dfrac{p''}{2^n}$ としよう. そのとき $r'\leqq s$ で, $\bar{G}_{r'}\subset\bar{G}_s\subset G_{r''}$ を得, よって $\bar{G}_{r'}\subset G_{r''}$ である. もし $q'=2p'+1, q''=2p''$ ならば, $t=\dfrac{p'+1}{2^n}$ とする. そのとき $t\leqq r''$ で, $\bar{G}_{r'}\subset G_t\subset G_{r''}$ を得, よって $\bar{G}_{r'}\subset G_{r''}$ である. またもし $q'=2p'+1, q''=2p''+1$ ならば, $s=\dfrac{p''}{2^n}$ とする. そのとき $r'<s$ で, 先に証明したことから $\bar{G}_{r'}\subset G_s\subset G_{r''}$ を得, よって $\bar{G}_{r'}\subset G_{r''}$ である. このように, 条件 b) もまた満たされる.

今度は Σ' を系 Σ_n ; $n=1, 2, \cdots$ の和集合とする. Σ' になお開集合 $G_1=R$ を補う. このように補足された系を Σ'' で表わす. Σ'' は開集合 G_r をすべて含む：但し r は正かつ 1 を越えぬ任意の 2 進分数である. また常に $E\subset G_r$ で, $\bar{G}_r$ は, $r=1$ なる場合を除き, F と交わらず, その上, $r'<r''$ に対しては $\bar{G}_{r'}\subset G_{r''}$ である.

x を R の任意の点とする. $x\in G_r$ となるようなすべての数 r の下限を $f(x)$ で表わそう. こうして得られる函数 f は, この補助定理にいう条件を満たす. 実際, $x\in E$ ならば, すべての r に対して $x\in G_r$. すべての r の値の下限は 0 であるから, $f(x)=0$ である. もし $x\in F$ ならば, $r=1$ のときだけ $x\in G_r$ であるから, $f(x)=1$ である. 更に, r は 1 を越えない正数値のみを取るのであるから, すべての $x\in R$ に対して $0\leqq f(x)\leqq 1$ を得る. 次に函数 f が任意の点 $a\in R$ において連続であることを証明しよう. ε を任意の正数とする. 始めに $f(a)=0$ と仮定しよう. r を ε より小さい正の 2 進分数とする. そのとき $a\in G_r$. U を点 a の近

傍で $U\subset G_r$ となるものとすれば，すべての点 $x\in U$ に対して，$x\in G_r$ 故 $f(x)\leqq r<\varepsilon$. 所が $f(x)\geqq 0$ なる故，$|f(x)-f(a)|<\varepsilon$. 次に $f(a)>0$ とし，r, s, t を三つの 1 を越えぬ正の 2 進分数で，$f(a)<1$ に対しては $f(a)-\varepsilon<r<s<f(a)<t<f(a)+\varepsilon$, また $f(a)=1$ に対しては $f(a)-\varepsilon<r<s<f(a)=t=1$ となるものとする．明らかに a は G_s に属さず，また $r<s$ 故，a は $\bar{G}_r$ にも属さない．しかるに $a\in G_t$. 故に a は開集合 $G_t\setminus\bar{G}_r$ に属す．U を点 a の近傍で $U\subset G_t\setminus\bar{G}_r$ となるものとすれば，すべての $x\in U$ に対して $r\leqq f(x)\leqq t$ を得，従って $|f(x)-f(a)|<\varepsilon$ である．こうして函数 f は連続となる．

以上によって，Urysohn の補助定理は証明された．

次のことは注意しておく必要がある：もし空間 R において Urysohn の補助定理が正しいならば，即ち，もしすべての，互に交わらない 2 閉集合 E, F に対して，連続な数値函数 f で，すべての $x\in R$ に対して $0\leqq f(x)\leqq 1$ で，$x\in E$ に対して $f(x)=0$, $x\in F$ に対しては $f(x)=1$, なる条件を満たすものが存在するならば，空間 R は正規である．実際，I を 1/2 より小さいすべての実数の集合，I' を 1/2 より大きいすべての実数の集合とすれば，集合 $G=f^{-1}(I)$ と $H=f^{-1}(I')$ とは，$E\subset G$, $F\subset H$ となるような，互に交わらない開集合である．こうして空間 R は正規になる．

C) 位相空間の或る性質が**継承的**であるとは，或る空間がこの性質をもっているとき，そのすべての部分空間がまたその性質をもつことをいう．性質 1), 2), 3) (定義 18 参照) は継承的であるが，性質 4) は継承的でないことを示そう．

性質 1), 2), 3) が継承的であることを証明する．R を位相空間，R^* をその部分空間，a をその任意の点，B を点 a を含まない空間 R^* における任意の閉集合とする．そのとき $B=\bar{B}\frown R^*$ で，従って空間 R の閉集合 $\bar{B}$ は点 a を含まない．公理 1) が継承的なることを証明するためには，B がただ一つの点 b のみを含むと考える．もし空間 R において分離の公理 1) または 2) が満たされていれば，R には，$a\in G$, $\bar{B}\subset H$ となるような，互に交わらない開集合 G, H が存在する．空間 R^* の開集合 $G'=G\frown R^*$, $H'=H\frown R^*$ は，それぞれ a, B を含む．R において公理 3) が満たされていれば，R 上で定義された連続函数 f で，すべての $x\in$

R に対して $0 \leqq f(x) \leqq 1$ で, $f(a)=0$, $x \in \bar{B}$ に対しては $f(x)=1$ となるものが存在する．函数 f を R^* 上で考えれば，条件 3) が空間 R^* に対しても成立することになる．

これと同様な証明は, 公理 4) に適用した場合はうまく行かない．正規性は継承的な性質ではないのである．それを示す例が存在する[1]．

例 23. 距離空間は常に正規であることを示そう．R を距離空間, A, B をその二つの互に交わらない閉集合とする．$x \in A, y \in B$ としよう．U_x を中心 x, 半径 $\frac{1}{2}\rho(x, B)$ の球，また V_y を中心 y，半径 $\frac{1}{2}\rho(y, A)$ の球とすれば，すべての開集合 $U_x : x \in A$, の和集合 G がすべての開集合 $V_y : y \in B$, の和集合 H と交わらないことは, 容易にわかる．こうして集合 A, B はそれぞれ互に交わらない開集合 G, H の中に含まれる．

例 24. 可算な基を有する正則位相空間は正規であることを示そう．この結果は Tychonoff によるもである．

R を可算基 Σ をもつ正則空間，また A, B をその二つの互に交わらぬ閉集合とする．各点 $x \in A$ に対して，その近傍 U_x でその閉苞 $\bar{U}_x$ が B と交わらないものが存在する (B) 参照)．このようにして，有限または可算箇の開集合系 U_1, $U_2, \cdots$ が存在し, その和は A を含み, その各々の閉苞は B と交わらない. $V_1, V_2, \cdots$ を対 B, A に対する同様な系としよう．次に $G_1 = U_1$, $H_1 = V_1 \setminus \bar{G}_1$, また一般に, $G_n = U_n \setminus (\bar{H}_1 \cup \cdots \cup \bar{H}_{n-1})$, $H_n = V_n \setminus (\bar{G}_1 \cup \cdots \cup \bar{G}_n)$ とおく．開集合 G_1 $G_2, \cdots$ の和を G, 開集合 $H_1, H_2, \cdots$ の和を H とすれば，容易にわかるように，G は A を, また H は B を, それぞれ被覆し, かつ G と H は互に交わらない.

§13. コンパクト性

一般の位相空間が持たない特別な性質を持たせるために位相空間の上に屢々課せられる幾つかの重要な条件の中に，Alexandroff によってトポロジーに導入された**コンパクト**という条件がある．コンパクトになるための条件は，同じ

訳註 1) N. Bourbaki, Topologie général, Chap. IX, §4 p. 62 参照.

く Alexandroff によって与えられた，幾つかの互に同値な形に述べることができる．コンパクト性の条件の四つの異なった表わし方の間の同値性を証明することが，この§の主な目的である．

コンパクト性は，数直線上の閉区間についての良く知られた性質：線分上の無限点集合はすべて集積点をもつ，線分の開区間による被覆から，常に有限被覆を選ぶことができる，最後に，閉区間の減少列は常に空でない交わりをもつ——の位相空間への一般化である．

コンパクト性の条件を述べるために，次の用語を導入しよう．

A)　空間 R の集合の系 Σ が R の部分集合 M の**被覆**であるとは，Σに属する全集合の和集合が集合 M を含むことをいう．特に Σ が有限箇の集合からなるとき被覆 Σ を有限被覆であるという．空間 R の部分集合の系 $\varDelta$ が**有限交叉性**をもつとは，系 $\varDelta$ の任意の有限部分系が常に空でない共通部分をもっていることをいう．空間 R の点 a が集合 $M\subset R$ の**完全集積点**であるとは，点 aの任意の近傍と集合 M との交わりが，その集合 M と同一の濃度をもつことをいう．

定義 19.　位相空間 R の開集合による被覆の中から，常に有限被覆を選ぶことができるとき，その空間 R を**コンパクト**であるという．空間 R の部分集合 M が**コンパクト**とは，それを部分空間（定義 17 参照）とみたときコンパクトであることをいう．空間 R の部分集合 M がコンパクトになるのは，M の，空間 R における開集合による被覆から，常に有限被覆を選べるとき，しかもそのときに限る：これは明らかである．位相空間 R が**局所コンパクト**であるとは，R の各点が，その閉苞がコンパクトであるような近傍を持つことをいう．

次の定理は，空間のコンパクト性についての四つの規準（定義 19 に述べた規準をも含めて）を与えるものである．

定理 4.　下記の四つの条件の任意の二つは互に同値であり，それらはいずれも空間 R がコンパクトであることを意味する．

1)　空間 R の任意の開被覆[1]の中から，常に有限被覆を選ぶことができる．

2)　有限交叉性を有する閉集合系は常に空でない共通部分をもつ．

訳註 1)　開集合による被覆を開被覆という．

3) 空間 R の無限点集合は常に完全集積点をもつ.

4) 空でない閉集合の超限列 $F_1, F_2, \cdots$ で $\alpha<\beta$ に対しては $F_\alpha \supset F_\beta$ なる条件を満たすものは, 常に空間 R において空でない共通部分をもつ.

証明. 条件 1) と 2) とが同値であることを示そう. 条件 1) が満たされていると仮定して, そのとき条件 2) もまた満たされることを示す. $\varDelta$ を空間 R の任意の有限交叉的な閉集合系とする. $R\setminus F, F\in\varDelta$ なる形の開集合全体を Σ で表わす. 系 $\varDelta$ に属する全集合の共通部分が空であると仮定してみよう. このことは Σ が R の被覆であることを意味する. 1) を仮定しているから, Σ から R の有限被覆 $G_1, \cdots, G_k$ を選ぶことができる. そのとき, 系 $\varDelta$ に属する集合の有限系 $R\setminus G_1, \cdots, R\setminus G_k$ の共通部分は空となるが, これは系 $\varDelta$ の有限交叉性より不可能なことである. 逆に, 条件 2) が満たされていると仮定し, Σ' を空間 R の任意の開被覆としよう. $R\setminus G, G\in\Sigma'$ なる形の閉集合全体を $\varDelta'$ とする. Σ' が R の被覆故, 系 $\varDelta'$ の共通部分は空となる. 故に $\varDelta'$ は有限交叉的ではあり得ない. 即ち, 系 $\varDelta'$ の有限部分系 $F_1, \cdots, F_k$ が存在して, その共通部分が空となる. この共通部分が空であることから, 系 Σ' の開集合, $R\setminus F_1, \cdots, R\setminus F_k$ の和が空間 R となることが結論される.

1) から 3) が出ることを示そう. M を空間 R の無限部分集合とする. M が完全集積点をもたない, 即ち, 各点 $x\in R$ に対してその近傍 U_x が存在して, それの M との交わりが集合 M の濃度より小さい濃度をもつ, と仮定しよう. すべての近傍 U_x ; $x\in R$, の作る系 Σ は空間 R を被覆する故, Σ から有限被覆 $U_{x_1}, \cdots, U_{x_k}$ を選ぶことができる. 各開集合 U_{x_i} の M との交わりの濃度は集合 M の濃度より小さいから, 無限集合 M が, それより小さい濃度をもつ有限箇の集合の和の形に表わされることになるが, これは不可能である. 従って, 1) が成立てば 3) もまた成立つ.

3) からも, 4) からも, 2) が出ることを示そう. 即ち条件 3), 4) の一方が満たされ, しかも条件 2) が満たされないとして, この仮定を矛盾に導こう. 2) が満たされないというのであるから, R には, 有限交叉性を有しながら, しかもその共通部分が空となるような閉集合の系 $\varDelta$ が存在する. そのような $\varDelta$ の中濃

度最小のものを $\varDelta$, その濃度を m としよう (勿論, 無限濃度). ω_m を超限数で, それより小なる超限数の集合の濃度が m に等しいようなものの中最小のものとする. 系 $\varDelta$ の元は ω_m より小さいすべての超限数で番号がつけられる：$\varDelta=\{F_1, F_2, \cdots\}$. $E_1=R$ とし, 1 より大きく ω_m より小さいすべての超限数 α に対して, E_α を, $\beta<\alpha$ なるすべての集合 F_β の共通部分として定義しよう. 集合 E_α $(1\leqq\alpha<\omega_m)$ は, いずれも空ではない. 何故ならば, それは集合 F_β ; $\beta<\alpha$, のなす有限交叉的な系の共通部分であり, しかもその系の濃度は m より小さいからである. そこで集合 E_α 全部の共通部分が空でないことが証明できればよい. 何故ならそれは系 $\varDelta$ に属する集合の共通部分と一致するからである. $\alpha<\beta$ に対しては $E_\alpha\supset E_\beta$, 故にもし 4) が正しければ, すべての E_α の共通部分は空でない. 次に 3) が正しいという仮定から出発しよう. 集合 E_α ; $1\leqq\alpha<\omega_m$, は整列な系 $\varDelta'$ を作る. 番号の違った集合が一致することは, 勿論あり得る. 系 $\varDelta'$ から互に異なる集合より成る部分族 $\varDelta''$ を選び, しかもその共通部分が $\varDelta'$ のそれと一致するようにする. このために, 系 $\varDelta'$ を互に一致する集合の類にわけ, 各類において最小の番号をもつ集合を選ぶ. こうして得られた互に異なる集合の族を $\varDelta''$ とする. 系 $\varDelta'$ が整列であるから, 族 $\varDelta''$ もまた整列である. $\varDelta''$ が有限交叉的であることは直ちにわかり, 従って, もしその濃度が m より小さいならば, その共通部分は空でない. こうして, あとは族 $\varDelta''$ の濃度が m に等しい場合の検討だけが残されていることになる. E_α を族 $\varDelta''$ の集合, E_β をその族におけるその直後のものとし, 差 $E_\alpha\setminus E_\beta$ から 1 点 x_α を選ぶ. こうして, 各集合 $E_\alpha\in\varDelta''$ に点 $x_\alpha\in E_\alpha$ を対応させ, しかも違う集合には違う点が対応するようにする. すべての点 x_α の集合を M としよう. その濃度は m に等しい. 3) が正しいから, M には完全集積点 a が存在する. この点 a が集合 $E_\alpha\in\varDelta''$ のいずれにも属し, 従って族 $\varDelta''$ の共通部分は空ではないことを示そう. 実際, 開集合 $G_\alpha=R\setminus E_\alpha$ に含まれる点 x_β は $\beta<\alpha$ なるものに限られ, しかもこのような点 x_β の集合の濃度は m より小さい. 従って, 集合 M の完全集積点 a は開集合 G_α の中にはあり得ず, よって $a\in E_\alpha$ である.

最後に, 2) から 4) が出ることを示そう. 空間 R の空でない閉集合の超限列

$F_1, F_2, \cdots$ が, $\alpha < \beta$ に対しては $F_\alpha \supset F_\beta$, という条件を満たしているとすれば, 明らかにこの系は有限交叉的であり, 従って 2) からその共通部分が空でないことが出る. よって 4) は正しい.

こうして定理 4 に述べられた諸条件の任意の二つが互に同値であることが証明され, 従って, 定理 4 そのものが証明されたわけである.

次に, コンパクトな空間の幾つかの基本的な性質を求めよう.

B) コンパクト空間の閉部分集合はコンパクトである. 局所コンパクト空間の閉部分集合は, それを部分空間 (§11 参照) とみたとき, 局所コンパクトである.

実際, M をコンパクト空間 R の閉部分空間, Σ を空間 R の開集合による集合 M の或る被覆とする. Σ に開集合 $G = R \setminus M$ をつけ加えて得られる系を Σ' とすれば, 系 Σ' は明らかに全空間 R の被覆であり, 従ってそれから有限被覆 Σ_1' を選ぶことができる. 系 Σ_1' がもし開集合 G を含んでいるならばこれを除外する. こうして集合 M の被覆 Σ から有限被覆が得られた.

次に, R^* を局所コンパクト空間 R の閉部分集合, $a \in R^*$ とする. 点 a の空間 R における近傍 U で, 集合 $\bar{U}$ がコンパクトとなるものを採る. 点 a の空間 R^* における近傍 $U^* = U \cap R^*$ が空間 R^* においてコンパクトな閉苞 $\tilde{U}^*$ をもつことを示そう. 所で $\tilde{U}^* = \bar{U}^* \cap R^*$, 従って, 空間 R の 2 閉集合の交わりとして, 集合 $\tilde{U}^*$ は R において閉じている. 所が $\tilde{U}^* \subset \bar{U}$ 故, 集合 $\tilde{U}^*$ は空間 $\bar{U}$ においても閉じている. $\bar{U}$ はコンパクト故, 命題 B) の前半によって, 集合 $\tilde{U}^*$ はコンパクトである.

C) Hausdorff 空間のコンパクトな部分集合は閉じている (定義 18 参照).

実際, M を Hausdorff 空間 R のコンパクトな部分空間, $a \in R \setminus M$ とする. 各点 $x \in M$ に対して, 点 x の近傍 U_x と点 a の近傍 V_x とを両者が互に交わらないように選ぶことができる. 開集合 U_x ; $x \in M$, は集合 M を被覆し, よってその中から有限被覆 $U_{x1}, \cdots, U_{xk}$ を選ぶことができる. 共通部分 $V_{x1} \cap \cdots \cap V_{xk}$ は点 a の或る近傍 V を含む. こうして点 a は M と交わらない近傍 V をもつことになり, 従って a は $\bar{M}$ に属さない.

D) コンパクト空間の連続像はまたコンパクト空間である.

実際, f をコンパクト空間 R から空間 R' の上への連続写像とする. Σ' を空間 R' の任意の開被覆とし, 開集合 $f^{-1}(G')$, $G'\in\Sigma'$ (§10, B) 参照), による空間 R の被覆を Σ で表わす. 被覆 Σ からは有限被覆 $G_1, \cdots, G_k$ を選ぶことができる. 開集合 $f(G_1), \cdots, f(G_k)$ は被覆 Σ' に属し, しかも空間 R' の有限被覆となる.

E) コンパクト空間から Hausdorff 空間の上への1対1かつ連続な写像は双連続である.

実際, f をコンパクト空間 R から Hausdorff 空間 R' の上への連続な1対1写像とする. 写像 f^{-1} の連続性を証明するためには, 空間 R の各閉集合 F の写像 f による像が R' における閉集合であることを証明すればよい (§10, B) 参照). 空間 R はコンパクト故, その閉集合 F はまたコンパクトである (B) 参照). 従って集合 $f(F)$ はコンパクトであり (D) 参照), 他方空間 R' が Hausdorff 故, 集合 $f(F)$ はそこにおける閉集合である (C) 参照).

F) コンパクトな Hausdorff 空間は正規である (定義18参照).

実際, R をコンパクトな Hausdorff 空間とする. 始めにそれが正則である (定義18参照) ことを示そう. a を空間 R の或る点, B をそれを含まない, 空間 R の閉集合とする. 各点 $x\in B$ に対して, 点 a 及び点 x の各〻の近傍 U_x, V_x で互に交わらないものが存在する. コンパクト集合 B の開集合 V_x; $x\in B$, による被覆の中から有限被覆 $V_{x1}, \cdots, V_{xk}$ を選び出し, 開集合 $V_{x1}, \cdots, V_{xk}$ の和集合を H とする. また共通部分 $U_{x1}\cap\cdots\cap U_{xk}$ を G とする. 開集合 G 及び H は, それぞれ a 及び B を含み, しかも互に交わらない. 従って空間 R は正則である.

A, B をコンパクト Hausdorff 空間 R の互に交わらない二つの閉部分集合とする. 既に証明したように, 空間 R は正則なのであるから, 各点 $x\in A$ に対して, 互に交わらない開集合 G_x, H_x で, $x\in G_x$, $B\subset H_x$ となるものを見いだすことができる. コンパクトな集合 A の開集合 G_x; $x\in A$, による被覆から有限被覆 $G_{x1}, \cdots, G_{xk}$ を選び, 開集合 $G_{x1}, \cdots, G_{xk}$ の和集合を G とする. 共通部分 $H_{x1}\cap\cdots\cap H_{xk}$ を H とすれば, G, H は互に交わらない開集合で, しかも $A\subset G$, $B\subset H$ である. こうして空間 R が正規であることが証明された.

G) コンパクト位相空間上に定義された連続函数は有界であり，そのとる値の上限及び下限に実際ある点で到達する．

f をコンパクト空間 R から実数の空間 D（§12, A）参照）の中への連続写像とする．集合 $f(R)\subset D$ はコンパクト（D）参照）であるから，従ってそれは有界かつ閉であり，よってまたその上限及び下限をそれ自身の内に含む．

H) R をコンパクト位相空間，Δ をその閉集合よりなる或る系，その共通部分を F とする．また G を，集合 F を含む空間 R の開集合とする．そのとき系 Δ の中から有限箇の集合を選んで，それらの共通部分が G に含まれるようにすることができる．もし系 Δ の任意の2集合の交わりが，その系の第3の集合を含んでいるならば，G に含まれる集合を系 Δ の中から見いだすことができる．

証明のために，$(R\setminus G)\cap A$；$A\in\Delta$，なる形の集合の系 Δ' を考える．系 Δ の全集合の共通部分が F に等しいのであるから，系 Δ' の全集合の共通部分は $(R\setminus G)\cap F$ に等しい，即ち，空である．よって系 Δ' は有限交叉的ではあり得ない．従って，Δ から有限箇の集合を選んで，それらの共通部分が G に含まれるようにすることができる．主張 H）の後半は前半の直接の結果である．

例 25．歴史的には，コンパクト性の概念より早く，**可算コンパクト**[1]の概念が現われた．以前はコンパクトといえば可算コンパクトを意味し，定義19にいうコンパクトのことは，それと区別してビコンパクトといったのであるが，しかし現在では，《ビコンパクト》のことを単に《コンパクト》というのが一般になってきている．可算コンパクトの概念は，コンパクト性の概念と同じく，四つの異なった形に述べることができる．ここで，これについて述べておこう．

a）空間 R の可算開被覆から常に有限被覆を選ぶことができる．

b）空間 R の閉集合のなす可算な有限交叉系は常に空でない共通部分をもつ．

c）すべての可算集合（従ってまた，すべての無限集合）は，空間 R において集積点をもつ．

訳註 1）原書ではコンパクトをビコンパクト，可算コンパクトをコンパクトといっている．従ってこの叙述はいくらか変更してある．

d) 自然数によって番号づけられた，空間 R の空でない閉集合の列 $F_1, F_2, \cdots$ が，$i<j$ に対しては $F_i \supset F_j$，なる条件を満たせば，その共通部分は空ではない．

これらの条件が互に同値なことは，大体定理4と同様にして証明されるからここでは省略する．

空間の各点が，その閉苞が可算コンパクトになるような近傍をもっているとき，その空間を**局所可算コンパクト**であるという．

可算の基を有する可算コンパクト空間 R はコンパクトであることを示そう．Ω を空間 R の可算基，Σ を R の任意の被覆とする．系 Σ に属する各開集合はいずれも基 Ω の開集合の和として表わせる．そこで，基 Ω の開集合であって系 Σ の少なくとも一つの開集合に含まれるようなものの全体を Ω' とすれば，空間 R の可算被覆 Ω' を得る．空間 R の可算コンパクト性によって，その可算被覆 Ω' から有限被覆 $U_1, \cdots, U_k$ を選ぶことができる．仮定により，各開集合 U_i は或る開集合 $G_i \in \Sigma$ に含まれる．そこで開集合 $G_1, \cdots, G_k$ が被覆 Σ から選ばれた空間 R の有限被覆を形成することになる．

例 26. 可算コンパクトな距離空間は常に可算基を有し，従ってまたコンパクトである（例20及び25参照）．

R を可算コンパクトな距離空間とする．それが可算基をもつことを示そう．証明のために，空間 R において，有限の ε-網，即ち，R の有限集合で，各点 $x \in R$ に対して，点 x からの距離が ε より小さいこの有限集合の点が存在するようなもの，を構成する．空間 R に既に点列 $a_1, \cdots, a_n$ があり，その各2点間の距離は ε より小さくないものとする．もし点列 $a_1, \cdots, a_n$ がまだ ε-網になっていないならば，点 $a_1, \cdots, a_n$ の各 $\natural$ からの距離が ε より小さくないような点 a_{n+1} が存在する．このようにして行けば，いつかは空間 R の有限な ε-網に達する．さもなければ空間 R の可算コンパクト性に矛盾することになる：無限点列 $a_1, a_2, \cdots$ は，その各2点間の距離が ε より小でないのであるから，R において集積点をもち得ないからである．$\varepsilon=1, 1/2, 1/3, \cdots$ として，その各 $\natural$ に対する ε-網の和集合を作れば，R において到る所稠密な可算集合を得る．空間 R において，到る所稠密な可算集合の点を中心とし，すべての可能な有理数を半径とする球をとれば，この空間の可算基が得られる.

位相空間において，到る所稠密な可算集合が存在したとしても，その空間の可算基は存在するとは限らない．このことは注意しておく必要がある.

§14. 位相空間の直積

位相空間の直積，或は，**位相積空間**は，群の直積に対比すべきものである．それは与えられた空間から新しい空間を構成し，或はまた，複雑な空間の研究をより簡単な空間の研究に還元することを可能ならしめる．位相積空間の最も良く知られた例は，平面を実数の対全体と考えたものである．このように考えたとき，平面は二つの実数直線の直積である．この§では，位相空間の直積の概念を定義し，その基本的な諸性質を研究する．定義は始め二つの因子に対して与えられ，それは自明の方法によって，任意有限箇数の因子に対して一般化される．またその後には，積は因子の任意の集合に対しても定義される．なおこの最後の定義はコンパクトな因子に対してのみ目的に適うことが示される：これは Tychonoff によるものである.

A) R_1, R_2 を二つの位相空間とする．すべての対 (x_1, x_2)；但し $x_1 \in R_1$, $x_2 \in R_2$ の集合を T で表わす．$M_1 \subset R_1$, $M_2 \subset R_2$ とし，$x_1 \in M_1$, $x_2 \in M_2$ なる如きすべての対 (x_1, x_2) の作る，集合 T の部分集合を，(M_1, M_2) で表わす．空間 R_1, R_2 の基 Σ_1, Σ_2 より定まる基 Σ によって，集合 T に位相を定義する：Σ としては，集合 (U_1, U_2)；$U_1 \in \Sigma_1$, $U_2 \in \Sigma_2$, の全体を取る．この系 Σ は実際に定理 3 の条件を満たし，従って位相空間 T が定義され，かつまた，このようにして T に定義された位相は基 Σ_1, Σ_2 の選び方に依存せずに，空間 R_1, R_2 によって一意に定まる．この空間 T を，位相空間 R_1, R_2 の**直積**，またはその**位相積空間**といい，$T = R_1 \times R_2$ と書く．更に，G_1, G_2 がそれぞれ空間 R_1, R_2 の開集合ならば，(G_1, G_2) は空間 T の開集合であり，F_1, F_2 がそれぞれ空間 R_1, R_2 の閉集合ならば，(F_1, F_2) は空間 T の閉集合となる．その上，R_1^*, R_2^* がそれぞれ空間 R_1, R_2 の部分空間（定義 17 参照）であるならば，その位相積空間 $R_1^* \times R_2^*$ は空間 T の部分空間 (R_1^*, R_2^*) に自然な対応で同相となる.

何よりも先に，系 Σ が定理3の条件を満たすことを示そう．(x_1, x_2) 及び (y_1, y_2) を T の相異なる2点とする．それらは相異なるのであるから，不等式 $x_1 \neq y_1, x_2 \neq y_2$ の少なくとも一方は成立する．そこで話を決めるために，$x_1 \neq y_1$ としよう．そのとき点 x_1 の空間 R_1 における近傍 U_1 で点 y_1 を含まないものが存在する．次に U_2 を点 x_2 の空間 R_2 における任意の近傍とすれば，そのとき点 (x_1, x_2) の空間 T における近傍である (U_1, U_2) は点 (y_1, y_2) を含まない．更に (U_1, U_2), (V_1, V_2) を或る点 (x_1, x_2) の二つの近傍とする．そのとき，点 x_1 の近傍で $U_1 \frown V_1$ に含まれるもの W_1，及び，点 x_2 の近傍で $U_2 \frown V_2$ に含まれるもの W_2 が存在する．点 (x_1, x_2) の近傍 (W_1, W_2) は，明らかに，$(U_1, U_2) \frown (V_1, V_2)$ に含まれる．このようにして定理3の条件は満たされる．Σ_1, Σ_2 に同値な（§9, F）参照）系 Σ_1', Σ_2' より得られる空間 T の近傍系 Σ' が系 Σ と同値になることも，同様に容易に検証できる．

もし $(x_1, x_2) \in (G_1, G_2)$ ならば，$x_1 \in G_1, x_2 \in G_2$．所が G_1, G_2 は開集合故，点 x_1, x_2 の近傍 U_1, U_2 が存在して，$U_1 \subset G_1, U_2 \subset G_2$．そのとき $(x_1, x_2) \in (U_1, U_2) \subset (G_1, G_2)$．こうして (G_1, G_2) は T における開集合である．F_1, F_2 は閉集合なのであるから，その補集合 $G_1 = R_1 \setminus F_1, G_2 = R_2 \setminus F_2$ は開集合である．容易に確かめられるように，(F_1, F_2) の T における補集合は和 $(R_1, G_2) \smile (G_1, R_2)$ として表わされ，今証明したばかりのことから (R_1, G_2) 及び (G_1, R_2) は T における開集合となり，よってその和もまた開集合である．こうして (F_1, F_2) は T における閉集合となる．

位相積空間 $R_1^* \times R_2^*$ の各点 (x_1, x_2) に空間 $R_1 \times R_2$ の点 (x_1, x_2) を対応させる．§11の命題C）を用いれば，こうして得られる空間 $R_1^* \times R_2^*$ から空間 $R_1 \times R_2$ の部分空間 (R_1^*, R_2^*) の上への写像が同相であることは容易に検証できる．

次に，位相空間の作る任意の集合について，その直積を定義しよう．この定義は因子が二つの場合には上に導入したものと一致する．

定義 20. Ω を位相空間の任意の集合とする．各空間 $R \in \Omega$ に点 $\alpha(R) \in R$ を対応させるような函数 α を考える．このような函数全体の集合を T とし，$\alpha \in T$ に対して $\alpha(R) = R(\alpha)$ とする．即ち文字 R は，位相空間を表わすためだけではなく，集合 T からその空間 R の上への《射影》写像を表わすためにも用いることとする．$M \subset R$ に対して集合 $R^{-1}(M)$ が定義される．集合 T の位相を，集合 Ω に属する空間の基によって定義される基 Σ によって与えよう：Σ は次のようにして構成する．任意の近傍 $U \in \Sigma$ は，集合 Ω の任意の有限部分集合 $R_1, \cdots, R_k$ と空間 $R_1, \cdots, R_k$ の任意の近傍 $U_1, \cdots, U_k$ とから，$U = R_1^{-1}(U_1) \cap \cdots \cap R_k^{-1}(U_k)$ とおいて定義する．このようにして定義された系 Σ が定理 3 の条件を満たし，従って集合 T に位相を附与し，かつこの位相が集合 Ω の空間の基の選び方に依存せず，その空間そのものから一意に定まるということがわかる．ここに得られた位相空間 T を，集合 Ω に属する位相空間の**直積**，またはこれらの空間の**位相積空間**という．

系 Σ に対して定理 3 の条件が満たされることを示そう．α, β を空間 T の異なる 2 点とする．そのとき空間 $R_1 \in \Omega$ が存在して，これに対して $\alpha(R_1) \neq \beta(R_1)$．$U_1$ を点 $\alpha(R_1)$ の空間 R_1 における近傍で点 $\beta(R_1)$ を含まないものとする．そのとき点 α の空間 T における近傍 $U = R_1^{-1}(U_1)$ は点 β を含まない．次に定理 3 の条件 b) に移ろう．近傍 U が上の如く有限個の集合 $U_1, \cdots, U_k$ によって $U = \bigcap_{i=1}^{k} R_i^{-1}(U_i)$ と定義されているとき，これに Ω の任意の他の空間 $R_{k+1}, \cdots, R_l$ を附加え，$U_{k+1} = R_{k+1}, \cdots, U_l = R_l$ とおくことによって，この部分集合を，近傍 U を変えることなしに，拡張できるということに注意しよう．こうして，U, V が点 α の空間 T における二つの近傍であるとき，

$$U = R_1^{-1}(U_1) \cap \cdots \cap R_k^{-1}(U_k),$$

$$V = R_1^{-1}(V_1) \cap \cdots \cap R_k^{-1}(V_k)$$

と考えることができることになる．空間 R_i における点 $\alpha(R_i)$ の近傍で交わり $U_i \cap V_i$ に含まれるものを W_i と書き，$W = R_1^{-1}(W_1) \cap \cdots \cap R_k^{-1}(W_k)$ として近傍 W を定義する．明らかに $W \subset U \cap V$ であり，こうして定理 3 の 2 条件は共に満たされ，系 Σ は基として採用し得ることになる．空間 T の位相が直積因子の基の選び方に依存しないことは同様に容易に証明される．

次に位相積空間についての一つの極めて簡単な，しかしながらまた本質的な性質を挙げよう．

B) Hausdorff 位相空間の直積はまた Hausdorff である (定義 17 参照).

実際, T を Hausdorff 空間よりなる集合 Ω の直積として, α, β を空間 T の相異なる 2 点としよう．そのとき $\alpha(R_1) \neq \beta(R_1)$ なる如き空間 R_1 が存在する．空間 R_1 は Hausdorff 故, R_1 において, それぞれ点 $\alpha(R_1), \beta(R_1)$ の近傍 U_1, V_1 で互に交わらないものを見いだし得る．点 α, β の空間 T における近傍 $U=R_1^{-1}(U_1)$, $V=R_1^{-1}(V_1)$ は, 明らかに交わらない．こうして空間 T は Hausdorff となる．

次に, 重要な Tychonoff の定理を証明しよう．これは決して初等的ではない．

定理 5. コンパクト位相空間の直積はまたコンパクトである．

この定理の証明のための準備として二つの命題：C), D) を証明する．これはコンパクト性の規準中の一つ (定理 4, 条件 2) 参照) の変形である．

C) 位相空間がコンパクトであるためには, その任意の部分集合のなす任意の有限交叉系が共通の触点 (定義 12 参照) をもっていることが必要十分である．

実際, R を位相空間としよう．これに対して C) に述べた規準が満たされていると仮定して, その空間がコンパクトであることを証明する．Δ を空間 R の閉集合のなす任意の有限交叉系とする．仮定によりこの系は共通の触点 a を有す．系 Δ の各集合は閉じているから, a はこの系のすべての集合に属し, 従って空間 R はコンパクトとなる．次に逆に R がコンパクトな空間であると仮定し, Δ をその部分集合の任意の有限交叉系としよう．集合 $\bar{M}$; $M \in \Delta$, の全体よりなる系 $\bar{\Delta}$ を考える．系 $\bar{\Delta}$ は明らかに有限交叉性を有し, 空間 R のコンパクト性により, その共通部分は或る点 a を含む．この点は系 Δ のすべての集合の共通な触点である．

D) 或る有限交叉系に最早その有限交叉性を損ずることなしには, どんな新しい集合をも附加えることができないとき, その有限交叉系を**極大**であるという．明らかに, 極大有限交叉系は**乗法的**である．即ち, その各 2 集合と共にそれらの交わりをも含んでいる．すべての有限交叉系は極大有限交叉系に含ませ得ることがわかる．このようなわけで, 位相空間がコンパクトであるためには, その極大有限交叉系がすべて共通の触点を有することが必要十分となる．

空間 R の任意の有限交叉系 $\varDelta$ は或る極大有限交叉系 $\varDelta'$ に含ませ得ることを示そう．空間 R の全部分集合に，或る超限順序数 θ より小さい超限順序数を以て番号をつけ，超限列 $M_1, M_2, \cdots$ とする．次に有限交叉系の非減少超限列 $\varDelta_0, \varDelta_1, \cdots$ を構成する．系 $\varDelta_0$ は $\varDelta_0 = \varDelta$ とおいて定義する．或る超限順序数 β より小さなすべての超限順序数 α に対しては，既に有限交叉系 $\varDelta_\alpha$ が定義できているものとしよう．有限交叉系 $\varDelta_\alpha$; $\alpha<\beta$, は非減少列故，それらをすべて併せたもの $\varDelta'_\beta$ もまた有限交叉系である．系 $\varDelta'_\beta$ に集合 M_β を加えて，新しい系 $\varDelta''_\beta$ を得る．もしこの系が有限交叉的でないなら $\varDelta_\beta = \varDelta'_\beta$ とし，またもしそれが有限交叉的ならば $\varDelta_\beta = \varDelta''_\beta$ とする．容易にわかるように，こうして得られる有限交叉系 $\varDelta_\beta$; $\beta<\theta$, を全部併せれば，それは極大な有限交叉系となる．

定理5の証明. Ω をコンパクト位相空間の作る任意の集合，T をその直積，$\varDelta$ を空間 T の集合の任意の極大有限交叉系とする．系 $\varDelta$ が共通の触点をもっていることを証明しよう；そうすれば空間 T のコンパクト性が証明されたことになる（D）参照）．$R\in\Omega$ とする．$R(\varDelta)$ によって $R(M)$; $M\in\varDelta$, なる形の全集合よりなる，空間 R の部分集合系を表わす．系 $\varDelta$ は有限交叉性を有する故，系 $R(\varDelta)$ もまた有限交叉性を有し，空間 R のコンパクト性により，それは共通の触点をもつ．これを $\alpha(R)$ とする．この $\alpha\in T$ が系 $\varDelta$ の共通な触点であることを示そう．U を T における点 α の任意の近傍，$U = R_1^{-1}(U_1)\cap\cdots\cap R_k^{-1}(U_k)$ とする．$\alpha(R_i)$ は系 $R_i(\varDelta)$ のすべての集合の触点であるから，近傍 U_i は系 $R_i(\varDelta)$ の各集合と交わり，このことから，近傍 $R_i^{-1}(U_i)$ が系 $\varDelta$ の各集合と交わることになる．集合 $R_i^{-1}(U_i)$ が系 $\varDelta$ に入ることを示そう．そのためには，系 $\varDelta$ に集合 $R_i^{-1}(U_i)$ を附加えて得られる系 $\varDelta_i$ が有限交叉性をもつことを示せばよい；系 $\varDelta$ の極大性によって，これから $R_i^{-1}(U_i)\in\varDelta$ なることが導かれるからである．$M_1, \cdots, M_s$ を $\varDelta$ に属する集合の任意有限系とする．系 $\varDelta$ は乗法的故，共通部分 $M=M_1\cap\cdots\cap M_s$ もまた系 $\varDelta$ に属する．従って共通部分 $M_1\cap\cdots\cap M_s\cap R_i^{-1}(U_i) = M\cap R_i^{-1}(U_i)$ は空ではない．これは系 $\varDelta_i$ が有限交叉的であることを示すものである．集合 $R_i^{-1}(U_i)$; $i = 1, \cdots, k$, が悉く系 $\varDelta$ に入るのであるから，系 $\varDelta$ の乗法性によって，それらの共通部分 U もまた $\varDelta$ に入り，よって集合 U と系 $\varDelta$

の任意の集合との交わりは空でない．このように，点 α の任意の近傍 U は系 $\varDelta$ の各集合と交わる．従って点 α は系 $\varDelta$ の集合の共通な触点である．これによって定理5は証明された．定理5の直接の結果として，次の命題を証明しよう．

E) 局所コンパクト空間の任意有限箇の直積は局所コンパクトである．

証明は二つの局所コンパクトな因子 R_1, R_2 に対して実行すれば十分である．(x_1, x_2) を空間 $R_1 \times R_2$ (A) 参照) の任意の点，U_i を点 x_i の R_i における近傍で，$\bar{U}_i$ がコンパクト，$i=1,2$，とする．$(U_1, U_2) \subset (\bar{U}_1, \bar{U}_2)$ であり，かつ $(\bar{U}_1, \bar{U}_2)$ は閉じている (A) 参照) から，$\overline{(U_1, U_2)} \subset (\bar{U}_1, \bar{U}_2)$．集合 $(\bar{U}_1, \bar{U}_2)$ は二つのコンパクト空間の直積 (A) 参照) として定理5によってコンパクトであり，よってその閉集合 $\overline{(U_1, U_2)}$ もまたコンパクトである．このようにして，空間 $R_1 \times R_2$ における点 (x_1, x_2) の近傍でその閉苞がコンパクトになるもの (U_1, U_2) を見いだすことができた．

次の Tychonoff の定理は連続群論においては応用されることはないが，重要なものであるから，コンパクト空間の理論の記述を完全なものにするために，それをここに述べておくことにする．それを定式化するために，空間 R_τ を導こう．

F) τ を任意の無限濃度，$\varGamma$ を濃度が τ の一つの集合とする．各元 $\gamma \in \varGamma$ に I_γ：実数区間 $0 \leqq t_\gamma \leqq 1$，を対応させる．すべての空間 I_γ：$\gamma \in \varGamma$，の直積を R_τ で表わそう．同相の範囲内でそれは濃度 τ によって確定される．点 $t \in R_\tau$ は各元 $\gamma \in \varGamma$ に実数 $t(\gamma) = t_\gamma$ を対応させる実数値函数と考えることができる．すべての空間 I_γ が Hausdorff かつコンパクトであるから，空間 R_τ もまた Hausdorff，コンパクトである (B) 及び定理5参照)．

定理 6. 位相濃度 τ の完全正則位相空間 R はすべて，空間 R_τ の或る部分空間と同相である (定義 18, 14 参照)．

証明． もし濃度 τ が有限ならば，空間 R は有限箇の点より成り，定理は明らかである．$\varSigma$ を空間 R の基で無限濃度 τ をもつものとする．$\varSigma$ に属する近傍の対 G, H に対して，R 上に与えられた連続な実数値函数 f で条件：

$$x \in R \text{ に対し } 0 \leqq f(x) \leqq 1;$$

$$x \in G \text{ に対し } f(x) < 1/2 \,;\, x \in R \setminus H \text{ に対し } f(x) = 1, \qquad (1)$$

を満たすものが存在するとき，G は H に**内蔵される**といい，$G \dashv H$ と書く．H が点 a の近傍であるとき，その点 a の近傍 G で，H に内蔵されるものが存在することを示そう．実際，空間 R の完全正則性によって，R 上に与えられた連続函数 f で次の条件を満足するものが存在する：$x \in R$ に対して $0 \leqq f(x) \leqq 1$, $f(a) = 0$; $x \in R \setminus H$ に対しては $f(x) = 1$. そこで $f(x) < 1/2$ となるすべての $x \in R$ の集合を G' としよう．集合 G' は点 a を含む R の開集合であり，従って G' に含まれるような点 a の近傍 G が存在する．この近傍 G が求めるものである．濃度 τ は無限であるから，今証明したことから，$G \dashv H$ となるような対 G, H 全部の集合の濃度は，τ に等しいことが結論される．こうして $G \dashv H$ なる対 G, H は集合 Γ (F) 参照) の元と 1 対 1 に対応させることができ，従ってそれらは皆 $G_\gamma, H_\gamma \,;\, \gamma \in \Gamma$, の形に書かれることになる．対 G_γ, H_γ に対して条件 (1) を満足するような函数を任意に一つ定めて，これを f_γ と書く．

次に，各点 $x \in R$ に対して，関係 $t(\gamma) = f_\gamma(x)$ によって定義される点 $t = \varphi(x) \in R_\tau$ を対応させ，φ が空間 R から空間 R_τ の部分空間 $S = \varphi(R)$ の上への 1 対 1 かつ双連続な写像となることを示す．

空間 R の相異なる 2 点 a, b は写像 φ によって集合 S の相異なる点に写されることを示そう．H を点 a の点 b を含まない近傍とし，G を，H に内蔵されるような点 a の近傍とする．そのとき $G = G_\gamma, H = H_\gamma$; ここに γ は Γ の或る元，となる．函数 f_γ は点 a, b において異なる値を取る ($f_\gamma(a) < 1/2, f_\gamma(b) = 1$) 故，$\varphi(a) \neq \varphi(b)$ である．

写像 φ が連続なることを示そう．$U = I_{\gamma_1}{}^{-1}(U_{\gamma_1}) \cap \cdots \cap I_{\gamma_k}{}^{-1}(U_{\gamma_k})$ を点 $\varphi(a), a \in R$, の任意の近傍とする．函数 $f_{\gamma_1}, \cdots, f_{\gamma_k}$ はすべて連続であるから，点 a の近傍 V で，$x \in V$ に対しては $f_{\gamma_i}(x) \in U_{\gamma_i}, i = 1, \cdots, k$, なるものが存在する．そのとき明らかに $\varphi(V) \subset U$.

最後に，空間 S から空間 R の上への写像 φ^{-1} が連続なことを示そう．$\varphi(a)$; $a \in R$, を S の任意の点とし，H を R における点 a の任意の近傍，G を点 a の近傍で H に内蔵されるものとし，$G = G_\gamma$, $H = H_\gamma$, とする．点 $\varphi(a)$ の近傍 U

を $U=I_\gamma^{-1}(U_\gamma)$, 但し U_γ は区間 I_γ の 1/2 より小さい数全体の集合，とおいて定義する．そのとき $\varphi^{-1}(U)\subset H$ となり，写像 φ^{-1} の連続性が証明される．

このようにして，定理6は完全に証明された．

次に述べる定理7は，第5章でコンパクト位相群上の積分方程式論を構成する際に利用されるであろう．それは積分方程式の連続核を《分解核》によって近似することを可能ならしめるものである．それを定式化するために2変数の連続函数の定義を与えよう；これは自明の方法によって任意有限箇の変数の函数に拡張される．

G)　R, S を二つの位相空間，f を2変数 $x\in R, y\in S$ の実数値函数とする．函数 f は位相積空間 $R\times S$ から実数の空間 D の中への写像：各対 $(x, y)\in R\times S$ に実数 $f(x, y)$ を対応させる――として扱うことができる．この写像が連続なるとき，函数 f を**2変数 x, y の連続函数**という．函数 f が連続になるのは，各対 $a\in R, b\in S$ 及び任意の正数 ε に対して，点 a, b の或る近傍 U, V が存在して，$x\in U$, $y\in V$ に対しては $|f(x, y)-f(a, b)|<\varepsilon$ なるとき，しかもそのときに限る（§12, A）参照）；これは容易に検証できよう．

定理7.　R, S を二つのコンパクト，Hausdorff 位相空間，h を2変数 $x\in R, y\in S$ の連続な実数値函数とする．そのとき任意の正数 ε に対して，自然数 n, R 上に定義される連続函数 $f_1, \cdots, f_n$, 及び S 上に定義される連続函数 $g_1, \cdots, g_n$ が存在して

$$|h(x, y)-\sum_{i=1}^{n} f_i(x) g_i(y)|<\varepsilon.$$

証明.　証明はいくつかの部分に分かれる．

a)　ξ を線分 $-\alpha\leqq\xi\leqq\alpha$ 上を亘る実変数とする；函数 $|\xi|$ がこの線分上で一様収束する多項式の級数に展開される，或は，同じことだが，多項式によって一様に近似できる，ことを示そう．

実変数 ζ の函数 $+\sqrt{1-\zeta}$ を考える．この函数は $-1<\zeta<1$ に対して Newton の2項定理により級数に展開される，即ち，

$$+\sqrt{1-\zeta}=1-\sum_{k=1}^{\infty}\alpha_k\zeta^k, \qquad (2)$$

但し,

$$\alpha_1 = \frac{1}{2}, \quad \alpha_k = \frac{1\cdot 3\cdots(2k-3)}{2\cdot 4\cdots 2k}, \quad k\geqq 2.$$

数 α_k はすべて正であり, 級数 (2) は $0\leqq\zeta<1$ において負でない数に収束するから, $0\leqq\zeta<1$ 及び任意の r に対して $\sum_{k=1}^{r}\alpha_k\zeta^k\leqq 1$ を得, よって $\sum_{k=1}^{r}\alpha_k\leqq 1$. このことから級数 (2) は線分 $-1\leqq\zeta\leqq 1$ の上で一様に函数 $\sqrt{1-\zeta}$ に収束することになる. 更に, $-\alpha\leqq\xi\leqq\alpha$ に対しては, $|\xi| = +\alpha\sqrt{1-\left(1-\frac{\xi^2}{\alpha^2}\right)}$ が得られる.

このようにして, 等式 (2) に α を掛け, そこにおいて $\zeta = 1-\frac{\xi^2}{\alpha^2}$ を代入すれば, 線分 $-\alpha\leqq\xi\leqq\alpha$ 上, 函数 $|\xi|$ を多項式の一様収束級数に展開することができる.

b) $\eta_1, \cdots, \eta_s$ を実変数とする. $m(\eta_1, \cdots, \eta_s)$ を数 $\eta_1, \cdots, \eta_s$ の中最大なるものとしてこれらの変数の函数 m を定義する. 函数 m が任意の立方体 $-\beta\leqq\eta_i\leqq\beta$; $i=1, \cdots, s$, において多項式によって一様に近似し得ることを示そう.

証明は2変数に対して実行すれば十分である; それ以上の多項式近似は帰納法によって作ることができる. $m(\eta_1, \eta_2) = 1/2\,|\eta_1-\eta_2| + 1/2(\eta_1+\eta_2)$ なることは見易い. 函数 $|\eta_1-\eta_2|$ は多項式によって一様に近似できる (a) 参照) から, 2変数函数 m もまた多項式により一様に近似し得ることになる.

c) T をコンパクト, Hausdorff, 従ってまた正規な位相空間で, 固定された基 Σ を有するものとする. Σ に属する近傍の対 W, W' が, 条件 $\bar{W}\subset W'$ を満たすとき, W は W' に**内蔵される**といい, $W \multimap W'$ と書く. このような対 W, W' に対する **Urysohn の函数**とは, T 上で与えられた連続函数 w で, $T\setminus W'$ 上で 0, W 上で 1 となり, かつ条件 $0\leqq w(z)\leqq 1$, $z\in T$, を満たすものをいう. $W\multimap W'$ なる対 W, W' の各々に或る確定した Urysohn の函数を対応させ (§12 の Urysohn の補助定理参照), こうして得られる函数の全体 Ω を空間 T の **Urysohn の函数の完全系**と呼ぶ. T 上に与えられた任意の連続函数は, 集合 Ω に属する函数の多項式によって一様に近似できることを示そう.

T 上に与えられた任意の連続函数は正値函数と定数の差だけ異なるに過ぎない (§13, G) 参照) から, 命題 c) は正値函数 h に対して証明すれば十分である. δ を任意の正数とする. 各点 $c\in T$ に対して, その近傍 $W_c'\in\Sigma$ で, $z\in W_c'$ に対し

ては $|h(z)-h(c)|<\dfrac{\delta}{2}$ となるようなものを選ぶ．更に点 c の近傍 $W_c\in\Sigma$ で $\bar{W}_c\subset W_c'$ なるものを選ぶ．この対 W_c, W_c' に対応づけられている Urysohn の函数を w_c と書く．また函数 h の集合 $\bar{W}_c'$ 上での最小値を h_c で表わす．明らかに

$$h_c w_c(z)\leqq h(z)\ ;\ z\in W_c \text{ に対しては，} h(z)\leqq h_c w_c(z)+\delta. \qquad (3)$$

近傍 W_c; $c\in T$, の全体は空間 T を被覆する．$W_{c_1},\cdots,W_{c_s}$ を空間 T の有限被覆（定義 19 参照）とする．$h'(z)=m(h_{c_1}w_{c_1}(z),\cdots,h_{c_s}w_{c_s}(z))$ とおく．（3）より直ちに $|h(z)-h'(z)|\leqq\delta$ なることが出，しかるに b) により函数 m は多項式による一様近似可能であるから，これによって命題 c) は証明された．

d) 定理 7 を証明するために空間 R, S において Urysohn の函数の或る完全系 Ω', Ω'' を選ぶ．容易にわかるように，$w(x,y)=u(x)v(y)$; $u\in\Omega'$, $v\in\Omega''$, なる形の函数全部の集合 Ω は，空間 T の Urysohn の函数の完全系である．$u(x)v(y)$ なる形の函数の多項式はいずれも $\sum_{i=1}^{n}f_i(x)g_i(y)$ なる形を有する故，c) より定理 7 が正しいことがわかる．

例 27. 空間 R_τ (F) 参照) において τ が可算濃度である場合を考えよう．この場合，集合 Γ としてはすべての自然数の集合を取ることができ，また点 $t\in R_\tau$ はその座標の通常の無限数列によって定義される：$t=(t_1,t_2,\cdots,t_n,\cdots)$; $0\leqq t_n\leqq 1$, $n=1,2,\cdots$. 点 $t\in R_\tau$ に Hilbert 空間（例 20 参照）の点 $x=\varphi(t)$ を $x_n=\dfrac{1}{n}t_n$ とおいて対応させる，ここに $x_1,x_2,\cdots$ は点 x の H における座標である．φ が空間 R_τ から空間 H の部分空間 $Q=\varphi(R_\tau)$; 条件 $0\leqq x_n\leqq\dfrac{1}{n}$, $n=1,2,\cdots$ を満たすすべての数列 $x=(x_1,x_2,\cdots)$ より成る——の上への同相写像であることは容易に証明される．空間 Q はコンパクトであり **Hilbert の平行体**と呼ばれる．可算の基をもつ正則空間は正規であり（例 24 参照），よってまた完全正則であるから，可算濃度 τ の場合には定理 6 は周知の

Urysohn の定理：可算の基をもつ正則空間は Hilbert の平行体の部分空間に同相であり，従って距離附け可能である．

——に帰するのである．

例 28. 可算コンパクト（例 25 参照）であるがコンパクトではない空間の例

を与えよう．このため空間 R_τ（F）参照）；但し τ は非可算濃度，において次のように部分空間 $R_\tau{}^*$ を定義しよう．点 $t\in R_\tau$ はその座標 t_γ の中の高々可算箇だけが0でないとき，かつそのときに限り $R_\tau{}^*$ に属するものとする．空間 $R_\tau{}^*$ が可算コンパクトであることを示そう．M を $R_\tau{}^*$ における任意の可算集合とする．各点 $t\in M$ の座標は高々可算箇だけが0でなく，しかるに集合 M 全体が可算なのであるから，集合 Γ の元の次のような可算列 $\gamma_1, \gamma_2, \cdots$ が存在する：もし点 t が M に属しその座標 t_γ が0でないならば，γ は列 $\gamma_1, \gamma_2, \cdots$ に属する．線分 I_{γ_1}, $I_{\gamma_2}, \cdots$ の直積 R は自然に空間 $R_\tau{}^*$ の部分空間と考えられるが，空間 R はコンパクトであるから，集合 M は $R_\tau{}^*$ の中に集積点をもつ．従って空間 $R_\tau{}^*$ は可算コンパクトである．他方，容易に検証し得るように，集合 $R_\tau{}^*$ は空間 R_τ において到る所稠密であり，しかも τ の非可算性によって $R_\tau{}^* \neq R_\tau$ である．よって集合 $R_\tau{}^*$ は R において閉じていない．空間 R_τ は Hausdorff かつコンパクトなのであるから，その閉でない部分集合 $R_\tau{}^*$ はコンパクトではあり得ない（§13, C）参照）．

§15. 連 結 性

位相空間の性質を一層詳しく規定する諸条件の中に**連結性**の条件がある，この§ではこれを研究する．

A）　位相空間 R を二つの空でなく互に交わらない閉集合 A, B の和に分解することが不可能であるとき，その空間 R を**連結**であるという．明らかにこの定義は別の形に言い表わすこともできる．即ち，位相空間 R を二つの空でない互に交わらない開集合 A, B の和に分解することが不可能なとき，R を連結であるといってもよい．

この定義を部分空間に適用して，連結な集合の概念を得る：空間 R の点集合 M がそれを部分空間（定義17参照）とみたときに連結なとき，集合 M を**連結**であるという．

集合の連結性の定義は，しかし，次のようにより間接的な形で述べた方が便利である：

B) 空間 R の部分集合 M は集合 $(\bar{A}\frown\bar{B})\frown M$ が空となるような，しかしそれら自身は空でなく，また互に交わらない，二つの集合 A, B の和に分解され得ないとき，連結であるという．明らかに，もし $M=R$ ならば，この定義は定義 A) と一致する．

C) $\varDelta$ を，そのどれもが共通な点 a を含むような，空間 R の連結部分集合 (B) 参照) の集まりとする．そのとき，$\varDelta$ に属するすべての集合の和集合 M は連結である．

集合 M が連結でないとしよう．そのとき M は，$(\bar{A}\frown\bar{B})\frown M$ が空となるような，二つの互に交わらない，空ならざる集合 A, B の和に分解することができる．$a\in A$, b を B の或る点，P を系 $\varDelta$ の点 b を含む集合とする．$A'=A\frown P$, $B'=B\frown P$ とおく．そのとき P は A' と B' との和に分解され，しかもこれらはいずれも空でなく，また互に交わらない．更に $\bar{A}'\subset\bar{A}$, $\bar{B}'\subset\bar{B}$ かつ $P\subset M$ なる故，$(\bar{A}'\frown\bar{B}')\frown P\subset(\bar{A}\frown\bar{B})\frown M$. この関係式の右辺は仮定によって空なる故，左辺もまた空である．こうして集合 P は連結でないことになり，仮定に矛盾する．

D) a を位相空間 R の或る点とする．そのとき R に点 a を含む**最大の**連結部分集合 K が存在する．集合 K が最大であるとは，点 a を含む空間 R の連結部分集合はいずれも K に含まれるという意味である．集合 K は常に閉集合であり，空間 R における点 a の**成分**と呼ばれる．明らかに，点 a の成分 K は，K に含まれる任意の他の点の成分でもある．それ故，ときとして K を単に空間 R の成分ということもある．空間 R の成分がすべて1点から成るとき，空間 R を**完全不連結**という．

命題 D) を証明しよう．

$\varDelta$ を点 a を含む空間 R の連結部分集合全体とする．$\varDelta$ に属する全集合の和 K は，C) によって連結であり，またその構成からして，点 a を含む最大の連結集合である．集合 K が閉じていることを示そう．そのためには，集合 $\bar{K}$ が連結であることを示せば十分である：そのとき集合 K が最大であることから $\bar{K}\subset K$ となり，従って $\bar{K}=K$ となるからである．そこで $\bar{K}$ が連結でないと仮定しよう．そのとき，$\bar{K}$ は二つの集合 A, B ——いずれも空でなく互に交わらず，かつ

$\bar{A}\frown\bar{B}\frown\bar{K}$ が空となるような——の和に分解する. $A'=A\frown K, B'=B\frown K$ とおく. $a\in A'$ と仮定して, B' が空であることを示そう. 実際, もし B' が空でないならば, K は二つの集合 A' と B' との和に分解し, A', B' はいずれも空でなく, 互に交わらず, しかも $\bar{A}'\frown\bar{B}'\frown K$ は空——ということになる：この共通部分は集合 $\bar{A}\frown\bar{B}\frown\bar{K}$ に含まれるが, これは仮定によって空だからである. こうして, 集合 K の連結性に矛盾する結果を得た. よって B' は空である. 所がこのことは $K\subset A$ を意味し, 従って $\bar{A}\frown\bar{B}\frown\bar{K}\supset\bar{K}\frown\bar{B}\frown\bar{K}=\bar{K}\frown\bar{B}\supset\bar{K}\frown B$ から, 共通部分 $\bar{A}\frown\bar{B}\frown\bar{K}$ は空ではない：集合 B は空でなく, その上 $\bar{K}$ に含まれるからである.

E) 連結位相空間 R から或る空間 R' の上への連続写像 g が存在するならば, 空間 R' もまた連結である.

そうでない, と仮定してみよう. そのとき空間 R' は, 二つの, 相交わらぬ, 空ならざる閉集合 E', F' の和に分解する. R におけるこれらの集合の原像 E, F はまた閉じており (§10, B) 参照), その和は明らかに R となる. 従って, 空間 R が二つの相交わらぬ空ならざる閉集合の和に分解することとなり, その連結性に矛盾する.

次に述べる命題は, Shura-Bura によるもので, 完全不連結な位相群 (§22 参照) の研究に応用される.

F) コンパクトな Hausdorff 空間の任意の成分は, それを含むすべての閉かつ開集合の共通部分に等しい.

これを証明しよう. R をコンパクトな Hausdorff 空間, K をその或る成分, L を成分 K を含む空間 R の閉かつ開集合全体の共通部分とする. $K=L$ を証明するためには, L が連結集合であることを示せば十分である. そうでないとしてみよう. そのとき集合 L は二つの空でない相交わらざる空間 R の閉集合 A, B の和として表わすことができる. 集合 K は連結であるから, それは A か B かのいずれか一方に含まれる；$K\subset A$ と考えよう. 空間 R の正規性 (§13, F) 参照) によって, 空間 R の相交わらざる開集合 G, H で, $A\subset G, B\subset H$ となるものが存在する. そして $L\subset G\smile H$. K を含む閉かつ開集合の全体は**乗法的**であり (即ち, 各2集合と共にその交わりをも含み), またその共通部分が L なのであるから, $L \subset P \subset G \cup H$ となるような閉かつ開集合 P が存在する（§13, H)参照). 集合 $G' = P \cap G$, $H' = P \cap H$ が R において閉かつ開であることは容易にわかる. 更に, $K \subset A$ 故, G' は K を含む閉かつ開集合であって, しかも L を含まない：これは集合 L の定義に反する. これを以て命題 F) は証明された.

命題 F) の直接の結果として命題 G) を証明する；これも位相群の理論において利用されるものである.

G) R を局所コンパクトな Hausdorff 空間, K をその或るコンパクトな成分, また G を K を含む開集合とする. そのとき $K \subset P \subset G$ なる如きコンパクトな開集合 P が存在する.

これを証明しよう. 各点 $x \in K$ に対し, その近傍 U_x を, その閉苞 $\bar{U}_x$ がコンパクトで G に含まれるように選ぶ. 開集合 U_x; $x \in K$, による集合 K の被覆から有限被覆を選び, この有限被覆に入る開集合 U_x の和を U と書く. 集合 $\bar{U}$ はコンパクトであり, K を含み, かつ G に含まれる. K が空間 $\bar{U}$ における成分であることは明らかである. K を含む空間 $\bar{U}$ の閉かつ開集合の全体は, 乗法的であり, それらの共通部分が K に等しい（F)参照）のであるから, 空間 $\bar{U}$ の閉かつ開集合 P で $K \subset P \subset U$ となるものが存在する (§13, H) 参照). 集合 P が求める空間 R の閉かつ開集合となる.

次の概念は, 連結性の概念に直接関連するものであって, 位相群の理論に応用されるものである (§38 参照).

H) 位相空間において, その任意の点 a 及びその任意の近傍 U に対して, a の近傍 $V \subset U$ が存在して, 任意の点 $x \in V$ に対して a と x とを含む連結集合が U の中に存在するとき, その空間を**局所連結**であるという. 容易にわかるように局所連結空間の連続開写像（§10, E)参照）による像は常にまた局所連結である.

§16. 次　　元

空間の**次元数**, または単に**次元**, なる概念は, 数学全般にわたって本質的な役割を果すものであり, トポロジーにおいては特に重要である. ここでは次元の定義と, 位相群の理論において必要とされるその性質の重要なものを述べる.

次元の定義を定式化するために，いくつかの用語を導入する．

A)　Σ を或る集合 M の部分集合の有限系とする．$x \in M$ に対して，点 x を含む系 Σ の集合の数を $r(x)$ で表わす．集合 M 上に与えられた函数 r の最大値を系 Σ の**重複度**という．集合 M の部分集合系 Σ, Σ' において，各集合 $A' \in \Sigma'$ に対して $A' \subset A$ なる如き集合 $A \in \Sigma$ が存在するならば，系 Σ' は系 Σ に**内蔵**されるという．コンパクトな Hausdorff 空間 R の有限開被覆 Ω に対しては，常に Ω に内蔵される空間 R の有限閉被覆 Δ が存在することがわかる．ここにおいて被覆 Δ は常にその重複度が Ω の重複度を越えないように選ぶことができる．

実際，各点 $x \in R$ に対して，その閉苞 $\bar{U}_x$ が系 Ω の或る開集合に含まれるような，x の近傍 U_x を対応させることができる．開集合 U_x; $x \in R$, による空間 R の被覆の中から有限被覆を選べば，$\bar{U}_x$ なる形の閉集合による空間 R の有限被覆を得て，これは Ω に内蔵される．今度は F_U によって，開集合 $U \in \Omega$ に含まれる系 Δ の集合全部の和を表わす．閉集合 F_U; $U \in \Omega$, は空間 R の被覆 Δ' を作り，それは被覆 Ω に内蔵される．しかも被覆 Δ' の重複度は被覆 Ω の重複度を越えない．

定義 21.　コンパクト Hausdorff 空間 R に対して，次の 2 条件を満たす整数 $n \geqq 0$ が存在するとき，R の**次元**は n であるという．条件：1) 空間 R の有限開被覆をどのように選んでも，それに内蔵される空間 R の閉被覆 Δ で，その重複度が $n+1$ を越えないものが存在する．2) 空間 R の有限開被覆で，それに内蔵される空間 R の有限閉被覆がすべて n より大きい重複度をもつようなものが存在する．このような性質をもつ数 n が存在しない場合には，空間 R の次元は**無限**であるという．

この定義は何よりも先に次の定理 8 によって正当化される：その証明（[39] 参照）はここでは述べない，それは複雑であり，かつこの本の基本的な内容を越えた道具を必要とするからである．この定理において，n 次元 Euclid 空間の**立方体**とは，その座標が条件 $0 \leqq x_i \leqq 1, i = 1, \cdots, n,$ を満たす点の集合の意味である．

定理 8.　n 次元 Euclid 空間の立方体の次元（定義 21 の意味での）は n に等

しい.

今度は次元についての下記の性質D), E) を証明しよう, これらは位相群の理論において本質的な役割を演じ, また応用される. これらに先立つ命題B), C)は補助的な役割を果たすものである.

B) $A_1, \cdots, A_k$ 及び $A_1', \cdots, A_k'$ を二つの有限な集合系とし, その元は互に1対1に対応している：$A_i \longleftrightarrow A_i'$, ものとする. もし共通部分 $A_{i_1} \cap A_{i_2} \cap \cdots \cap A_{i_r}$ が空でなければ共通部分 $A_{i_1}' \cap A_{i_2}' \cap \cdots \cap A_{i_r}'$ も空でなく, またその逆もいえる場合, これらの系は**同一の交叉図式**をもつという. Γ がコンパクト Hausdorff 空間の閉集合よりなる任意の有限系なるとき, 各集合 $E \in \Gamma$ にそれを含む開集合 U_E を対応させ, 開集合系 U_E; $E \in \Gamma$, が系 Γ と同一の交叉図式をもつようになし得ることがわかる. このことと A) とから, 特に, 定義 21 において閉集合系 Δ という代りに開集合系 Δ といっても, 同一の次元の概念に達することになる.

命題B) を証明しよう. 何よりも先に, もし Γ がコンパクトな Hausdorff 空間 R の閉集合の任意の有限系で, $E \in \Gamma$ ならば, 系 Γ において集合 E をその適当に選んだ近傍 U_E の閉苞で置換えて, 系 Γ におけると同一の交叉図式を有する新しい系を得ることを示そう. 系 Γ の部分系の共通部分で集合 E と交わらないもの全体の和集合を F と書く. U_E を E を含みその閉苞 $\bar{U}_E$ が F と交わらないような開集合とする. 容易にわかる如く, U_E が集合 E の求むる近傍である. 上記の取替えの操作を逐次実行して行けば, 結局, 求むる近傍の系 U_E; $E \in \Gamma$, を得る.

C) Γ をコンパクトな位相空間 R の閉集合よりなる有限系で, その各集合にはそれを含む或る開集合 U_E が対応しているものとする. そのとき, 空間 R の次の如き有限開被覆 Ω_Γ が存在する：もし $E \in \Gamma$, $V \in \Omega_\Gamma$, かつ, 共通部分 $E \cap V$ が空でないならば, $V \subset U_E$.

$x \in R$ とし, $E_1, \cdots, E_r$ を点 x を含む系 Γ の集合, また, $F_1, \cdots, F_s$ を点 x を含まない系 Γ の集合として, $V_x = U_{E_1} \cap U_{E_2} \cap \cdots \cap U_{E_r} \setminus (F_1 \cup F_2 \cup \cdots \cup F_s)$ とおく. このようにして作られた開集合 V_x; $x \in R$, の中ただ有限箇のみが相異なり,

それらが求むる空間 R の有限開被覆 Ω_Γ を形成する.

D) コンパクトな Hausdorff 空間の閉集合の有限和の次元は，それらの閉集合の次元の中最大なるものに等しい.

証明は2閉集合の和：$R=A\cup B$, の場合に実行すれば十分である. 明らかに，空間 R の次元は A, B いずれの次元よりも小さくはない. A, B の次元の中大なる方を n とする. 空間 R の次元が n を越えないことを証明しよう.

Ω を空間 R の任意の有限開被覆，Γ を集合 A のその閉部分集合による被覆で Ω に内蔵されるものとし，被覆 Γ の重複度は $n+1$ を越えないものとする. 各集合 $E\in\Gamma$ にその近傍 U_E を対応させ，近傍の系 U_E ; $E\in\Gamma$, が系 Γ と同一の交叉図式をもち（B）参照)，しかもそれが被覆 Ω に内蔵されるようにする. 近傍 U_E を伴う閉集合 E の系 Γ に対して，空間 R の被覆 Ω_Γ（C）参照）を構成する. 更に Δ を，集合 B のその閉部分集合による有限被覆で，Ω 及び Ω_Γ に同時に内蔵され，その重複度は $n+1$ を越えないものとする.

集合 B と交わる系 Γ の集合に番号を附けて列 $E_1, \cdots, E_k$ とする. 集合 $E_1, \cdots, E_k$ の各々に，それと交わる系 Δ のいくつかの集合を附加え，しかも，系 Δ の A と交わる集合はどれもが列 $E_1, \cdots, E_k$ の中の或る一つのしかも唯一つの集合に附加えられるようにする. こうして新しい列 $E_1', \cdots, E_k'$ を得る. 明らかに $E'_i\subset U_{E_i}$ で，系 $E_1' \cdots, E_k'$ は系 Ω に内蔵され，系 Γ において集合 E_i ; $i=1, \cdots, k$, の各々を集合 E_i' で置換えて得られる系 Γ' は，$n+1$ を越えない重複度を持つ. A と交わらない Δ の集合全体から成る系 Δ の部分系を Δ' で表わす. 明らかに，系 Γ' と Δ' とを合併して得られる系 Σ は，被覆 Ω に内蔵される空間 R の閉被覆を与える. 被覆 Σ の重複度が $n+1$ を越えないことを示そう.

$x\in R$ とする. もし $x\in A$ ならば，系 Δ' の集合は一つとして点 x を含まず，よって点 x はただ系 Γ' の集合にのみ属し，Γ' の重複度は $n+1$ を越えない. 従って点 x を含む系 Σ の集合は $n+1$ 箇より多くない. 次に $x\in R\setminus A$ とし，$E'_{i_1}, \cdots, E_{i_\alpha}'$ を系 $E_1', \cdots, E_k'$ の集合で点 x を含むもの，また $F_1, \cdots, F_\beta$ を系 Δ' の集合で点 x を含むものとする. 点 x は集合 A に属さぬ故，それは集合 E_{i_j}' には属するが集合 E_{i_j} には属し得ず，集合 E_{i_j}' を作る際集合 E_{i_j} に附加えられた系 Δ の

集合に属す．この E_{i_j} に附加えた系 $\varDelta$ の集合を F_{i_j}' で表わそう．集合 $E_{i_1},\cdots,E_{i_\alpha}$ は系 $E_1,\cdots,E_k$ の相異なる元であるから，集合 $F_{i_1}',\cdots,F_{i_\alpha}'$ も系 $\varDelta$ の相異なる元である．こうして，集合 $F_{i_1}',\cdots,F_{i_\alpha}',F_1,\cdots,F_\beta$ はすべて系 $\varDelta$ の相異なる元であり，また，それらはすべて点 x を含んでいる．系 $\varDelta$ の重複度は $n+1$ を越えぬ故，$\alpha+\beta\leqq n+1$ であって，これは点 x を含む系 Σ の集合の数が $n+1$ を越えないことを証するものである．

こうして，命題 D) は証明された．

E) f をコンパクトな Hausdorff 空間 R から Hausdorff 空間 S の上への連続写像，Ω を空間 R の有限開被覆とする．もし各点 $y\in S$ の完全原像 $f^{-1}(y)$ が系 Ω の開集合の或る一つに含まれるならば，写像 f は被覆 Ω に**属する**という．n を——空間 R の次元が有限ならば，その次元数，またもし R の次元が無限ならば，任意の自然数，としよう．そのとき，次の如き空間 R の有限開被覆 Ω が存在する：空間 R から Hausdorff 空間 S の上への連続写像 f で被覆 Ω に属するものがもし存在するならば，空間 S の次元は n より小さくない．被覆 Ω としては，それに内蔵されるすべての有限閉被覆の重複度が $n+1$ より小さくないような任意の被覆を採ることができる．

写像 f は上述の方法で選んだ被覆 Ω に属するものとする．点 $y\in S$ を含む空間 S のすべての開集合の閉苞の共通部分は y に一致するのであるから，これらの閉苞の原像の共通部分は $f^{-1}(y)$ に一致し，従って，系 Ω の開集合の一つ，U に含まれる．こうして S には点 y を含む開集合 V_y で，その閉苞の原像 $f^{-1}(\bar{V}_y)$ が U に含まれるようなものが存在する（§13, H) 参照）．開集合 $V_y\,;y\in S$，による空間 S の被覆の中から，有限被覆 Ω' を選ぶ．その作り方からして，系 Ω' の各開集合の原像は系 Ω の開集合の中の一つに含まれる．次に，空間 S の次元が n より小さいと仮定してみよう．そのとき，空間 S の有限閉被覆 $\varDelta'$ で，Ω' に内蔵され，その重複度が n を越えないものが存在する．集合 $f^{-1}(F)\,;F\in\varDelta'$，の系を $\varDelta$ で表わそう．明らかに，系 $\varDelta'$ と $\varDelta$ とは同一の重複度をもち，かつ系 $\varDelta$ は系 Ω に内蔵される．このようにして，Ω に内蔵される系 $\varDelta$ の重複度が n を越えないことになり，仮定に矛盾する．

F) コンパクトな Hausdorff 空間は，それが完全不連結（§15, D）参照）なるとき，しかもそのときに限り，0 次元である．

これを証明する．R を完全不連結なコンパクト Hausdorff 空間，また Ω を空間 R の任意の有限開被覆とする．各点 $x \in R$ に x を含む或る開集合 $U_x \in \Omega$ を対応させる．§15 の命題 G) により，$x \in V_x \subset U_x$ なる閉じた開集合 V_x が存在する．開集合 V_x ; $x \in R$, による空間 R の被覆から有限被覆 $W_1, \cdots, W_k$ を選び，

$$F_1 = W_1, F_2 = W_2 \setminus W_1, \cdots, F_k = W_k \setminus (W_1 \cup \cdots \cup W_{k-1})$$

とおく．こうして得られた閉集合系 $F_1, \cdots, F_k$ は被覆 Ω に内蔵され，空間 R の重複度 1 なる有限被覆である．被覆 Ω は任意だったのであるから，従って空間 R の次元数は 0 に等しい．

次に，R を 0 次元のコンパクト，Hausdorff 空間とし，また a, b をその二つの相異なる点とする．開集合 $U = R \setminus a$ と $V = R \setminus b$ とは，空間 R の一つの被覆をなす．$F_1, \cdots, F_k$ を重複度 1 なる空間 R の閉被覆で被覆 U, V に内蔵されるものとし，かつ，$a \in F_1$ とする．空間 R は二つの互に交わらない閉集合 F_1 及び $F_2 \cup \cdots \cup F_k$ の和に分解している．従って，点 a の成分は F_1 に含まれ従ってまた $R \setminus b$ に含まれる，即ち点 b を含まない．点 b は任意であるから，点 a の成分は a 自身に一致する．即ち R は完全不連結である．

第3章 位相群

論理的には，**位相群**の概念は群と位相空間という二つの概念の単純な結合であって，同一の集合 G において，同時に群の乗法と位相を定義する閉苞の演算とが与えられているものである．しかしこれらの演算は，無関係ではなく，連続性の条件によって関連している：G において定義されている群演算は，位相空間 G において連続でなければならない．このような定義から見れば，位相群の概念は，その展開の第一段階においては，殆ど何処にも特殊なものをもってはいない．群や位相空間について成立する基礎的な関係は，多かれ少なかれ，そのまま位相群の上に移される．ここに現われるものとしては，部分群，正規部分群，剰余群等々がある．勿論，いくらかの特殊な事情も起ってくるが，それらは比較的表面的なものである．これらの極めて一般的な，余り特殊的でない位相群の性質を研究することが，この章の目的である．位相群の更に深い研究は後の章で述べる．

歴史的には，位相群の概念は，連続変換群の考察に関連して起った．或る一つの連続多様体，例えば Euclid 空間，が，連続変換の群をもっているとき，その群には自然に極限の関係が導入され，それは位相群になる．このように，初期の位相群は連続変換の群として論じられた．しかし乍ら，この方面の進歩によって，研究された諸性質中最も興味あるものは，考えている群が変換群であるという事情に因るものではなく，単にその群の上に存する極限関係の上にのみ立脚していることが示された．

そこで，便宜上，位相群の理論を与える際，始めにはそれを変換群としては論ぜず，単に後に附録として，連続変換群との関連を示すに止める．

§17. 位相群の概念

ここでは位相群の定義を述べ，その簡単な性質を示す．

定義 22. 集合 G が**位相群**であるとは,

1) G は群であり (定義 1 参照),

2) G は位相空間であり (定義 12 参照),

3) G 上で定義されている群演算が位相空間 G において連続であることをいう. この条件 3) は更に詳しくいえば次のように述べられる:

a) a, b が集合 G の 2 元であるとき, 元 ab の任意の近傍 W に対して元 a 及び b の近傍 U, V で, $UV \subset W$ となるものを見いだすことができる (定義 14 及び §2, A) 参照).

b) a が集合 G の或る元であるとき, 元 a^{-1} の任意の近傍 V に対して元 a の近傍 U で $U^{-1} \subset V$ となるものを見いだすことができる.

条件 a), b) を次の一つの条件 c) で置換え得ることは, 困難なしにわかる:

c) a, b を集合 G の 2 元とするとき, 元 ab^{-1} の任意の近傍 W に対して, 元 a, b の近傍 U, V で, $UV^{-1} \subset W$ となるものを見いだすことができる.

この定義の位相的不変性, 即ち, 条件 3) が決定近傍系の選び方に依存しないこと, を証明するのも, 困難ではない (§9, F) 参照).

位相群を考察する際, その位相的な性質を考えずに, その代数的な群演算に関する性質のみについて言っていることを強調する必要のある場合, これを代数的な意味での群, 或は**抽象群**という.

次に位相群の極めて基本的な性質を示す.

A) $a_1, \cdots, a_n$ を位相群 G の任意の有限箇の元, $a_1^{r_1} a_2^{r_2} \cdots a_n^{r_n} = c$ をそれらの巾の積で, そこに現われる指数は正でも負でもあり得るものとし, また W を元 c の任意の近傍とする. そのとき, 元 $a_1, \cdots, a_n$ の近傍 $U_1, \cdots, U_n$ を適当に選んで $U_1^{r_1} U_2^{r_2} \cdots U_n^{r_n} \subset W$ となるようにすることができる. また $a_i = a_j$ ならば, U_i は U_j に等しくとれる. 等しい元がもっと多いときも同様.

この主張は定義 22 の条件 3) を逐次的に適用し, これに §9, 注意 D) の条件 b) を利用することによって証明される.

B) $f(x) = xa$, $f'(x) = ax$, $\varphi(x) = x^{-1}$ とおく; 但し a は群 G の固定元, x は群 G の上を動くものとする. そのとき写像 f, f', φ は各々空間 G からそれ自身

の上への同相写像 (定義15参照) を与える.

これを f に対してのみ証明しよう. まず第一に写像 f は1対1である. 実際, 任意の元 y' に対し, $y'=x'a$ となるような元 x' は一つ, しかもただ一つに限り, 存在する. 更に写像 f は連続である. 実際, $y'=x'a$ で W を元 y' の或る近傍とすれば, 定義22の条件3) によって元 x', a の近傍 U, V が存在して $UV\subset W$. 所が $a\in V$. 故に $Ua\subset W$. 即ち $f(U)\subset W$. このことは写像 f が連続なることを示す (§10, C) 参照). 逆写像 $f^{-1}(y)=ya^{-1}$ の連続性も同様に証明される.

C) F を位相群 G の閉集合, U を開集合, P を任意の集合, また a を或る元とする. そのとき, Fa, aF, F^{-1} は閉集合であり, UP, PU, U^{-1} は開集合である (§2, A) 参照).

この命題は B) から直接出る. 実際, 写像 $f(x)=xa$ は同相写像であり, 従って閉集合 F はまた閉集合 $f(F)=Fa$ に写される. 全く同様に, 集合 Ua が開集合なることが示され, そのとき UP は開集合の和であるから, やはり開集合である.

D) 位相空間 G は**均質**である. 換言すれば, 群 G の任意の2元 p, q に対して, 空間 G からそれ自身の上への同相写像で p を q に写すものが存在する.

証明のためには, $a=p^{-1}q$ とおけばよい. そのとき B) で定義された同相写像 f は条件 $f(p)=q$ を満たす.

E) 空間 G の均質性によって, その局所的な性質は, 単に一つの元についてのみ検証し, 或は主張すればよいことになる. 例えば空間 G が局所コンパクトであることを確かめるためには, 単位元 e が, 閉苞 $\bar{U}$ がコンパクトな近傍 U をもつことを示せばよい. 正則性も全く同様に検証されよう. 更に単位元 e がただ e のみを含む近傍を有するときは, 群 G の任意の元が, その元一つのみを含む近傍をもっている.

F) 位相群 G は位相空間として正則である (定義18参照).

E) の注意により, 空間 G の正則性は, 単に単位元 e の近傍のみを考えて証明すれば十分である. U を単位元 e の任意の近傍とする. $ee^{-1}=e$ 故, A) によって単位元 e の近傍 V で $VV^{-1}\subset U$ なるものが存在する. $\bar{V}\subset U$ なることを示そう. p を $\bar{V}$ の或る点とする. そのとき点 p の任意の近傍は V と交わる (§9,

C) 参照). 一方 C) によって pV は点 p の近傍を含み, 従って V に $pb=a\in V$ となるような点 b が存在する. 所がそのとき $p=ab^{-1}\in VV^{-1}\subset U$. これは $\bar{V}\subset U$ なることを示す.

G) 位相群 G の二つの部分集合 P, Q がコンパクトならば, その群の意味での積 PQ (§2, A) 参照) もまたコンパクトである.

これを証明するために, 位相積空間 $P\times Q$ の各元 (x, y) に元 $f(x, y)=xy$ を対応させて, $P\times Q$ から集合 PQ の上への写像 f を作る. 写像 f は連続である. 実際, $a\in P, b\in Q, c=ab$, また W を点 c の G における任意の近傍とすれば, 積の連続性により, 点 a, b の P, Q における近傍 U, V が存在して $UV\subset W$. 明らかに $f((U, V))\subset W$ で, (U, V) は点 (a, b) の $P\times Q$ における近傍故, 写像 f の連続性は証明された. 位相積空間 $P\times Q$ はコンパクト (定理 5) 故, その連続像 PQ もまたコンパクトである (§13, D) 参照).

例 29. r 次元 Euclid 空間のベクトルの集合は加法群である. 例 19 でこの集合に位相が導入された. ベクトルの加法演算がこの位相で連続なことは困難なしに検証できる. こうして r 次元 Euclid 空間のベクトルのなす位相群, 即ち r 次元**ベクトル群**が得られる.

§18. 単位元の近傍系

前§での考察から明らかなように, 定義 22 の条件 3) は位相群 G における代数的演算と位相的演算との間の密接な関係を構成するものである. このため, 特に, もし G における代数が既に与えられているならば, そこに位相を与えるには, 全空間 G の基 (定義 14 参照) を指定する必要はなく, ただ単位元の完全近傍系 (§9, B′) 参照) を指定すれば十分であることがわかる. 所謂**ディスクリート**な群は, この事実の最も簡単な例証を与えるものである.

A) 位相群 G は, それが集積点をもたないとき, 即ち, その各元 g がその点 g のみより成る近傍をもつとき, **ディスクリート**であるという. §17 の注意 E) により, 位相群 G は, その単位元が群の孤立点であるとき, かつそのときに限り, ディスクリートである.

容易にわかるように，群 G がどのようなものであろうとも，そこに，群 G がディスクリートな群となるように位相を入れることは，常に可能である．このことから，ディスクリートな位相群の理論は，本質的には，抽象群論に他ならぬことになる．

群 G における位相が，どのようにして単位元の完全近傍系から定義されるか，またどのようにして群に位相を構成することができるのか，という問題は，一般の場合に，下記の命題 B) 及び定理 9 によって解決される．

B) G を位相群，Σ^* をその単位元 e の或る完全近傍系，また M を G において到る所稠密（§8, H) 参照）な或る集合とする．そのとき，Ux；$U\in\Sigma^*$, $x\in M$, なる形の集合全体 Σ は，空間 G の完全近傍系である．系 Σ^* は次の五つの条件を満たす：

a) 系 Σ^* の全集合の共通部分は唯 1 点 e のみを含む．

b) 系 Σ^* の任意の二つの集合の共通部分は，系 Σ^* の或る第 3 の集合を含む．

c) 系 Σ^* の任意の集合 U に対して，その系 Σ^* に属する集合 V で $VV^{-1}\subset U$ となるものを見いだし得る．

d) 系 Σ^* の任意の集合 U 及び任意の元 $a\in U$ に対して，系 Σ^* の集合 V で $Va\subset U$ となるものを見出だし得る．

e) U を系 Σ^* の或る集合で，a を群 G の任意の元とする．そのとき $a^{-1}Va\subset U$ となるような，Σ^* の集合 V が存在する．

命題 B) を証明する．§17 の C) によって，系 Σ の集合は空間 G の開集合である．系 Σ が空間 G の基となることを示す．W を空間 G のある開集合，$a\in W$ とする．そのとき Wa^{-1} は単位元を含む開集合であり，従って §17 の A) によって，単位元 e の近傍 U；$U\in\Sigma^*$, で $UU^{-1}\subset Wa^{-1}$ なるものが存在する．集合 M は G で到る所稠密故，集合 aM^{-1} もまた G で到る所稠密，従って U 及び aM^{-1} の双方に含まれる元 d が存在する．そのとき $d^{-1}a\in M$ に注意する．このことから $Ud^{-1}a\in\Sigma$ が出る．他方 $Ud^{-1}a\subset W$．実際，$UU^{-1}\subset Wa^{-1}$ と $d\in U$ とから $Ud^{-1}\subset Wa^{-1}$ を得るが，これは $Ud^{-1}a\subset W$ を示す．更に，$d\in U$ 故 $e\in Ud^{-1}$．従って $a\in Ud^{-1}a$．こうして系 Σ の完全性の条件は満たされる（§9, B) 参照）．

五つの条件 a), …, e) に関しては, 条件 a) と b) とはすべての位相空間において満たされる (§9, D) 参照). 条件 c), d), e) は §17の A) から直接出る.

定理 9. G を抽象群, Σ^* を集合 G の或る部分集合の系で, 命題 B) の五つの条件を満たすものとする. そのとき, 集合 G に位相を, しかもただ一通りに, 導入して, これによって G に存在する群演算が連続になり, かつ系 Σ^* が単位元の完全近傍系となるようにすることができる. 或はまた, このことは, 次のように述べることもできる. 群 G は系 Σ^* が単位元の完全近傍系となるような, 一通りの, しかも**ただ一通りの位相づけを許す**.

特に G が可換群ならば, 条件 e) は常に満たされていることを注意しておく.

証明. もし群 G が, Σ^* を単位元の完全近傍系にするような位相づけを許すとすれば, B) によって位相空間 G の完全近傍系は Ux ; $U \in \Sigma^*$, $x \in G$, なる形の全集合からなるとすることができる：この形の集合全体を Σ とし, 始めに Σ が定理 3 の条件を満たすこと, 次に G に存在する群演算が, こうして得られる位相で連続であることを示そう.

a, b を群 G の二つの異なる元とする. 系 Σ^* の全集合の共通部分は e のみを含む故, 近傍 $U \in \Sigma^*$ で ba^{-1} が U に属さないようなものが存在する. 所がそのとき Ua は b を含まない. こうして定理 3 の条件 a) は満たされる.

条件 b) が満たされることを証明するために, 何よりも先に, もし $b \in Ua$, $U \in \Sigma^*$, ならば, 近傍 $V \in \Sigma^*$ が存在して $Vb \subset Ua$ となることを注意しよう. 実際, $ba^{-1} \in U$, 故に条件 d) により近傍 $V \in \Sigma^*$ が存在して $Vba^{-1} \subset U$. 所がそのとき $Vb \subset Ua$.

今度は Ua, Vb, を点 c の二つの近傍とする. 即ち $c \in Ua$, $c \in Vb$, $U \in \Sigma^*$, $V \in \Sigma^*$. 今したばかりの注意によって, 近傍 $U' \in \Sigma^*$ 及び $V' \in \Sigma^*$ が存在して $U'c \subset Ua$, $V'c \subset Vb$. 条件 b) により共通部分 $U' \cap V'$ に含まれる近傍 $W \in \Sigma^*$ が存在する故, $Wc \subset Ua$, $Wc \subset Vb$. 所が Wc は点 c の近傍であり, 従って定理 3 の条件 b) もまた満たされる.

次に, ここに得られた位相において, 群演算が連続になることを示そう.

$c = ab^{-1}$, $W'c'$ を点 c の或る近傍とする. そのとき, 先に証明したことから,

近傍 $W\in\Sigma^*$ が存在して $Wc\subset W'c'$. 条件 c) により近傍 $U\in\Sigma^*$ が存在して, $UU^{-1}\subset W$. 更に条件 e) により近傍 $V\in\Sigma^*$ が存在して $ab^{-1}Vba^{-1}\subset U$. 所がそのとき $ab^{-1}V^{-1}\subset U^{-1}ab^{-1}$. 従って

$$Ua(Vb)^{-1} = Uab^{-1}V^{-1}\subset UU^{-1}ab^{-1}\subset Wab^{-1} = Wc\subset W'c'.$$

こうして定義 22 の条件 3) は満たされる.

よって群 G は, 近傍系 Σ によってそこに導入された位相をもって, 位相群となる.

次に Σ^* が点 e の基 (§9, B′) 参照) であることを示す. W を空間 G の e を含む任意の開集合とする. Σ は空間 G の基であるから, 点 e の近傍 $Ua\in\Sigma$ が存在して $Ua\subset W$ (§9, B) 参照). 関係 $e\in Ua$ より, $a^{-1}\in U$ を得, 従って条件 d) により, 近傍 $V\in\Sigma^*$ が存在して $Va^{-1}\subset U$, 即ち $V\subset Ua\subset W$. 所が $e\in V$ 故, これは Σ^* が点 e の基なることを示す.

次に, もし群 G に, 系 Σ^* を単位元 e の完全近傍系として採用し得るような何らかの位相 T が与えられるならば, その位相 T は系 Σ によって構成された位相に一致することを示そう. そのためには, 系 Σ を位相 T における完全近傍系として採用し得ることを示せば十分である.

仮定により, Σ^* は位相 T において単位元 e の完全近傍系である. 従って系 Σ^* の集合はすべて位相 T において開集合である. そのとき系 Σ の集合もまたすべて開集合である (§17, C) 参照). 次に W を位相 T における或る開集合で, 点 a を含むものとする. そのとき Wa^{-1} は e を含み, §17 の C) により, また開集合である. Σ^* は単位元の完全近傍系故, Σ^* に開集合 U が存在して $U\subset Wa^{-1}$. 所がそのとき $Ua\subset W$. こうして系 Σ は位相 T に対する完全近傍系である (§9, B) 参照).

例 30. G を整数の加法群とする. G に一連の異なった位相を導入しよう.

p を或る素数として, U_k を p^k で割切れる整数全体の集合とする. 0 の完全近傍系 Σ^* として, 集合 U_k; $k=1, 2, \cdots$, の全体を採る.

定理 9 において系 Σ^* に課せられた条件が全部満たされていることは, 困難なく検証される. c) のみを確かめてみよう. もし $a\in U_k$, $b\in U_k$ ならば, $a-b\in U_k$,

よって条件 c) はここでは特に簡単に実現されている.

二つの異なる素数 p, p' に対して上記の方法で得られる位相づけが互に異なっていることは, 容易にわかる. 実際, 点列 $p, p^2, \cdots, p^k, \cdots$ は始めの位相では 0 をその極限とするが, 第 2 の位相ではそうではない.

例 31. G を, 0 ならざる行列式をもつ n 次複素正方行列全体の集合とする. 例 2 においては G に乗法演算が定義された. 今度は G に位相を与えよう. 行列 $x \in G$ で行列 $x-e$ (e は単位行列) の各要素の絶対値がすべて $\frac{1}{k}$ より小さいような集合全体を U_k とする. Σ^* として集合 U_k ; $k = 1, 2, \cdots$, の全体を採る. 系 Σ^* が定理 9 のすべての要求を満たし, また位相群 G が局所コンパクトで可算の基をもつことは, 容易にわかる.

§19. 部分群, 正規部分群, 剰余群

この§では, §2 で群に対して与えられた諸概念の位相群への拡張を述べる.

定義 23. G を位相群とする. その或る部分集合 H が,

a) 代数的な意味での群 G の部分群であり (定義 2 参照), かつ,

b) 位相空間 G の閉部分集合 (定義 13 参照) であるとき, H を位相群 G の**部分群**という. G の部分群 N が代数的な意味で群 G の正規部分群 (定義 3 参照) であるとき, N を位相群 G の**正規部分群**という.

このように, G が単なる群ではなくて位相群であるときは, 部分群 H に今一つの補足的な条件, それが閉じていること, を要求するのである.

A) H は位相群 G の或る部分集合で, 位相を除外して考えた群 G の部分群であるとする. そのとき H は, 空間 G の部分空間として H に誘導される位相 (定義 17 参照) によって位相群となる. 特に, 位相群 G の部分群 H はまた位相群である.

この主張を証明するためには, H における群演算が位相空間 H において連続であることを示せばよい. a, b を集合 H の 2 元, $ab^{-1} = c$ とする. 元 c の空間 H における任意の近傍 W' は, 空間 G で採った元 c の近傍 W と H との交わりとして得られる : $W' = H \cap W$ (§11, B) 参照). G は位相群故, 元 a, b の近

傍 U, V が存在して，$UV^{-1}\subset W$．交わり $U'=H\cap U$, $V'=H\cap V$ はそれぞれ元 a, b の空間 H における近傍であり，$U'V'^{-1}\subset W$, その上 $U'V'^{-1}\subset H$．こうして $U'V'^{-1}\subset W'$．即ち定義22の条件3) は群 H に対して満たされる．

B) G を位相群, H を抽象群 G の部分群乃至は正規部分群とする．そのとき, $\bar{H}$ は位相群 G の部分群乃至は正規部分群である．H が G における開集合ならば, $\bar{H}=H$ である．

$a\in\bar{H}, b\in\bar{H}$ として $ab^{-1}\in\bar{H}$ なることを示そう．W を元 ab^{-1} の或る近傍とする．そのとき, 元 a, b の近傍 U, V が存在して，$UV^{-1}\subset W$．$a\in\bar{H}, b\in\bar{H}$ 故, H の元 x, y が存在して，$x\in U, y\in V$．よって $xy^{-1}\in H$, かつ同時に $xy^{-1}\in W$．故に元 ab^{-1} の任意の近傍 W は H と交わる．従って $ab^{-1}\in\bar{H}$．よって $\bar{H}$ は抽象群 G の部分群である．集合 $\bar{H}$ は空間 G において閉じている故, $\bar{H}$ は位相群 G の部分群である．

次に, H を抽象群 G の正規部分群とし, $a\in\bar{H}$, $c\in G$ とする．更に V を元 $c^{-1}ac$ の任意の近傍としよう．そのとき元 a の近傍 U が存在して $c^{-1}Uc\subset V$．$a\in\bar{H}$ 故, U に属する元 $x\in H$ が存在する．更に $c^{-1}xc\in H$, また $c^{-1}xc\in V$．よって元 $c^{-1}ac$ の任意の近傍 V は H と交わる．従って $c^{-1}ac\in\bar{H}$, こうして $\bar{H}$ は位相群 G の正規部分群である．

H が G における開集合であるとする．$a\in\bar{H}$ ならば, a は開集合 aH に含まれるから, aH は H と交わる．従って $a\in HH^{-1}=H$．こうして $\bar{H}=H$．

§2において, 群 G の部分群 H に関する剰余類の概念を構成した．位相群の場合にも剰余類は自然に位相空間となり, 本質的な役割を演ずる．

定義 24. G を位相群, H をその部分群とする．G/H によって群 G の部分群 H に関する**右剰余類**全体（§2, D) 参照）を表わす．集合 G/H に次のようにして位相を導入する．Σ を空間 G の完全近傍系（定義14参照）とし, 更に $U\in\Sigma$ とする．U^* によって $Hx; x\in U$, なる形の剰余類全部の集合を表わす．U^*; 但し U は系 Σ の任意の元——の形の集合全体を空間 G/H の完全近傍系 Σ^* として採用する．系 Σ^* が定理3の条件を満たすことがわかる．こうして得られた位相空間 G/H を，位相群 G の，部分群 H に関する**右剰余類空間**という．**左剰余**

類空間も同様に定義される．それをもまた G/H とかく．誤解のおそれがないときには，左右の剰余類空間を区別しない．

ここに与えられた空間 G/H における位相の定義が不変であること，即ち系 Σ の選び方に依存しない（§9, F）参照）ことは，困難なしにわかる．

次に系 Σ^* が定理3の条件を満たすことを示す．

A, B を二つの異なる剰余類，$a\in A$ とする．$B=Hb$ は閉集合（§17, C）参照）であり，かつ a は B に属さない故，元 a の近傍で B と交わらないもの U が存在する．そのとき Hx；$x\in U$，なる形の剰余類全体 U^* は，類 A の近傍で B を含まない．こうして定理3の条件 a）は満たされる．

次に，U^*, V^* を或る剰余類 A の近傍，また $a\in A$，とする．そのとき，U^* は Hx；但し $x\in U(U\in\Sigma)$，なる形の剰余類全体，V^* は Hy：但し $y\in V(V\in\Sigma)$，なる形の剰余類全体である．HU 及び HV は G における開集合で a を含む（§17, C）参照）．故に元 a の近傍 W で二つの開集合 HU, HV に含まれるものが存在する．Hz；$z\in W$，なる形の類全体を W^* とすれば，容易にわかるように W^* は類 A の近傍であって，交わり $U^*\frown V^*$ に含まれる．このようにして，定理3の条件 b）もまた満たされる．

C）　G を位相群，H をその部分群，G/H を剰余類の空間（定義24参照）とする．空間 G の各元 x に空間 G/H の元 $X=f(x)$：$f(x)$ は元 x を含む類として定義，を対応させる．こうして得られる位相空間 G から空間 G/H の上への写像 f は，連続な開写像（§10, E）参照）である．この写像を，空間 G から空間 G/H の上への**自然な写像**という．

考えを決めるために，G/H を右剰余類の空間と仮定する．$a\in G, A=Ha$ とすると，$f(a)=A$．更に U^* を空間 G/H の元 A の或る近傍とする．そのとき U^* は類 $Hx, x\in U$，の全体，U は空間 G における或る近傍である．集合 HU は G における開集合で元 a を含む（§17, C）参照）．従って，元 a の近傍 V で HU に含まれるものが存在する．容易にわかるように，$f(V)\subset U^*$．こうして写像 f は連続である（§10, C）参照）．

$a\in G, A=Ha=f(a)$ とする．U を元 a の或る近傍としよう．類 Hx；$x\in U$，

の全体は元 A の近傍 U^* である．所で $f(U)=U^*$，従って $U^*\subset f(U)$．こうして写像 f は開写像となる．

部分群 H が正規部分群なる場合は特に重要である．ここで次の定義を得る．

定義 25. G を位相群，N をその正規部分群とする．剰余類の集合 G/N は定義 4 によって群であり，また一方では集合 G/N は定義 24 によって位相空間でもある．G/N において定義されている群演算が位相空間 G/N において連続であることが以下に証明される．こうして G/N は位相群となる．それを位相群 G の正規部分群 N に関する**剰余群**という．

G/N における群演算の連続性を証明しよう．

A, B を G/N の 2 元，$C=AB^{-1}$，W^* を元 C の或る近傍とする．そのとき W^* は，類 Nz；$z\in W$，の全体，W は G における或る近傍である．$C\in W^*$ 故，元 $c\in W$ が存在して $C=Nc$．b を B の任意の元，$a=cb$ とすれば，$a\in A$．G における群演算の連続性から，元 a 及び b の近傍 U 及び V が存在して，$UV^{-1}\subset W$．U^* を類 Nx；$x\in U$，の全体よりなる元 A の近傍とし，V^* を類 Ny；$y\in V$，全体よりなる元 B の近傍とすれば，

$$Nx(Ny)^{-1}=Nxy^{-1}N^{-1}=NN^{-1}xy^{-1}=Nxy^{-1}\in W^*.$$

こうして $U^*V^{*-1}\subset W^*$．即ち定義 22 の条件 3) が満たされる．

D) 位相群 G には常に二つの正規部分群が存在する．それは，ただ一つの元 e のみを含む部分群 $\{e\}$ と，群 G 自身とである．抽象群論において用いた用語（§2, G）参照）とは異なって，位相群 G が**単純**であるというのは，そのいかなる正規部分群も，**ディスクリート**（§18, A）参照）であるか，または G と一致するとき，かつそのときに限ると定義する．一般に，ディスクリートな正規部分群は，位相群論において特別な役割を演ずる．

次に剰余類空間のいくつかの性質を導く．

E) 位相群 G のその部分群 H に関する剰余類の空間 G/H は**均質**である．即ち，この空間の任意の 2 元 A 及び B に対して，この空間からそれ自身の上への位相写像 φ を選んで，これによって A を B に写すことができる．このことによって，特に，空間 G/H の局所的な性質，例えば正則性，局所コンパクト性等々は，

単に空間 G/H の唯一つの点に対して（点 $H\in G/H$ に対してするのが最も自然であろうが），証明すれば十分である．

写像 φ を作るに際し，話を決めるため，G/H を右剰余類の空間と考える．$A=Ha, B=Hb$ とする．$\varphi(X)=Xa^{-1}b, X\in G/H$ とおいて，写像 φ を定義する．φ が空間 G/H からそれ自身の上への位相写像で A を B に写すことは，直ちに検証できる．

F)　位相群のその部分群に関する剰余類の空間は正則である．

これを証明する．G を位相群，H をその部分群，また G/H を，話を決めるために，右剰余類の空間とする．E) によって，元 H の任意の近傍 U^* に対し，この同じ元の近傍 V^* で，$\bar{V}^*\subset U^*$ なるものを見いだし得ることを証明すればよい．一般性を失うことなく，近傍 U^* は Hx ; $x\in U$, なるすべての剰余類からなり，U は群 G における単位元の近傍であると考えることができる．V を G における単位元の近傍で $VV^{-1}\subset U$ なるものとする（§17, A) 参照）．$\overline{HV}\subset HU$ なることを示そう．$x\in\overline{HV}$ とする．そのとき，点 x の近傍はすべて開集合 HV に交わる．特に近傍 xV は HV と共有点をもつ．こうして元 $h\in H$, $a\in V, b\in V$ が存在して，$ha=xb$. よって $x=hab^{-1}\in HVV^{-1}\subset HU$. 故に $\overline{HV}\subset HU$. 求める近傍 V^* は Hy ; 但し $y\in V$, なる形の剰余類全体として定義される．空間 G から空間 G/H の上への自然な写像（C) 参照）を f とする．そのとき $f(HV)=V^*$. $f(HU)=U^*$. G の各元に左から元 $h\in H$ をかけることによって惹起される空間 G のそれ自身の上への位相写像は，開集合 HV を HV 自身の上に写す故，それは閉包 $\overline{HV}$ を $\overline{HV}$ の上に写す．このことから集合 $\overline{HV}$ 及びその補集合 $G\setminus\overline{HV}$ は完全な剰余類から成っていることがわかり，よってそれらの写像 f による像も互に他の補集合となっている．このことと f が開写像なることとから，集合 $f(\overline{HV})$ が閉じていることが出る．こうして，

$$\bar{V}^*\subset f(\overline{HV})\subset f(HU)=U^*.$$

よって空間 G/H の正則性は確かめられた．

下記の定理 10 は命題 F) を本質的に強めたものである．この定理は位相群の空間及び剰余類の空間の構造についての重要な原理上の問題を解決するもので

ある．がしかし今後これを利用することはない．定理10の証明はUrysohnの補助定理（§12参照）の証明に類似する．

定理10. 位相群の剰余類の空間（定義24参照）は，特別な場合として，位相群それ自身の空間は，完全正則である．

証明. Gを位相群，Hをその部分群，G/Hを，話を決めるために，右剰余類の空間とする．空間G/Hの均質性（E）参照）により，元$H\in G/H$の任意の近傍U^*に対して，G/H上で定義された連続函数f^*で，条件

$X\in G/H$に対し$0\leqq f^*(X)\leqq 1,\quad f^*(H)=0,$

$X\in G/H\setminus U^*$に対しては$f^*(X)=1$

を満たすものを作れば十分である．一般性を失うことなく，近傍U^*は，Hx；$x\in U$，なる剰余類全体からなり，Uは群Gにおける単位元の近傍と考えてよい．始めに空間G上の連続函数fで，条件

$$x\in G \text{ に対して } 0\leqq f(x)\leqq 1,\quad f(e)=0, \tag{1}$$
$$x\in G\setminus HU \text{ に対しては } f(x)=1$$

を満たし，各剰余類$X\in G/H$上で定数となるものを作る．函数fから函数f^*への移り方は証明の最後に述べるが，しかし，そのやり方は明らかであろう．函数fを作ることを始めよう．

$U_0=U, U_1, U_2, \cdots$をGにおける単位元eの近傍の無限列で，条件

$$U_{k+1}{}^2\subset U_k,\quad k=0,1,2,\cdots \tag{2}$$

を満たすものとする．$e^2=e$故，§17の命題A）によって，このような系列は存在する．

$$V_{n,k}=U_{n+1}U_{n+2}\cdots U_k,\quad 0\leqq n<k, \tag{3}$$

とおいて，

$$V_{n,k}U_k\subset U_n \tag{4}$$

を示そう．この関係はkに関する帰納法によって証明される．$k=n+1$に対しては$V_{n,k}=U_{n+1}$で，この場合関係（4）は明らかである（（2）参照）．（4）が正しいとして，$V_{n,k+1}U_{k+1}\subset U_n$を証明しよう．実際，

$$V_{n,k+1}U_{k+1}=V_{n,k}U_{k+1}U_{k+1}\subset V_{n,k}U_k\subset U_n.$$

次に，各2進分数 $r=\frac{q}{2^k}$；$0<r<1$，に，単位元を含む開集合 W_r を次のようにして対応させる．数 r を

$$r=\frac{a_1}{2}+\frac{a_2}{2^2}+\cdots+\frac{a_k}{2^k}\,; \tag{5}$$

但し，数 $a_1, a_2, \cdots, a_k$ は各々 0 または 1 に等しい——の形に表わす．数 r の(5)のような表わし方は一意的である．

$$W_r=HU_1^{a_1}U_2^{a_2}\cdots U_k^{a_k} \tag{6}$$

とおく．任意の r に対して包含関係

$$W_r \subset HU \tag{7}$$

が成立することに注意しよう．実際，$W_r\subset HU_1U_2\cdots U_k=HV_{0,k}\subset HU_0=HU$ ((4)参照)．次に，

$$r<r' \text{ に対しては } W_r\subset W_{r'} \tag{8}$$

なることを示そう．表示(5)に倣って数 r' を $r'=\frac{a_1'}{2}+\frac{a_2'}{2^2}+\cdots+\frac{a_k'}{2^k}$ と書く．n を $a_i'\neq a_i$ なる自然数 i の中の最小のものとする．そのとき $a_n=0, a_n'=1$．そして次の式を得る：

$$W_r\subset HU_1^{a_1}U_2^{a_2}\cdots U_{n-1}^{a_{n-1}}V_{n,k}\subset HU_1^{a_1}U_2^{a_2}\cdots U_{n-1}^{a_{n-1}}U_n\subset W_{r'}.$$

函数 f の点 $x\in G$ における値 $f(x)$ は次のように定義される：もし x が少なくとも一つのここに作られた開集合 W_r に属するならば，$x\in W_r$ となるようなすべての値 r の下限として $f(x)$ を定義する．もしその点 x が，開集合 W_r のどれにも属さないならば，$f(x)=1$ とおく．数 r の取り得る値は全部 $(0,1)$ にあるから，すべての x に対して $0\leqq f(x)\leqq 1$ である．単位元 e はすべての開集合 W_r に含まれている故，$f(e)=0$ である．更に(7)によって，$x\in G\setminus HU$ に対しては $f(x)=1$である．このようにして，条件(1)は，ここに作られた函数 f に対して満たされる．なお2進分数 $r_0: 0<r_0<1$，に対して，

$$f(x)<r_0 \text{ ならば } x\in W_{r_0} \tag{9}$$

なることに注意しよう．実際，もし x が開集合 W_r のどれにも属さないならば，$f(x)=1$ であって，そのとき不等式 $f(x)<r_0$ は不可能である：r_0 は，仮定によって，1より小だからである．もし，$x\in W_r$ となるような数 r が存在するが，数

r_0 はそれらの中にはないならば, それは $x \in W_r$ となる数 r のどれよりも小さく, 従って $f(x) \geqq r_0$ である.

函数 f の連続性を証明するためには, $x^{-1}y \in U_k \cap U_k^{-1} = U_k'$ ならば $|f(x)-f(y)| \leqq 1/2^{k-1}$ なることを示せば十分である (これによって函数 f の一様連続性までも示される(§28, B)参照)が, それはここでは本質的ではない). 条件 $x^{-1}y \in U_k'$ において, 元 x と y との役は平等であるから, 関係 $|f(x)-f(y)| \leqq 1/2^{k-1}$ を証明するに際して $f(x) \leqq f(y)$ と仮定することができる. こうして, $x^{-1}y \in U_k$, $f(x) \leqq f(y)$ に対して $f(y)-f(x) \leqq 1/2^{k-1}$ を証明すればよいことになる. 数 1, 2, 3, …, 2^k の中から $\dfrac{q-1}{2^k} \leqq f(x) \leqq \dfrac{q}{2^k}$ となるような数 q を選ぶ. そのとき $\dfrac{q}{2^k} - f(x) \leqq \dfrac{1}{2^k}$. もし $q=2^k$ または $q=2^k-1$ ならば $1-f(x) \leqq 1/2^{k-1}$. ところが $f(y) \leqq 1$ 故 $f(y)-f(x) \leqq 1/2^{k-1}$. 次に $q<2^k-1$ と仮定し, $r=q/2^k$ とおく. そのとき $x \in W_r$((9)参照)で, 数 r の分解(5)においてすべての数 $a_1, a_2, \cdots, a_k$ が1に等しくはない. 1に等しくない最後のものを a_n とする. $r' = \dfrac{a_1}{2} + \dfrac{a_2}{2^2} + \cdots + \dfrac{a_{n-1}}{2^{n-1}} + \dfrac{1}{2^n}$ とおく. 関係 $x^{-1}y \in U_k$ 及び $W_r U_k \subset W_{r'}$ ((4)及び(6)参照)より $y \in W_{r'}$ が出, 従って $f(y) \leqq r'$. $r'-r = 1/2^k$ 故 $f(y)-f(x) \leqq r'-(r-1/2^k) = 1/2^{k-1}$.

開集合 W_r((6)参照)は, 群 G のすべての元に元 $h \in H$ を左からかける写像によってそれ自身の上に写される故, 函数 f は各剰余類 $X \in G/H$ 上で一定である.

函数 f^* の元 $X \in G/H$ における値は, $f^*(X) = f(x)$; $x \in X$, として定義される. 函数 f は各類 X 上で一定であるから, 関係 $f^*(X) = f(x)$ によって函数 f^* は一意に定義される. 空間 G から空間 G/H の上への自然な写像が開写像なること(C)参照)及び函数 f が連続なことから, 写像 f^* に関する開集合の原像はまた開集合となる故, 函数 f^* は連続である(§10, B)参照).

こうして, 定理10は完全に証明された.

次に, 位相空間 G, H, G/H 間の関係をいくつか挙げることにしよう.

G) G を位相群, H をその部分群とする. 空間 H 及び G/H の位相濃度は空間 G の位相濃度を越えない (定義14参照).

この主張が正しいことは, §11 の C) 及び定義24で与えられた空間 H 及び

G/H の基の作り方から直ちに出る.

H) G を位相群, H をその部分群とする. 空間 G がコンパクトならば, 空間 $H, G/H$ もまたコンパクトである. またもし空間 G が局所コンパクトならば, 空間 $H, G/H$ もまた局所コンパクトである.

空間 H に関しては, このことは§13の命題B)から出る. もし空間 G がコンパクトならば, 空間 G/H はコンパクト空間の連続像としてコンパクトである(§13, D)参照). 次に空間 G が局所コンパクトとして, 空間 G/H の局所コンパクト性を証明しよう. f を空間 G から空間 G/H の上への自然な写像, a を空間 G の任意の元, $A=f(a)$, また U を, 元 a の空間 G における近傍で $\bar{U}$ がコンパクトなるものとする. 空間 G/H の集合 $f(\bar{U})$ はコンパクトである(§13, D)参照). 所が空間 G/H は Hausdorff (F)参照) 故, 集合 $f(\bar{U})$ は空間 G/H において閉じている(§13, C)参照). 所が $U\subset\bar{U}$ 故 $f(U)\subset f(\bar{U})$, 従って $\overline{f(U)}\subset f(\bar{U})$. 故に $\overline{f(U)}$ はコンパクト集合である. 他方明らかに空間 G/H における元 A の近傍 U^*: U と交わるすべての剰余類よりなる――は $f(U)$ と一致する: $U^*=f(U)$. 従って $\bar{U}^*$ はコンパクト集合で, 空間 G/H の局所コンパクト性は証明された.

I) G を位相群, H をそのコンパクトな部分群, また f を群 G から空間 G/H の上への自然な写像(C)参照)とする. もし集合 $Q\subset G/H$ がコンパクトならば集合 $P=f^{-1}(Q)$ もまたコンパクトである. 特に, 空間 G/H がコンパクトもしくは局所コンパクトならば, 群 G は, それに応じて, コンパクトもしくは局所コンパクトである.

$\varDelta$ を空間 P における閉部分集合の任意の有限交叉系とする. それが空でない共通部分をもつことを示そう. 一般性を失うことなく, 系 $\varDelta$ は乗法的であると考えてよい(§15, F)参照). 話を決めるために, G/H を右剰余類の空間と考えよう. 空間 Q において, $f(F)$; $F\in\varDelta$, なる形のすべての集合の系 $\varDelta^*$ を考察する. 系 $\varDelta$ が有限交叉的なることから, 系 $\varDelta^*$ もまた有限交叉的. また, この系の集合が閉じていることは証明されないが, それでも, 空間 Q のコンパクト性から, 系 $\varDelta^*$ の全部の集合に共通な触点 A は存在する(§14, C)参照). こうして, 群 G の単位元の任意の近傍 U に対して, 集合 AU に含まれるすべての剰余

類からなる近傍 U^* は,系 $\varDelta^*$ の任意の集合と交わる. 従って集合 AU は系 $\varDelta$ のすべての集合と交わり, このことは FU^{-1}; $F\in\varDelta$, なる形の集合が全部 A と交わることを意味する. 今述べたことから, $(FU^{-1})\cap A$; 但し $F\in\varDelta$ で U は単位元の任意の近傍――の形のすべての集合の系 $\varDelta'$ が有限交叉的なることが導かれる. 剰余類 A は,空間 H に同相なる故コンパクト. よって系 $\varDelta'$ のすべての集合に共通な触点 a が存在する. こうして群 G の単位元の近傍 V がどんなものであれ, 集合 FU^{-1} と aV とは空でない交わりをもち,このことは集合 F が点 a を含む開集合 aVU と空でない交わりをもつことを意味する. 単位元の任意の近傍 W に対して単位元の近傍 U, V で $UV\subset W$ なるものを見いだし得る故, 今証明したことから, 点 a の任意の近傍 aW は任意の集合 $F\in\varDelta$ と交わることがわかる. 所が F は閉集合故, $a\in F$. このようにして有限交叉系 $\varDelta$ のすべての集合に共通な点 a を見いだし得て,集合 P のコンパクト性は証明される.

例 32. 位相群の概念が明確に定義されるようになって後間もなく,Kolmogoroff によって, その空間は常に正則であることが注意された. 位相群の空間が完全正則であるという事実も, 比較的早くに確立された. この後位相群の空間は正規ではないだろうかという頗る困難な問題が提起された. この問題は Markoff によって否定的に解決された. 彼はその解決のために, 極めて興味あり,かつ巧妙な例〔27〕を作った. Markoff の構成法を全部, いくらかでも完全に, 引用することは不可能なので, ここでは単にその例の作り方を示唆するに止める. Markoff は,完全正則な位相空間 R はすべて或る位相群 G の空間にその閉部分空間として含ませ得ることを示した. 正規な空間の閉部分空間はまた正規であることは容易に証し得る. このようにして, もし群 G が正規ならば, 最初の空間 R も正規でなくてはならない. しかるに完全正則ではあるが正規ではない空間の存在が知られている. 故に, その空間が正規でないような位相群が存在することになる.

例 33. r 次元ベクトル空間の全ベクトルのなす加法群, 或は同じことだが, r 次元ベクトル群, の部分群をすべて見いだしてみよう.

$$e_1, \cdots, e_s, f_1, \cdots, f_t \tag{10}$$

を G の任意の1次独立なベクトルの系とする．

$$\lambda^1 e_1 + \cdots + \lambda^s e_s + \mu^1 f_1 + \cdots + \mu^t f_t\,; \tag{11}$$

但し，$\lambda^1, \cdots, \lambda^s$ は整数，$\mu^1, \cdots, \mu^t$ は任意の実数——なるベクトル全体の集合は，明らかに群 G の部分群である．位相群 G の任意の部分群 H に対して，H が (11) なる形のベクトル全体となるように，1次独立なベクトルの系 (10) を選ぶことができる．この場合，もし部分群 H がディスクリートならば，$t=0$ である．

証明は，ベクトル群 G の次元 r に関する帰納法による．$r=0$ に対しては，我我の主張は正しい．K を空間 G の或る1次元ベクトル空間，$G^*=G/K$, φ をベクトル空間 G からベクトル空間 G^* の上への自然な線型写像とする．G は Euclid ベクトル空間と考える．始めに部分群 H がディスクリートなる場合を考察する．e を H における最小の正の長さをもつベクトルとする．K としてベクトル e を含む1次元ベクトル空間を採る．容易にわかるように，共通部分 $H \cap K$ は λe；但し λ は整数，なるベクトル全体からなり，また集合 $H \setminus K$ から K に至る距離は $\alpha/2$ より小さくない．実際，もし $\rho(x, y) < \alpha/2$, $x \in H \setminus K$, $y \in K$, $y = (\lambda + \vartheta)e$, $|\vartheta| \leqq 1/2$, λ は整数，とすれば，$\rho(x, \lambda e) < \alpha$, 即ち $\rho(x - \lambda e, 0) < \alpha$. 従って $H^* = \varphi(H)$ は群 G^* のディスクリートな部分群であり，よって帰納法の仮定により，G^* に1次独立なベクトルの系 $e_1^*, \cdots, e_s^*$ が存在して，群 H^* は，$\lambda^1 e_1^* + \cdots + \lambda^s e_s^*$；但し $\lambda^1, \cdots, \lambda^s$ は整数，なるベクトル全体となる．e_i；$i=1, \cdots, s$, を $\varphi(e_i) = e_i^*$ なる如き H のベクトルとする．次にもし $x \in H$ ならば $\varphi(x) = \lambda^1 e_1^* + \cdots + \lambda^s e_s^*$, よって $x - \lambda^1 e_1 - \cdots - \lambda^s e_s = \lambda e$. こうして $e_{s+1} = e$ とおいて求める系 $e_1, \cdots, e_{s+1}$ を得る．次に，部分群がディスクリートでないと仮定し．$x_1, \cdots, x_n, \cdots$ を正の長さをもつ H のベクトルの列で，0に収束するものとする．$y_n = x_n/|x_n|$ とし，f を点列 $y_1, \cdots, y_n, \cdots$ の一つの集積点とする．容易にわかるように，ベクトル f を含む1次元ベクトル空間 K は H に入る．それは G の部分群 H は閉集合で，$m|x_n|y_n$；但し m は任意の整数，なるすべてのベクトルを含むからである．容易にわかるように，群 G^* の代数的な意味での部分群 $H^* = \varphi(H)$ は G^* において閉じており，よって帰納法の仮定により，そこにおいて1次独立なベクトルの系 $e_1^*, \cdots, e_s^*, f_1^*, \cdots, f_t^*$ を選ぶことができる．e_i 及び f_j

を H のベクトルで $\varphi(e_i)=e_i^*, \varphi(f_j)=f_j^*$ となるものとする．任意のベクトル $\mu^1f_1+\cdots+\mu^tf_t$；但し $\mu^1,\cdots,\mu^t$ は任意の実数，が群 H に属することを示そう．$x\in H$ を $\varphi(x)=\mu^1f_1^*+\cdots+\mu^tf_t^*$ なるベクトルとする．そのとき $x-\mu^1f_1-\cdots-\mu^tf_t=\mu f$．よって $\mu^1f_1+\cdots+\mu^tf_t=x-\mu f\in H$．次に $y\in H$ とする．そのとき $\varphi(y)=\lambda^1e_1^*+\cdots+\lambda^se_s^*+\mu^1f_1^*+\cdots+\mu^tf_t^*$．こうして $y=\lambda^1e_1+\cdots+\lambda^se_s+\mu^1f_1+\cdots+\mu^tf_t+\mu f_{t+1}$；但し $f_{t+1}=f$．

例 34. G を行列式が 0 でない n 次複素正方行列全体のなす位相群（例 31 参照）とする．G の実行列全体 G' は位相群 G の部分群である．全く同様に行列式が正なる実行列全体 G'' は位相群 G' の部分群である．G' の直交行列全体 H'（例 3 参照）は群 G' の部分群であり，G'' の直交行列全体 H'' は群 G'' の部分群である．位相群 G' 及び G'' は局所コンパクトであり，また位相群 H' 及び H'' はコンパクトである．これらの群はすべて可算の基を持つ．

§20. 同型，準同型

この§では，§3 において抽象群に対して構成した概念や諸関係を，位相群の上で考察する．

二つの位相群が同一の位相的，代数的構造をもつならば，これらは，我々の理論の見地からすれば，同一のものである．この意味は更に詳しくは次の定義によって言い表わされる．

定義 26. 位相群 G から位相群 G' の上への写像 f が，1) 抽象群 G から抽象群 G' の上への，即ち，代数的な意味での，同型写像（定義 5 参照）であり，また同時に 2) 位相空間 G から位相空間 G' の上への同相写像（定義 15 参照）であるとき，f を位相群 G から位相群 G' の上への**同型写像**という．$G=G'$ なるときは，同型写像を**自己同型**という．二つの位相群の一方が他方の上に同型写像によって写され得るとき，それらは**同型**であるという．

二つの位相群が，抽象群としては同型であるが位相群としては同型でない場合もあり得ることを，後に，例によって示すであろう．

定義 27. 位相群 G から位相群 G^* の中への写像 g が，1) 抽象群 G から抽象

群 G^* の中への準同型写像 (定義6参照) であり, また, 2) 位相空間 G から位相空間 G^* の中への連続写像 (定義16参照) であるとき, g を位相群 G から位相群 G^* の中への**準同型写像**という. 位相群 G から位相群 G^* の中への準同型写像 g が, 位相空間 G から位相空間 G^* の中への開写像 (§10, E) 参照) なるとき, g を**開**準同型写像という.

位相群論において, 開準同型写像と開でない準同型写像との差異は本質的である. 即ち, 開準同型写像こそが, 群の上で与えられた準同型写像の概念の位相群の上への自然な拡張なのである.

A) G, G^* を二つの位相群, g を抽象群 G から抽象群 G^* の中への準同型写像とする. 写像 g が連続もしくは開であるためには, それが群 G の単位元 e においてそうであることが十分である. つまり, それぞれ次の条件 a) もしくは b) を満足することが十分である：

a) 群 G^* の単位元 e^* の任意の近傍 U^* に対して, $g(U)\subset U^*$ なる如き単位元 e の近傍 U が存在する.

b) 単位元 e の任意の近傍 V に対して, $g(V)\supset V^*$ なる如き単位元 e^* の近傍 V^* が存在する.

条件 a) が満たされたと仮定しよう. $a\in G$, $g(a)=a^*$, また U^* を元 a^* の任意の近傍とする. そのとき U^*a^{*-1} は単位元 e^* を含む開集合, 従って条件 a) により, 単位元 e の近傍 U' で $g(U')\subset U^*a^{*-1}$ なるものが存在する. 開集合 $U=U'a$ は元 a の近傍 V を含む, そして $g(V)\subset g(U)=g(U')g(a)\subset U^*a^{*-1}a^*=U^*$. こうして, 写像 g は連続である. 全く同様に, 条件 b) から写像 g が開なることが導かれる.

B) G を位相群, N をその正規部分群, また G/N を剰余群とする. 各元 $x\in G$ に, 部分群 N に関する剰余類で x を含むもの X を対応させる ; $x\in X$: $g(x)=X$. この写像 g は, 位相群 G から位相群 G/N の上への開準同型写像である. この写像を群 G からその剰余群 G/N の上への**自然な写像**と名づける.

§3 において, g が抽象群 G から抽象群 G/N の上への準同型写像なることが示された (§3, C) 参照). また §19 においては, g が位相空間 G から位相空間

G/N の上への開かつ連続な写像であることが示された（§19, C）参照）. 従って，定義 27 によって，g は位相群 G から位相群 G/N の上への開準同型写像である.

次の定理は命題 B）の逆である.

定理 11. G 及び G^* を二つの位相群, g を群 G から G^* の上への開準同型写像, その核を N とする. そのとき N は位相群 G の正規部分群であり, 位相群 G^* は位相群 G/N に同型である. ここに構成される群 G^*, G/N 間の同型写像は, 定理 1 において構成されたものと一致する. それを**自然な**同型写像と呼ぶことにしよう.

証明. 定理 1 によって核 N は抽象群 G の正規部分群である. 更に, N は 1 点 e^* の連続写像 g に関する完全原像であるから, N は位相空間 G の閉部分集合である（§10, B）参照）. こうして N は位相群 G の正規部分群となる.

x^* を群 G^* の或る元, $X=g^{-1}(x^*)$ とする. 定理 1 により, X は群 G の部分群 N に関する剰余類である. $f(x^*)=X$ とおく；定理 1 により f は抽象群 G^* から抽象群 G/N の上への同型写像である. f が空間 G^* から空間 G/N の上への同相写像であることを示そう. そのためには, それが双連続なることを証明すれば十分である：それが 1 対 1 なることは, それが代数的な意味での同型写像であることから既にわかっているからである.

$a^* \in G^*$, $f(a^*)=A$ とする. 元 A の空間 G/N における或る近傍を U^* で表わす. 定義 24 により, U^* は $Nx\,;x \in U$, なる形の剰余類全体より成る：ここで U は空間 G における或る固定された近傍である. a を $A=Na$ となる U の元とする. 写像 g は開で $g(a)=a^*$ だから, 元 a^* の近傍 V^* で $g(U) \supset V^*$ となるものが存在する. このことから $f(V^*) \subset U^*$ が出る. 実際, $x^* \in V^*$ とすれば, $g(x)=x^*$ なる元 $x \in U$ が存在する. 従って, $f(x^*)=Nx \in U^*$. こうして写像 f は連続となる.

$A=Na \in G/N$, $f^{-1}(A)=a^*$ とする. 更に U^* を元 a^* の或る近傍とする. 写像 g は連続であって $g(a)=a^*$ だから, 元 a の近傍 V で $g(V) \subset U^*$ となるものが存在する. $Nx\,;x \in V$, なる形の全剰余類より成る元 A の近傍を V^* で表わす. $g(V) \subset U^*$ 故, $f^{-1}(V^*) \subset U^*$. 従って写像 f^{-1} も連続となる.

このように, 写像 f は代数的な意味での同型写像であり, かつ双連続であることがわかった. 従って f は, 位相群 G^* から位相群 G/N の上への同型写像である.

もし写像 g が開でなかったならば, 写像 f^{-1} の連続性だけは証明できるが, 写像 f の連続性は証明できないことに注意せねばならぬ.

C) 位相群 G から位相群 G^* の上への開準同型写像 g の核が, ただ単位元のみを含むときは, この写像 g は同型写像である.

実際, この条件に対しては準同型 g は1対1であり, 定理11において構成された群 G/N から群 G^* の上への自然な同型写像に一致する.

D) G, G^* を二つの位相群, f を群 G から群 G^* の上への開準同型写像, その核を N' とする. そのとき, 群 G^* の部分群と, 群 G の核 N' を含む部分群との間に, 1対1の対応が存在する. この対応は次のようにして構成される：N^* が群 G^* の部分群なるとき, それに対応する群 G の部分群を, 写像 f に関する群 N^* の完全原像 $N=f^{-1}(N^*)$ として定義する. N が N' を含む群 G の部分群ならば, それに対応する部分群 N^* を写像 f による群 N の像 $N^*=f(N)$ として定義する. こうして作られた二つの対応は, 互に他の逆になっていることがわかる. 更に, 正規部分群は正規部分群に対応している. その上, N, N^* を互に対応している二つの正規部分群とすれば, 剰余群 G/N と G^*/N^* とは同型である.

まず N^* から N への対応を考えよう.

閉集合 N^* の完全原像として, 集合 N もまた閉じており, かつそれは N' を含む. 更に N は抽象群 G の部分群である (§3, G) 参照). よって N は位相群 G の部分群である. 次にもし N^* が群 G^* の正規部分群ならば, 群 G^* から群 $G^*/N^*=G^{**}$ の上への自然な準同型写像を g で表わす. そのとき $h=gf$ は群 G から群 G^{**} の上への開準同型写像であり, その核は N. 従って定理11により, N は群 G の正規部分群となり, 剰余類 G/N と G^*/N^* とは互に同型である.

次に N から N^* への対応を考察しよう, ここで $N^*=f(N), N \supset N'$. まず第一に, 集合 N^* の, 写像 f に関する, 群 G における完全原像は N に一致することを示そう. 実際, $f(a) \in N^*$ ならば, 元 $b \in N$ が存在して $f(a)=f(b)$. そのとき $f(ab^{-1})=e^*$, 即ち $ab^{-1} \in N' \subset N$, よって $a \in Nb=N$. このことから $f(G \setminus N)=G^* \setminus N^*$ な

ることがわかり，fは開写像で$G\setminus N$は開集合であるから，$G^*\setminus N^*$もまた開集合，即ち，集合N^*はG^*において閉じている．N^*が群G^*の部分群，もしくは正規部分群，であるという事実は，直ちに確かめることができる（§3, F）参照）．

下記の定理12は，多くの種類の位相群に対しては，準同型写像は自動的に開写像となることを示すものである．

定理 12. Gを局所コンパクトな位相群，その空間は可算箇のコンパクト部分集合の集合論的和集合となっているものとし，gをこの群から局所コンパクトな位相群G^*の上への準同型写像とする．そのとき，この写像gは開写像となる．

証明. 注意A）により，群Gの単位元の任意の近傍Uに対して，群G^*の単位元の近傍U^*で$g(U)\supset U^*$となるものを見出だし得ることを示せばよい．群Gの単位元の近傍Vで，集合$F=\bar{V}$がコンパクト，かつ$FF^{-1}\subset U$となるものを選ぶ．Σを，空間Gのコンパクト集合の可算系で，その和が空間Gに一致するものとする．集合$E\in\Sigma$がどのようなものであっても，開集合系$Vx\,;x\in E$, は集合Eを被覆し，よって$Vx\,;x\in E$, なる形の開集合による集合Eの有限被覆が存在する．系Σはただ可算箇の集合をのみ含む故，群Gに，集合$F_i=Fa_i$, $i=1,2,\cdots$, が空間Gを被覆するような，点列$a_1,a_2,\cdots$が存在する．$F_i^*=g(F_i)$とおけば，集合$F_1^*,F_2^*,\cdots$は空間G^*を被覆する．

集合$g(F)$が空間G^*の開集合を含んでいることを証明する．今そうでないと仮定してみる．そのとき，集合F_i^*達の中には空間G^*の開集合を含んでいるものは一つもない．このようなことはあり得ないことを示そう．W_0^*を，その閉苞がコンパクトになるような，空間G^*における任意の開集合とする．閉集合F_1^*は開集合を含まないから，その閉苞がコンパクトで集合$W_0^*\setminus F_1^*$に完全に含まれるような，開集合W_1^*が存在する．集合F_2^*も開集合を含んではいないから，開集合W_2^*：その閉苞はコンパクトで集合$W_1^*\setminus F_2^*$に含まれる——が存在する．この手続きを継続し，開集合の無限列$W_0^*,W_1^*,W_2^*,\cdots$, を得る：その閉苞はいずれもコンパクトで，条件$\bar{W}_i^*\subset W^*_{i-1}\setminus F_i^*$, $i=1,2,\cdots$, を満足する．集合$\bar{W}_i^*$は皆コンパクトで，かつ空でないから，それらの共通部分もまた空でなく(定理4参照), またこれは集合 F_i^* ; $i=1, 2, \cdots$, の和に含まれない. しかしこれは不可能である : F_i^* の和は G^* に一致する筈なのであるから. このようにして, 集合 $g(F)$ が或る開集合 V^* を含んでいることが証明された.

$a^* \in V^*$, a を $g(a)=a^*$ なる F の点とする. $FF^{-1} \subset U$ 故, $Fa^{-1} \subset U$. 従って, $g(U) \supset g(F)a^{*-1} \supset V^*a^{*-1}$. 所が V^*a^{*-1} は群 G^* の単位元を含む開集合である.

このようにして, 定理12は証明された.

定理12の証明に際して, 空間 G^* の局所コンパクト性は用いられず, 単にその局所可算コンパクト性のみが用いられていることに注意しよう (例25参照).

ここで, 定理12の適用可能な, 自然な2種の位相群に注意しておこう (E) 及び F) 参照).

E) その空間が可算基を許すような局所コンパクトな位相群 G は, そのコンパクトな部分集合の可算和として表示し得る.

空間 G の可算基に属する各近傍から1点宛を選び, 空間 G の到る所稠密な可算点集合 M を得る. U を G における単位元の近傍で, その閉苞がコンパクトなものとする. 集合 M は G において到る所稠密であるから, 勝手な点 $x \in G$ に対して開集合 $U^{-1}x$ は M と交わる. 従って $U^{-1}x$ に含まれる点 $a \in M$ が存在して $x \in Ua$. こうして, コンパクトな集合 $\bar{U}a$; $a \in M$, は群 G 全体を被覆し, 命題E)は証明される.

F) 位相群 G において, 群 G 全体を**生成する**ような単位元の近傍 V で, その閉苞 $\bar{V}$ がコンパクトなものが存在するとき, 群 G は**コンパクトな生成芽をもつ**といおう (ここで, 近傍 V が群 G を生成するとは, 集合 V を含む群 G の最小の, 代数的な意味での部分群が, G に一致することを意味する). そのとき, $U = V \cup V^{-1}$ は, 群 G の単位元の**対称的な** ($U^{-1} = U$) 近傍で, その閉苞はコンパクト, またそれは群 G を生成し, $G = U \cup U^2 \cup \cdots \cup U^n \cup \cdots$ となる. 各集合 $\bar{U}^n$ はコンパクト (§17, G) 参照) であるから, 空間 G は可算箇のコンパクト集合の和となり, よって群 G に定理12が適用できる. コンパクトな生成芽をもつ群の重要な例として, **連結局所コンパクト群** (定理14参照) がある. もし群 G のコンパクトな正規部分群 N で, 剰余群 G/N がコンパクトな生成芽をもつようなものが存在するならば，群 G もまたコンパクトな生成芽をもつ．

これを証明しよう．f を群 G から群 G/N の上への自然な準同型写像，V^* を G/N を生成する近傍でその閉苞がコンパクトなるものとする．そのとき $V=f^{-1}(V^*)$ は G を生成する近傍であり，$f^{-1}(\bar{V}^*)$ はコンパクト集合（§19, I）参照）故，集合 $\bar{V}\subset f^{-1}(\bar{V}^*)$ はコンパクトである．

次の命題G）は定理12から簡単に導かれる．

G) G を局所コンパクト群でその空間は可算箇のコンパクト集合の和となっているものとし，H 及び N をそれぞれ群 G の部分群及び正規部分群とする．HN が空間 G の閉集合であると仮定しよう．そのとき，$HN=NH$ は群 G の部分群，$H\frown N$ は群 H の正規部分群であり，また剰余群 $(HN)/N$ と $H/(H\frown N)$ とは互に同型である．

これを証明する．正規部分群 N は群 G のすべての元と交換可能であるから，$HN=NH$ である．これにより，$HN(HN)^{-1}=HNN^{-1}H^{-1}=HN$，よって HN は群 G の代数的な意味での部分群であり，その上集合 HN が G において閉じているというのであるから，HN は群 G の部分群である．群 HN から群 $(HN)/N$ の上への自然な準同型写像を f で表わす．群 G は局所コンパクト故，群 $(HN)/N$ も局所コンパクト（§19, H）参照）．N は準同型写像 f の核であるから，$f(HN)=f(H)$，H の上で考えたときの準同型写像 f の核は $H\frown N$ である．群 H は局所コンパクトで，その空間はコンパクト集合の可算和，よって群 H から群 $(HN)/N$ の上への準同型写像 f に定理12を適用し得，よって（定理11参照）群 $(HN)/N$ は群 $H/(H\frown N)$ に同型となる．

例35． G をディスクリートな位相をもつ実数加群，G^* を自然な位相の実数加群とする．各実数 $x\in G$ にそれと同一の実数 $x^*\in G^*$ を対応させる：$g(x)=x^*$．明らかに g は群 G から群 G^* の上への準同型写像である．代数的には写像 g は同型写像でもある．しかし g は開写像ではなく，従って位相群 G, G^* に対しては同型写像ではない．実際，群 G の各元 x は開集合を成すが，しかしそれに対応する元 x^* は決して開集合ではない．定理12が適用不能なことは，ここで群 G がコンパクト集合の可算和として表わし得ないことに起因しているのである．

例 36. G を平面, そこには Descartes 座標が定義されているものとする. その点, 或は同じことになるが, そのベクトルは, 加法的な位相群をなす. 更に H を平面 G 内に取った直線で座標原点を通るものとする. この直線の方向係数を α で表わす. 集合 H は明らかに位相群 G の部分群となっている. 更に Nを, その座標が整数であるような平面 G の点全体とする. 集合 N もまた群 G の部分群である. $G^* = G/N$ とおき, 群 G から G^* の上への自然な準同型写像(B)参照)を g で表わす. 準同型写像 g によって, 部分群 H は或る集合 H^* に写されるが, それは抽象群 G^* の部分群である(§3, F) 参照). しかし H^* は位相空間 G^* の閉部分集合ではないかも知れない. もし α が有理数ならば, 容易に確かめられるように, H^* は閉集合である; 即ち, この場合 H^* は G^* 内を通る閉曲線を表わす. もしまた α が無理数ならば, H^* は G^* において到る所稠密な集合である.

この事実を完全に証明するために, 例 65 において説明される結果を用いる. 容易にわかるように, もし α が無理数ならば, 適当な数 β を選んで, β と $\alpha\beta$ とが 1 次独立, 即ち, $p\beta+q\alpha\beta = r$, 但し p, q, r は整数, なる関係から $p = q = r = 0$ が出る, となるようにすることができる. 座標 $\beta, \alpha\beta$ をもつ群 G の元を a とし, a を生成元とする部分群を A とする. そのとき $A \subset H$, その上, 例 65 において述べられる結果から, 部分群 $g(A)$ は G^* において到る所稠密となる. こうして部分群 H^* もまた G^* において到る所稠密である.

我々は α が無理数の場合には, 部分群 H^* は決して閉じてはいないことを知った. このように, H^* は位相群 G^* の部分群ではない, しかし, それにも拘らず, 位相群ではある(§19, A) 参照). 写像 g によって, 位相群 H は位相群 H^* の上に準同型に写される, しかしこの準同型写像は開ではない. 群 H から群 H^* の上への写像 g は代数的には同型写像でさえある. 群 H^* が局所コンパクトでないことは, 困難なく検証される. これによって, 定理 12 がこの場合適用できないことが説明される. 抽象群としては H と H^* とは同型であるが, しかし位相群 H と H^* とは同型ではない: それらは同位相でさえない. それらの一方は局所コンパクトであり, 他方は局所コンパクトでないのであるから.

例 37. G をコンパクトな位相群とする．群 G の単位元 e の各近傍 U の中に，正規部分群 N で，それに関する剰余群 G/N の空間が可算基をもつ（定義 14 参照）ようなものが存在する．この命題は，コンパクト群一般の場合に関する多くの定理の証明を，可算基を許すコンパクト群の場合に還元することを可能にする．これは女子学生 L. Grabar の学位論文において証明された．

Urysohn の定理により，G の上に，到る所負でなく，集合 $G\setminus U$ の上では 0，点 e においては正の値を取る，連続な数値函数 f が存在する．群 G の元に対して，同値関係を次のように考えて導入する：元 a と b とは，G の任意の元 x, y に対して $f(xay)=f(xby)$ なるとき，同値である：$a\sim b$. 明らかに，ここで，反射律，対称律及び推移律が成立する．互に同値な元のなす類の中，単位元 e を含むものを N とする．N が位相群 G の正規部分群であること，及び互に同値な元のなす類は群 G の部分群 N に関する剰余類であることを示そう．

集合 N が閉じていることは，函数 f の連続性から出る．更に a, b を N の 2 元とする．そのとき $f(xay)=f(xy)$. この関係は任意の x, y に対して正しいのであるから，x を xa^{-1} で置換えて，$f(xy)=f(xa^{-1}y)$，即ち，$a^{-1}\in N$ を得る．更に $a\in N, b\in N$ に対しては $f(xaby)=f(xa(by))=f(xby)=f(xy)$，よって $ab\in N$. 従って N は位相群 G の部分群をなす．次に，z を G の任意の元とする．任意の x, y に対して $f(xay)=f(xy)$. x を xz^{-1} で，また y を zy で置換えて，$f(xz^{-1}azy)=f(xy)$ を得る，即ち，$z^{-1}az\in N$ である．従って N は群 G の正規部分群である．最後に，$c\sim d$ とする．そのとき $f(xcy)=f(xdy)$. この関係において，y を $d^{-1}y$ で置換えれば，$f(xcd^{-1}y)=f(xy)$ を得る，即ち $cd^{-1}\in N$. もし逆に $cd^{-1}\in N$ ならば，$f(xcd^{-1}y)=f(xy)$. ここで y を dy に取替えれば，$f(xcy)=f(xdy)$ を得る，即ち $c\sim d$ である．

以上証明したことから，x, y を固定した際，変数 a の函数 $f(xay)$ は，群 G の，正規部分群 N に関する，一つの剰余類に属するすべての元 a において，同一の値を取ることがわかる．このようにして，$f(xAy)=f(xay)$；$a\in A$，として $f(xAy)$ を定義することができる．抽象群 G/N に今度は距離を導入する：$\rho(A, B)$ を，G の任意の元 x, y に関する絶対値 $|f(xAy)-f(xBy)|$ の最大値とし

て定義する. この距離から出てくる位相が剰余群 G/N の位相（定義24参照）と一致することは，困難なく証明される. コンパクトな距離空間は可算な基をもつ（例26参照）故，これによって我々の命題は証明された.

§21. 位相群の直積

本§では，位相群の**直積**の定義を与える：それは群の直積の定義（§5参照）と，位相空間の直積の定義（§14参照）との，単純な結合の結果得られるものである. ここでは，まず第一に，任意の位相群の有限箇数の直積を定義し，その後で，コンパクト位相群の任意の集合の直積を定義しよう. 後の定義は，群の集合が有限の場合には，前のものと一致する，しかし，それに対応する，位相群のその部分群の直積への**分解**の定義は，部分群の箇数が有限の場合にも，単にコンパクトな位相群に対してしか使えない. このような見地から，ここでは，直積因子が有限箇の場合，§5で抽象群に対してやったように，二つの直積因子の考察だけに限定するわけには行かない.

定義28. $N_1, \cdots, N_k$ を位相群の有限列とし，G' によって列 $x=(x_1, \cdots, x_k)$；$x_i \in N_i$, $i=1, \cdots, k$, の全体を表わす. 集合 G' は代数的な意味での群であり（§5, A）及び定義10参照），また位相空間でもある（§14, A）及び定義20参照）. そこで，群 G' における群演算は，位相空間 G' において連続であることがわかり，よって G' は位相群となる（定義22参照）. 位相群 G' を，位相群 $N_1, \cdots, N_k$ の**直積**：$G' = N_1 \times \cdots \times N_k$, という.

群 G' における群演算が，位相空間 G' において連続であることを示そう. $x=(x_1, \cdots, x_k)$ 及び $y=(y_1, \cdots, y_k)$ を G' の二つの元，また $xy^{-1}=z=(z_1, \cdots, z_k)$，即ち $z_i = x_i y_i^{-1}$, $i=1, \cdots, k$, とする. 更に，$W=(W_1, \cdots, W_k)$ を，空間 G' における，元 z の任意の近傍としよう：ここで W_i は空間 N_i における元 z_i の近傍である. 位相群 N_i における群演算の連続性により，$U_i V_i^{-1} \subset W_i$ なる如き元 x_i 及び y_i の近傍 U_i 及び V_i が存在する. 容易にわかるように，空間 G' における元 x 及び y の近傍，$U=(U_1, \cdots, U_k)$ 及び $V=(V_1, \cdots, V_k)$ は，条件 $UV^{-1} \subset W$ を満足する. こうして，G' における群演算の連続性は証明された.

A)　$N_1, \cdots, N_k$ を位相群の列，その単位元をそれぞれ $e_1, \cdots, e_k$ とし，G' をこれらの群の直積とする．各元 $x_i \in N_i$ に元 $f_i(x_i) = (e_1, \cdots, x_i, \cdots, e_k) \in G'$ を対応させる．f_i が位相群 N_i から位相群 G' の或る正規部分群の上への同型写像であることがわかる．§5の命題F）により，群 G' は，代数的な意味でその部分群 $N_1', \cdots, N_k'$ の直積に分解する（定義10′参照）．更に，群 G' の単位元 e' の位相群 $N_1', \cdots, N_k'$ における近傍 $U_1', \cdots, U_k'$ をどのように選んでも，それらの群としての積 $U_1'U_2'\cdots U_k'$ は，群 G' の単位元 e' のある近傍 U' を含んでいることがわかる．

f_i が，抽象群 N_i から抽象群 G' の正規部分群の上への同型写像であることは，§5の命題F）において既に確かめられている．集合 N_i' が閉じていることは，§14の命題A）から出る．f_i が，位相群 N_i から位相群 N_i' の上への連続開写像であることを証明しよう．位相群 N_i' の単位元 e' の任意の近傍 U_i' が，どのように表わされるかを調べる．空間 N_i' における近傍は，空間 G' の部分空間として定義される．従って，近傍 U_i' を構成するためには，空間 G' における単位元 e' の近傍 $U' = (U_1, \cdots, U_k)$ から出発せねばならない；ここに $U_1, \cdots, U_k$ は，空間 $N_1, \cdots, N_k$ における単位元の近傍である．近傍 U_i' は交わり $N_i' \cap U'$ として定義され，よって $U_i' = f_i(U_i)$．このように，群 N_i' の単位元 e' の任意の近傍 U_i' に対して，$U_i' = f_i(U_i)$ となるような群 N_i における単位元の近傍 U_i が存在し，逆にまた，U_i を群 N_i における単位元の任意の近傍とするとき，$U_i' = f_i(U_i)$ は群 N_i' における単位元の近傍である．このことから，写像 f_i は開かつ連続であることが従う（§20, A）参照）．f_i は代数的には同型写像なのであったから，それは，それ故に，位相群 N_i から位相群 N_i' の上への同型写像にもなることになる．更にまた，明らかに，群の意味での積 $U_1'U_2'\cdots U_k'$ は U' に等しい．これより，命題A）の最後の主張の正しいことが出る．

命題A）は位相群の直積の定義の新しい取扱い方を与える：

定義28′. G を位相群，$N_1, \cdots, N_k$ をその正規部分群とする．群 G が代数的な意味でその部分群 $N_1, \cdots, N_k$ の直積に分解し（定義10′参照），その上，条件：群 $N_1, \cdots, N_k$ における単位元 e の近傍 $U_1, \cdots, U_k$ をどのように選んでも，その

群としての積 $U_1U_2\cdots U_k$ は，群 G の単位元の或る近傍 U を含む——を満たすとき，位相群 G はその部分群 $N_1, \cdots, N_k$ の**直積に分解**するという．

定義 28 と 28′ とは，命題 A) と次の命題 B) とによって関係づけられる．

B) 位相群 G がその部分群 $N_1, \cdots, N_k$ の直積に分解（定義 28′ 参照）したとし，また，G' を位相群 $N_1, \cdots, N_k$ の直積（定義 28 参照）とする．各元 $x=(x_1, \cdots, x_k)\in G'$ に，元 $f(x)=x_1x_2\cdots x_k\in G$ を対応させる．そのとき f は，位相群 G' から位相群 G の上への同型写像，また ff_i（A）参照）は，群 N_i のそれ自身の上への恒等写像となる．

f が，代数的な意味で，群 G' から群 G の上への同型写像であり，また ff_i が群 N_i のそれ自身の上への恒等写像であることは，既に証明されている（§5, B) 及び G) 参照）．残っているのは，写像 f が単位元において開かつ連続なることの証明である（§20, A) 参照）．始めに連続性を証明しよう．U を群 G における単位元の任意の近傍，V を $V^k\subset U$ なる如き，G における単位元の近傍とする．$V_i=N_i\cap V$ とおく．そのとき $V'=(V_1, \cdots, V_k)$ は群 G' における単位元の近傍である．明らかに $f(V')=V_1V_2\cdots V_k\subset V^k\subset U$. こうして写像 f は連続である．今度は，$U'=(U_1, \cdots, U_k)$ を群 G' における単位元の任意の近傍；ここに U_i は群 N_i における単位元の近傍，とする．定義 28′ によって，群としての積 $U_1U_2\cdots U_k$ は群 G の単位元の或る近傍 U を含む，即ち，$f(U')=U_1U_2\cdots U_k\supset U$. こうして写像 f の開なることも証明される．

下記の定理 13 は，或る重要な場合に定義 28′ の条件を弛めることができることを，示すものである．

定理 13. G を，局所コンパクトな位相群で，その空間はコンパクトな部分集合の可算和として表わせるものとし，また $N_1, \cdots, N_k$ を位相群 G の正規部分群とする．もし群 G が，代数的な意味において，その部分群 $N_1, \cdots, N_k$ の直積に分解するならば，G は位相群としてもその部分群 $N_1, \cdots, N_k$ の直積に分解する．

証明. 群 $N_1, \cdots, N_k$ における単位元の近傍 $U_1, \cdots, U_k$ がどのようなものであっても，それらの群としての積が，群 G の単位元のある近傍 U を含んでいることを示せば十分である．各群 N_i が，そのコンパクトな部分集合の可算和として表わし得ることは，容易にわかる．更に，位相群 $N_1, \cdots, N_k$ の直積 G' もまた，コンパクトな部分集合の可算和として表わし得る：コンパクト空間の直積がまたコンパクトなることを使えばよい．群 N_i の各 i は局所コンパクトであるから，群 G' もまた局所コンパクトである（§14, E)参照)．次に群 G' の元 $x=(x_1, \cdots, x_k)$ に元 $f(x)=x_1x_2\cdots x_k$ を対応させる．B) におけると同様に，f が空間 G' から空間 G の上への連続写像なることが証明され，f が同型写像であるから，f はまた開写像でもある（定理12参照)．こうして，群 G' における単位元の近傍 $U'=(U_1, \cdots, U_k)$ は，群 G の単位元の近傍 $U=U_1U_2\cdots U_k$ に写され，定理13は証明されたことになる．

コンパクトな位相群の任意の集合の直積を定義するため，位相群の正規部分群の任意の集合について，その共通部分と積との考察に入ろう．

C)　Ω を位相群 G の正規部分群の任意の集合とする．Ω に属するすべての正規部分群の共通部分 $\Delta(\Omega)$ は，位相群 G の正規部分群である．このことは，$\Delta(\Omega)$ が代数的な意味での群 G の正規部分群であること（§5, C)参照)と，$\Delta(\Omega)$ が空間 G の閉集合であることとから，導かれる．集合 Ω の正規部分群を全部含むような，最小の，群 G の代数的な意味での正規部分群 $\Pi(\Omega)$ は，一般にいって，位相群 G の正規部分群ではない：集合 $\Pi(\Omega)$ は空間 G において閉じていないかも知れないからである．しかし集合 $\Pi(\Omega)$ の閉苞 $\bar{\Pi}(\Omega)=\overline{\Pi(\Omega)}$ は位相群 G の正規部分群であり（§19, B)参照)，容易にわかるように，位相群 G の，集合 Ω に属する正規部分群全部を含む**最小の**，正規部分群である．

定義 29.　Ω をコンパクトな位相群の任意の集合，α を各群 $N \in \Omega$ に元 $\alpha(N) \in N$ を対応させる函数，とする．α の形の函数全体を G^* で表わす．集合 G^* は代数的な意味での群である，即ち，集合 Ω のすべての群の完全直積（定義10参照）である．他方において，G^* はコンパクトな位相空間でもある（定義20及び定理5参照)．そして G^* における群演算は位相空間 G^* において連続であることがわかる．ここに得られたコンパクトな位相群 G^* を，集合 Ω に属するコンパクトな位相群の**直積**という．

明らかに，もしΩが有限箇のコンパクト群から成るならば，定義29は定義28に一致する．

G^*における群演算の連続性を証明しよう．α, βをG^*の2元，$\gamma = \alpha\beta^{-1}$とする．更に，$W = N_1^{-1}(W_1) \cap \cdots \cap N_k^{-1}(W_k)$を空間$G^*$における元$\gamma$の任意の近傍としよう（定義20参照）．$\alpha(N_i)(\beta(N_i))^{-1} = \gamma(N_i)$，また$N_i$は位相群故，元$\alpha(N_i), \beta(N_i)$の近傍$U_i, V_i$で，$U_i V_i^{-1} \subset W_i$なるものが存在する．容易にわかるように，元$\alpha, \beta$の近傍，$U = N_1^{-1}(U_1) \cap \cdots \cap N_k^{-1}(U_k)$，$V = N_1^{-1}(V_1) \cap \cdots \cap N_k^{-1}(V_k)$は，$UV^{-1} \subset W$なる条件を満足する．こうして$G^*$における群演算の連続性は証明された．

D) G^*を集合Ωに属するコンパクト位相群の直積（定義29参照）とし，$x \in N \in \Omega$とする．N, xなる対に，次の条件によって定義される函数$\alpha_{N,x} \in G^*$を対応させる：$P = N$に対して$\alpha_{N,x}(P) = x$，$P \neq N$に対しては$\alpha_{N,x}(P) = e^*(P)$．更に，$f_N(x) = \alpha_{N,x}$とおく．Nに依存する函数f_Nは，各元$x \in N$に元$f_N(x) \in G^*$を対応させる．f_Nは位相群Nから位相群G^*の或る正規部分群N^*の上への同型写像であることがわかる．すべての正規部分群N^*; $N \in \Omega$，の集合をΩ^*で表わし，$\Omega^*_{N^*} = \Omega^* \setminus N^*, K^*_{N^*} = \bar{\Pi}(\Omega^*_{N^*})$とおく（C)参照）．$\hat{\Omega}^*$により，位相群$G^*$の正規部分群$K^*_{N^*}$, $N \in \Omega$，全部の集合を表わす．そのとき

$$\bar{\Pi}(\Omega^*) = G^*, \tag{1}$$

$$\Delta(\hat{\Omega}^*) = e^* \tag{2}$$

なることがわかる．

f_Nが抽象群Nから抽象群G^*の正規部分群の上への同型写像なること，及びそれが連続なることは，命題A）におけると同様に，証明される．写像f_N^{-1}が連続なことと，集合N^*がG^*において閉じていることとは，群Nがコンパクトなことから，§13の命題D), C), E）に基づいて導かれる．群N^*が，条件：$P \neq N$に対しては$\alpha(P) = e^*(P)$，を満足する函数$\alpha \in G^*$の全体から成っていることは，直ちにわかる．このことから，$\Pi(\Omega^*_{N^*})$が，条件$\beta(N) = e^*(N)$を満たし，集合Ωの有限箇の群の上でのみ，その群の単位元と異なる値を取るような，函数$\beta \in G^*$の全体から成ることがわかる．空間G^*の位相を顧慮すれ

ば，このことから容易に，集合 $\Pi(\Omega^*{}_{N^*})$ の閉苞 $\bar{\Pi}(\Omega^*{}_{N^*}) = K^*{}_{N^*}$ は，条件 $\beta(N) = e^*(N)$ を満たす函数 $\beta \in G^*$ 全体より成ることが結論される．上に言ったことから，すべての群 $K^*{}_{N^*}$ の共通部分 $\Delta(\hat{\Omega}^*)$ が，ただ群 G^* の単位元 e^* のみを含むこと，即ち，関係（2）が正しいことは明らかである．群 N^* の構造より，$\Pi(\Omega^*)$ が，集合 Ω のただ有限箇の群の上でのみ単位元以外の値を取る函数 $\alpha \in G^*$ 全体より成ることが導かれ，このことから直ちに，集合 $\Pi(\Omega^*)$ の閉苞 $\bar{\Pi}(\Omega^*)$ が群 G^* 全体に一致することが出る．こうして関係（1）が成立ち，命題 D) は完全に証明された．

命題 D) は，コンパクト位相群の任意の集合についての，その直積の概念の，新しい取扱い方を与えるものである．

定義 29′.　G をコンパクト位相群，その単位元を e，また Ω をその正規部分群から成る或る集合とする．$N \in \Omega$ に対して，$\Omega_N = \Omega \setminus N$, $K_N = \bar{\Pi}(\Omega_N)$ とおく．すべての正規部分群 K_N, $N \in \Omega$, の集合を $\hat{\Omega}$ で表わす．そのとき，もし条件

$$\bar{\Pi}(\Omega) = G, \tag{3}$$

$$\Delta(\hat{\Omega}) = e \tag{4}$$

が満たされるならば，コンパクト位相群 G は，その部分群 $N \in \Omega$ の**直積に分解する**という．

集合 Ω が有限ならば，定理 13 により，定義 29′ は定義 28′ に同等である．

定義 29 及び 29′ 間の関係は，命題 D) 及び次の命題 E) によって定められる．

E)　コンパクトな位相群 G が，その部分群 $N \in \Omega$ の直積に分解した（定義 29′ 参照）とする．そのとき，任意の群 $N \in \Omega$ に対して

$$G = N \times K_N \tag{5}$$

であり，かつ，Ω の二つの異なる群 N, P に対して，部分群 N の各元は部分群 P の各元と交換可能となる．更に，G^* を集合 Ω の群の直積とする（定義 29 参照）．そのとき，位相群 G^* から位相群 G の上への同型写像 f で，条件：すべての群 $N \in \Omega$ に対し，ff_N は群 N のそれ自身の上への恒等写像——を満足するものが，一つ，しかもただ一つに限り存在する．

先ず第一に，関係（5）を証明しよう．群 K_N の定義と関係（3）とから，

$$NK_N = G \qquad (6)$$

が出る．次に $\hat{\Omega}_N$ によって集合 $\hat{\Omega}\setminus K_N$ を表わし，また $N' = \Delta(\hat{\Omega}_N)$ とおく．明らかに $N \subset N'$ であり，その上，関係（4）から $N' \cap K_N = e$ が出る．こうして

$$N \cap K_N = e. \qquad (7)$$

関係（6），（7）を併せて，（5）が得られる．

$P \neq N$ に対しては $P \subset K_N$ であるから，（5）から部分群 N の各元が部分群 P の各元と可換なることが導かれる．

次に写像 f の構成に取りかかろう．

$$\Sigma = \{N_1, N_2, \cdots, N_k\} \qquad (8)$$

を集合 Ω の任意の有限部分集合とする．

$$K(\Sigma) = K_{N_1} \cap K_{N_2} \cap \cdots \cap K_{N_k} \qquad (9)$$

とおく．

こうして定義された集合 $K(\Sigma)$ は，群 G の正規部分群である(C) 参照)．明らかに

$$N \notin \Sigma \text{ に対しては } N \subset K(\Sigma). \qquad (10)$$

更に，$\alpha \in G^*$ に対して

$$K(\alpha, \Sigma) = \alpha(N_1)\alpha(N_2)\cdots\alpha(N_k)K(\Sigma) \qquad (11)$$

とおき，部分集合 $K(\alpha, \Sigma)$；但し，α は群 G^* の固定元，Σ は集合 Ω の任意の有限部分集合，の全体が，G における有限交叉系であることを示そう．このためには，容易にわかるように，次のことを示せば十分である：

$$\Sigma' = \{N_1, N_2, \cdots, N_k, N_{k+1}, \cdots, N_l\} \qquad (12)$$

が，集合 Σ を含む（そのことは定義から予見される）集合 Ω の有限部分集合なるとき，$K(\alpha, \Sigma') \subset K(\alpha, \Sigma)$．この関係は (10) から出る，即ち，$\alpha(N_{k+1})\alpha(N_{k+2})\cdots\alpha(N_l)K(\Sigma') \subset K(\Sigma)$ を得る．集合 $K(\alpha, \Sigma)$ 全部の系の有限交叉性より，それらの共通部分は空ではない，それがただ１点のみを含むことを示そう．しからずと仮定してみよう：x, y をこの共通部分の二つの異なる点とする．$xy^{-1} \neq e$，また，正規部分群 $K(\Sigma)$ 全部の共通部分はただ単位元のみを含む ((4) 参照) 故，集合 Ω の有限部分集合 Σ で，$xy^{-1} \notin K(\Sigma)$ なるものが存在する．他

方では

$$xy^{-1}\in K(\alpha, \Sigma)(K(\alpha, \Sigma))^{-1} = K(\Sigma)(K(\Sigma))^{-1} = K(\Sigma).$$

このようにして，元 $\alpha\in G^*$ を固定したとき，集合 $K(\alpha, \Sigma)$ の全部に属するただ一つの点 x が存在する．この点を $f(\alpha)$ として採用しよう．そのとき

$$f(\alpha)\in K(\alpha, \Sigma),\ \ \Sigma\subset\Omega, \tag{13}$$

かつ，この関係は $f(\alpha)$ を定義するものでもある．

ff_N が群 N のそれ自身の上への恒等写像なることは，直ちに検証される．

f が代数的な意味での準同型写像なることを示そう．α, β を G^* の2元，$\gamma = \alpha\beta$ とする．そのとき，

$$f(\alpha)f(\beta)\in K(\alpha, \Sigma)K(\beta, \Sigma) = K(\gamma, \Sigma),\ \ \Sigma\subset\Omega.$$

従って，$f(\alpha)f(\beta) = f(\gamma)$ である（(13) 参照）．

写像 f の連続性を証明しよう．U を群 G の単位元の任意の近傍とする．すべての群 $K(\Sigma)$ の共通部分は単位元のみを含むのであるから，集合 Ω の有限部分集合 Σ で，$K(\Sigma)\subset U$ となるものが存在する（§13, H）参照）．集合 Σ が関係（8）によって与えられていると考えよう．$\bar{V}^kK(\Sigma)$；但し，V は群 G の単位元の任意の近傍，集合 Σ は固定――なる形の集合全部の共通部分は $K(\Sigma)$ に一致し，よって，単位元の近傍 V で

$$V^kK(\Sigma)\subset U$$

なるものが存在する（§13, H）参照）．$V_i = N_i\cap V$；$i = 1, \cdots, k$, とおき，群 G^* の単位元の近傍 V^* を，

$$V^* = N_1^{-1}(V_1)\cap N_2^{-1}(V_2)\cap\cdots\cap N_k^{-1}(V_k)$$

とおいて与える．$\alpha\in V^*$ とすれば，そのとき，$f(\alpha)\in\alpha(N_1)\alpha(N_2)\cdots\alpha(N_k)K(\Sigma)\subset V^kK(\Sigma)\subset U$. こうして $f(V^*)\subset U$, よって写像 f は連続である．

$f(G^*) = G$ なることを示す．ff_N が群 N からそれ自身の上への恒等写像であることによって，集合 $f(G^*)$ は集合 Ω の群を全部含み，よって $\bar{\Pi}(\Omega)$ を含む，所がこの集合は G に一致する（(3) 参照）．

f が同型写像なること，即ち，群 G の単位元には群 G^* の単位元のみを写像することを示す．$f(\alpha) = e$ と仮定する．そのとき $e\in\alpha(N)K_N$（(13) 参照），

即ち $\alpha(N)\in K_N$. これは $\alpha(N)=e$ なる条件に対してのみ可能である((7)参照).

このようにして，f は，群 G^* から群 G の上への，1対1かつ連続な写像である．群 G^* のコンパクト性により，それはまた双連続となる．

こうして，f が位相群 G^* から位相群 G の上への同型写像であることが証明された．

写像 f の一意性は，この場合，f が空間 G^* の到る所稠密な部分集合 $\Pi(\Omega^*)$ 上で，一意に定義されることから導かれる．

こうして，命題 E) は完全に証明された．

F) G^* を集合 Ω の群の直積：但し Ω は，この集合 Ω の群のすべてがコンパクトなのでなければ，有限 (定義 28 参照)，また，この集合の群が全部コンパクトならば，任意 (定義 29 参照) とする．更にまた，集合 Ω が相交わらぬ 2 集合 Ω_1, Ω_2 の和になっているとする．集合 Ω_2 のすべての群の上で単位元に等しい値を取る函数 $\alpha\in G^*$ の全体を $N_1{}^*$ と書き，同様に，集合 Ω_1 のすべての群の上で単位元に等しい値を取る函数 $\alpha\in G^*$ の全体を $N_2{}^*$ と書く，$N_1{}^*$ 及び $N_2{}^*$ が位相群 G^* の正規部分群なること，群 G^* が代数的な意味でその部分群 $N_1{}^*$ と $N_2{}^*$ との直積に分解すること，及び定義 28′ の条件が単位元の近傍に関して満たされていることは，直ちに検証される．こうして，位相群 G^* は，その部分群 $N_1{}^*, N_2{}^*$ の直積に分解する．このことから，定義 28 と 28′ との，或は定義 29 と 29′ との，同値性によって，もし位相群 G がその部分群の集合 Ω の直積に分解し (定義 28′ または 29′ 参照)，かつ集合 Ω が相交わらぬ 2 集合 Ω_1, Ω_2 の和であるならば，位相群 G はその部分群 $\bar{\Pi}(\Omega_1)$ と $\bar{\Pi}(\Omega_2)$ との直積に分解することが導かれる．

G) 位相群 G がその二つの部分群 N_1 と N_2 との直積に分解したとする (定義 28′ 参照)．そのとき，剰余群 G/N_1 は群 N_2 に同型である，即ち，各元 $x\in N_2$ に x を含む剰余類 $f(x)\in G/N_1$ を対応させれば，位相群 N_2 から位相群 G/N_1 の上への同型写像が得られる．

この命題は，直ちに証明される．

例 38. G を Descartes 座標で考えた平面とする．その点は位相加群をなす．方向係数 α の直線を N, 座標が整数のすべての点の集合を H と書く．集合 H 及び N は群 G の正規部分群である．更に，和 $H+N$, 即ち，$h+n$；$h \in H, n \in N$, なる形のすべての元の集合を，P と書こう．もし α が有理数ならば，集合 P は G において閉じており，もしその α が無理数ならば，集合 P は閉じてはいない．

α が無理数なる場合だけを取上げる．集合 P は位相群である（§19, A)参照)．共通部分 $D = H \frown N$ はただ0のみを含む．しかし，明らかに，単位元の近傍に関する定義 28′ の条件は，ここでは満たされていないから，位相群 P がその部分群 H と N との直積に分解することにはならない．

例 39. 可算コンパクトであるがコンパクトではない位相空間の例 28 に似た例として，可算コンパクトであるがコンパクトではない位相群の例を挙げよう．

Ω をコンパクト位相群の非可算集合，その各群は少なくとも二つの元を有す，即ち，単位元に退化することはないものとする．集合 Ω の群の直積を G^*, また，Ω の群の有限もしくは可算集合の上でのみ，単位元と異なる値を取るような函数 $\alpha \in G^*$ 全部の集合を，G で表わす．集合 Ω は非可算であるから，G は G^* とは一致しない．他方，明らかに，集合 G の閉苞 $\bar{G}$ は G^* に一致する：$G^* = \bar{G}$. 集合 G は G^* に存在する乗法法則によってそれ自身群をなし，よってまた位相群でもある（§19, A)参照)．空間 G が可算コンパクトであってコンパクトではないという事実は，例 28 におけると同様に証明される．

例 40. Ω を 2 次の巡回群 $N_1, N_2, \cdots$ の可算集合とする．集合 Ω の各群をディスクリートな位相をもつ位相群と考えれば，集合 Ω の群のコンパクトな直積 G^* を作ることができる．各元 $\alpha \in G^*$ は，0または1の数の数列：$\alpha = \{x_1, x_2, \cdots\}$ として与えられる．数 x_k は，$\alpha(N_k)$ が群 N_k の単位元なるとき0と考え，また，$a(N_k)$ が群 N_k の単位元でないときは，1と考えるのである．群 G^* の元の乗法法則は，或はむしろ，加法法則は，明らかである．空間 G^* が **Cantor の完全集合**に同相なことに注意するのは興味深い．Cantor の完全集合の各元は，周知の如く，やはり，0または1に等しい数の列 $x_1, x_2, \cdots$ の形に書かれるのである．このようにして得られた，群 G の元と Cantor の完全集合の点との間の対応は，容易にわかる如く，同相である．群空間は，均質従って一様であるから，Cantor の完全集合もまた一様である．

有限群の可算集合（そのどの群も単位元に退化することのない）の直積が，常に Cantor の完全集合に同相になることは，困難なく証明できる．

§22. 連結及び完全不連結群

この§では，特殊な位相的性質をもった位相群を考察する，これは位相群独得の理論であって位相をもたない群の理論に類似を求めることはできない．

A) G を或る位相群, N を単位元 e の位相空間 G における成分（§15, D) 参照）とする．そのとき，N は群 G の正規部分群である．

a, b を N の 2 元とする．集合 N は連結であるから，集合 aN^{-1} もまた連結である（§17, B) 参照)．その上 aN^{-1} は e を含む．よって $aN^{-1}\subset N$ であり，故に $ab^{-1}\in N$ を得る，即ち，N は群 G の代数的な意味での部分群である．集合 N が G において閉じていることを顧慮すれば（§15, D) 参照), N は位相群 G の部分群でもある．次に，x を G の任意の元とすると，$x^{-1}Nx$ は単位元 e を含む連結集合であり，従って $x^{-1}Nx\subset N$. こうして N は位相群 G の正規部分群である．

B) もし位相群 G が**連結**ならば（即ち，空間 G が連結ならば），群 G の単位元の成分は G に一致する．もし，これに反して，群 G の単位元の成分がただ単位元のみを含むならば，容易にわかるように，空間 G の成分はどれも唯一つの点よりなり，よって群 G は**完全不連結**（§15, D) 参照）である．

C) G を位相群，N を G における単位元の成分とする．そのとき，剰余群 $G/N = G^*$ は完全不連結である．

f を群 G から群 G^* の上への自然な準同型写像（§20, B) 参照）とする．そのとき, f は，群 G から群 G^* の上への開準同型写像である．P^* によって群 G^* の単位元の成分を，また P によって写像 f に関する集合 P^* の完全原像：$f^{-1}(P^*) = P$, を表わす．空間 P から空間 P^* の上への写像 f が開であることを示そう．

U を空間 P の或る開集合とする．そのとき，空間 G の開集合 V で，$U=P\cap V$ となるものが存在する（§11, B）参照）．容易にわかるように，$f(U)=P^*\cap f(V)$. 所が f は群 G から群 G^* の上への開写像であるから，$f(V)$ は G^* における開集合，従って，$f(U)$ は空間 P^* における開集合である．

今度は，P^* が単位元と異なる元を含んでいると仮定しよう．そのとき，N は集合 P の真部分集合であり，従って，集合 P は連結でない．こうして P は相交わらぬ2集合 A, B：いずれも空でなく，空間 P における開集合——に分解する（§15, A）参照）．もし $a\in A$ ならば，$Na\subset A$：何故ならば，もし集合 Na がなお B とも交わるならば，それは二つの互に交わらぬ閉集合に分解することとなるが，実は，集合 Na は N と共に連結故このようなことは不可能だからである．従って集合 $f(A)$ と $f(B)$ とは交わらない．所がこれらの集合は空間 P^* における開集合である．こうして P^* は，二つの互に交わらぬ，空間 P^* において開いている部分集合に分解する．しかしこれは，空間 P^* が連結なのであるから，不可能である．

今度は，連結群の性質を，少し詳しく調べよう．

定理 14. 連結な位相群は，単位元の任意の近傍 U によって生成される．即ち，G は U^n, $n=1,2,\cdots,$ なる形のすべての集合の和に一致する，或は，同じことだが，G の各元は，U に属する元の有限箇の積として表わされる．

証明. V を U^n なる形の集合全部の和集合とする．U^n なる形の集合は皆開集合であるから（§17, C）参照），V もまた開集合である．V が同時に閉集合でもあることを示す．a が集合 V の閉苞に属す：$a\in\bar{V}$, と仮定しよう．そのとき，aU^{-1} は元 a の近傍であり，従ってそれは V と交わる．即ち，$b\in aU^{-1}$ なる如き元 $b\in V$ が存在する．$b\in V$ なのであるから，$b\in U^m$ なる如き或る番号 m が存在し，従って，$b=u_1u_2\cdots u_m$；但し，$u_i\in U; i=1,\cdots,m$. また $b\in aU^{-1}$ なる故，$b=au_{m+1}{}^{-1}$；$u_{m+1}\in U$. このようにして，$a=u_1u_2\cdots u_mu_{m+1}$, かつ $u_j\in U$; $j=1,\cdots,m,m+1$. 従って，$a\in U^{m+1}\subset V$, 即ち，集合 V は閉じている．次に，$W=G\setminus V$ とおく．V は閉じた開集合であるから，W もまた閉じた開集合である．集合 W が空でないとすれば，空間 G は二つの互に交わらぬ，空でない閉集合に分解することとなり，これは群 G の連結性に反する．従って $G=V$ である．

D） 位相群 G の**中心** Z とは，群 G の代数的な意味での中心のことをいう（定義7参照）．集合 Z は位相群 G の正規部分群である．位相群 Z の部分群 N は全部，位相群 G の正規部分群でもあり，**中心正規部分群**と呼ばれる．

Z が代数的な意味での群 G の正規部分群なることは，§4において証明されている．集合 Z が G において閉じていることを示そう．$a \in \bar{Z}$ とする．$a' = x^{-1}ax \neq a$ なる如き元 $x \in G$ が存在したと仮定しよう．空間 G は正則であるから（§17, F）参照），a, a' の閉苞が交わらぬ近傍 U, U' が存在する．$V = Z \frown U$ とする．容易にわかるように $a \in \bar{V}$．所がそこで，$a' = x^{-1}ax \in x^{-1}\bar{V}x = \overline{x^{-1}Vx} = \bar{V}$（§17, B）参照）．しかし，これは，近傍 U' が $\bar{V}$ と交わらないのであるから，不可能である．こうして，$x^{-1}ax = a$，故に $a \in Z$，即ち，$\bar{Z} = Z$ である．

N が群 Z の部分群ならば，群 N は，Z において閉じていたのであるから，G においてもまた閉じている（§11, A）参照）．所が N は代数的な意味での群 G の正規部分群であるから（§4, B）参照），N は位相群 G の正規部分群でもある．

定理 15. 連結位相群 G のディスクリートな正規部分群は，すべてこの群の中心正規部分群である（§18, A）参照）．

証明. N はディスクリートな群であるから，N の任意の元 a に対して，その元 a を除いては群 N の元を一つも含まないような近傍 V を，見いだすことができる．$e^{-1}ae = a$ であるから，単位元の近傍 U で，$U^{-1}aU \subset V$ となるものが存在する（§17, A）参照）．次に，$u \in U$ とする．そのとき $u^{-1}au \in V$，所が N は群 G の正規部分群であるから，$u^{-1}au \in N$．従って $u^{-1}au = a$．次に x を G の任意の元とする．定理14により，$x = u_1u_2\cdots u_n$；但し，$u_i \in U$, $i = 1, \cdots, n$．元 a は各元 u_i と可換であるから，元 x とも可換である，即ち，$x^{-1}ax = a$．こうして N は群 G の中心 Z に入り，定理15は証明される．

定理15は，連結位相群のディスクリートな正規部分群の発見を容易にするため，極めて重要である．ディスクリートな正規部分群は，位相群論において重要な役割を演ずる．

今度は，完全不連結な群の考察に移る．この際，対象を局所コンパクトな群に限定することにする.

定理 16. G を局所コンパクトな完全不連結位相群とする. 群 G の単位元 e の任意の近傍 U に対し, 群 G の開いたコンパクト部分群 H で, $H \subset U$ なるものが存在する. H は開集合であるから, 空間 G/H はディスクリートである (定義 24 参照).

証明. e が空間 G の成分なのであるから, §15 の命題 G) によって, $e \in P \subset U$ なるコンパクトな開集合 P が存在する.

$Pq \subset P$ なる如き元 $q \in G$ の全体を Q と書き, $Q \cap Q^{-1} = H$ が, U に含まれる, 群 G の開いたコンパクト部分群なることを示そう.

Q が開集合なることを示す. q を Q の固定点, x を P の任意の点とする. $xq \in P$, かつ, P は開集合なのであるから, 点 x, q の各々の近傍 U_x, V_x で, $U_x V_x \subset P$ なるものが存在する. 開集合 U_x は集合 P の被覆を形成し, P のコンパクト性により, その中に有限被覆 $U_{x1}, \cdots, U_{xk}$ が存在する. $V = V_{x1} \cap V_{x2} \cap \cdots \cap V_{xk}$ とする. そのとき, $PV \subset P$. 従って $V \subset Q$. このように, 点 q と並んでその近傍 V がまた集合 Q に含まれる. このことから, Q は開集合ということになる.

集合 Q が閉じていること, 換言すれば, $G \setminus Q$ が開集合なることを示そう. $r \in G \setminus Q$ とする, Pr は P に含まれないから, P に $pr \in G \setminus P$ なる点 p が存在する. $G \setminus P$ は開集合であるから, 点 r の近傍 W で, $pW \subset G \setminus P$ なるものが存在する, 所がこれは $W \subset G \setminus Q$ なることを意味する. こうして $G \setminus Q$ は開集合であり, よって集合 Q は閉じている.

$e \in P$ であるから, $y \in Q$ に対して $y = ey \in P$, よって, $Q \subset P$. 更に, $Pe = P \subset P$ なる故 $e \in Q$. 集合 P のコンパクト性により, 以上述べたことから, Q が単位元を含むコンパクトな開集合であると結論することができ, このことから, $H = Q \cap Q^{-1}$ もまた, 単位元を含むコンパクトな開集合ということになる.

今度は, H が代数的な意味での群 G の部分群なることを示す. h_1 及び h_2 を集合 H の元とする. そのとき, $h_1 \in Q$, $h_2^{-1} \in Q$. よって, $P(h_1 h_2^{-1}) = (Ph_1) h_2^{-1} \subset Ph_2^{-1} \subset P$, 即ち, $h_1 h_2^{-1} \in Q$. 全く同様に $(h_1 h_2^{-1})^{-1} = h_2 h_1^{-1} \in Q$ も証明される. 従って, $h_1 h_2^{-1} \in H$. 故に H は群 G の部分群である.

こうして，定理16は証明された．

群 G がコンパクトの場合には，この定理は更に強めることができる．

定理 17. G をコンパクトな完全不連結群，U を単位元 e の任意の近傍とする．そのとき，群 G の開いた正規部分群 N で U に含まれるものが存在する．剰余群 G/N はディスクリートであり，かつ同時にコンパクトであるから，それは有限集合である．

証明. H を，U に含まれる，群 G のコンパクトな開部分群(定理16を参照)とする．$x^{-1}Hx\,;x\in G$, なる形のすべての集合の共通部分を N と書く．N が位相群 G の正規部分群であることは，直ちに検証される．集合 N が開集合なることを示そう．$x^{-1}ex=e\in H$ であるから，単位元 e 及び元 x の近傍 V_x, W_x で，$W_x^{-1}V_xW_x\subset H$ なるものが存在する．開集合 $W_x, x\in G$, は，コンパクトな空間 G の被覆をなし，よって空間 G の有限被覆 $W_{x1},\cdots,W_{xk}$ が存在する．$V=V_{x1}\cap V_{x2}\cap\cdots\cap V_{xk}$ とする．そのとき，$x\in G$ に対して $x^{-1}Vx\subset H$. こうして $V\subset N$. 従って，任意の元 n に対して，$Vn\subset N$. これは N が開集合なることを意味する．

こうして定理17は証明された．

次の明白な命題は，定理16の逆である．

E) もし，位相群 G の単位元 e のすべての近傍 U に，開部分群 H が含まれるならば，群 G は完全不連結である．

群 G は，二つの互に交わらぬ開集合，H と $G\setminus H$ との和に分解する．よって群 G の単位元の成分は，それが連結なのであるから，H に，従ってまた U に含まれなければならぬ．所が U は単位元の任意の近傍なのであるから，群 G の単位元の成分は，ただ単位元のみを含む．

例 41. G^* を有限群の集合 Ω の，コンパクトな直積とする；但し，有限群はディスクリートな群として取扱う．更に，Ω_2 を集合 Ω の或る有限部分集合，$\Omega_1=\Omega\setminus\Omega_2$ とする．§21の命題F)でやったように，正規部分群 N_1^*, N_2^* を集合 Ω_1, Ω_2 によって定義する．容易にわかるように，群 G^* の単位元の各近傍 U^* に対して，有限集合 Ω_2 を，$N_1^*\subset U^*$ となるように選ぶことができる．更に，§21の命題G) により，剰余群 G^*/N_1^* は群 N_2^* に同型であり，従って有限である．このことから，G^* は完全不連結な群ということになる（E）参照）．

例 42． G を実数のなす加法的位相群とする．すべての有理数の集合を H と書く．H は，明らかに，代数的な意味での群 G の部分群であり，よって，H はそれ自身，位相群である（§19, A）参照）．明らかに，群 H の 0 の成分は，ただ 0 のみを含む．故に，H は完全不連結な群である．しかし，群 H の 0 の近傍 U がどんなものであろうとも，その近傍で群 H 全体が生成されるということは，注意しなければならない．このように，連結な群だけが，定理 14 に述べられた性質をもつのではないのである．H には，U に含まれる開いた部分群が存在しないことは明らかである．このように，定理 16 は，一般の完全不連結群に対しては成立しない．群 H は局所コンパクトではないのである．

§23. 局所的性質，局所同型写像

位相群に特有なものに，所謂，**局所的性質**がある，即ち，単位元の近くでの群の挙動によって定義される，位相群の性質である．**局所同型写像**はこの概念に重要な関係をもつものである．

定義 30． 二つの位相群 G, G' において，その単位元 e, e' の近傍 U, U'，及び近傍 U から近傍 U' の上への同相写像 f で次の条件を満たすものが存在するとき，群 G と G' とは**局所同型**であるという．条件：a）もし，元 x, y 及び xy が U に属するならば，$f(xy) = f(x)f(y)$；b）もし，元 x', y' 及び $x'y'$ が U' に属するならば，$f^{-1}(x'y') = f^{-1}(x')f^{-1}(y')$．

A） 上に述べた条件が満たされれば，必然的に次の条件も満たされることに注意しよう：c）$f(e) = e'$，及び，d）元 x 及び x^{-1} が U に属するならば，$f(x^{-1}) = (f(x))^{-1}$．

実際，元 e, e 及び $ee = e$ は U に属し，従って，$f(e) = f(e)f(e)$．これから $f(e) = e'$ が出る．更に，もし x 及び x^{-1} が U に属するならば，$x^{-1}x = e \in U$ であるから，$e' = f(e) = f(x^{-1})f(x)$，即ち，$f(x^{-1}) = (f(x))^{-1}$．

B） 定義 30 の条件 a）から条件 b）が出ることに注意しよう．もっと正確にいえば，もし，条件 a）を満たす近傍 U, U' が存在すれば，条件 a）及び b）の

両方を満足するような近傍 V, V' を見いだすことができる．

V を $V^2 \subset U$ なる如き単位元の近傍とする．そこで $V' = f(V)$ とする．容易にわかるように，近傍 V, V' は条件 a) を満足する．条件 b) をも満足することを確かめよう．元 x', y' 及び $x'y'$ が V' に属するとする．$x = f^{-1}(x')$, $y = f^{-1}(y')$ とおく．x, y は V に属する故，$xy \in U$. よって $f(xy) = f(x)f(y) = x'y'$. これより，$f^{-1}(x'y') = xy = f^{-1}(x')f^{-1}(y')$ を得，即ち，条件 b) が満たされる．

C) G を位相群，N を群 G のディスクリートな正規部分群とする．そのとき，群 G と $G/N = G'$ とは局所同型である．

f を群 G から群 G' の上への自然な準同型写像（§ 20, B) 参照）とする．W を，群 G の単位元の近傍で，単位元を除いては，群 N の元を含まないものとする．更に U を，$UU^{-1} \subset W$ となる，群 G における単位元の近傍とする．$f(U) = U'$ と考える．U の上では写像 f は 1 対 1 であることは，困難なしにわかる．実際，U に属する二つの元 x, y が，写像 f によって同一の元に写されたと仮定しよう．そのとき，$xy^{-1} \in N$. 所が，その上，$xy^{-1} \in W$. 従って，$xy^{-1} = e$, 即ち，$x = y$ である．写像 f は開かつ連続である（§ 20, B) 参照)，よってそれは，U の上で双連続である．写像 f に対し，定義 30 の条件 a) は，f が準同型写像なることによって満たされている．こうして，B) により群 G と G' とは局所同型である．

命題 C) は，与えられた群と局所同型な群を構成する手段を与えるものである．次の定理は，この方法が極めて一般的なものであることを示す．

定理 18. G と G' とを二つの局所同型な連結位相群とする．そのとき，ある群 H が存在して，群 G は剰余群 H/N に同型となり，群 G' は剰余群 H/N' に同型となる；但し，N, N' は群 H のディスクリートな正規部分群である．

証明に際しては，群 G, G' はいずれもその単位元の任意の近傍から生成される，という性質のみを利用する：この性質は，G, G' が連結であることに由来する（定理 14 参照）．

証明. U 及び U' を，それに対して定義 30 の条件が満たされるような，群 G, G' の単位元の近傍，f をそれに対応する写像とする．群 G と G' との直積を K で表わす（定義 28 参照）．V を $(x, f(x))$; $x \in U$, なる形に表わせる群 K の元全部の集合とする．考察を錯綜させぬため，近傍 U は対称，即ち $U^{-1}=U$ であると仮定する．更に，V^n; $n=1,2,\cdots$，なる形の全集合の和を H と書く．或は H は，V に属する元の有限箇の積の形に表わせる群 K の元全体として定義することもできる．集合 H は明らかに，代数的な意味での群 K の部分群をなす，しかし，位相空間 K における閉集合ではないかも知れない．それにも拘らず，§19 の A) により，集合 H は自然な仕方で位相群となる．しかしながら，我々は，H に別な方法で位相を導入しよう．

$\{U_\alpha\}$ を群 G の単位元の或る完全近傍系とする；但し α は，一般的には非可算な或る集合を亘る添数である．一般性を失うことなく，任意の α に対して $U_\alpha \subset U$ と仮定することができる．$U_\alpha'=f(U_\alpha)$ とし，$(y, f(y))$; $y \in U_\alpha$, なる形の群 K の元全体を V_α と書く．§18 の B) により，近傍系 $\{U_\alpha\}$ に対して定理 9 の条件が満たされる．近傍 U_α' の系についても同じことがいえる．このことから直ちに，集合 V_α 全体が，代数的な意味での群 H に関して，定理 9 の要求を満たすことが結論できる．そこで今度は，集合 V_α 全体を位相群 H の単位元の完全近傍系として採用しよう（定理 9 参照）．

各元 $z=(x, x')\in K$ に元 $x \in G$ を対応させ，$g(z)=x$ と書く．そのとき，g は群 K から群 G の上への準同型写像である．これにより g は，代数的な意味での群 H から，代数的な意味での群 G の或る部分群 G^* の上への，準同型写像でもあることになる，そこで，$G^*=G$ なることを示そう．実際，$g(V)=U$，よって $U \subset G^*$．所が G は単位元の任意の近傍によって生成される故，$G=G^*$ を得る．

g が位相群 H から位相群 G の上への開準同型写像なることを証明しよう．関係 $g(V_\alpha)=U_\alpha$ より直ちに，写像 g が単位元において連続かつ開なることがわかる．これより g が開かつ連続な写像であることが結論される（§20, A）参照）．

こうして，定理 11 により，群 G は剰余群 H/N に同型である；但し，N は準同型 g の核である．N が群 H のディスクリートな正規部分群なることを示そう．そのためには，群 H の単位元の近傍で，単位元を除いては群 N の元を一つも含まないようなものが存在することを示せば十分である．この条件は，系

V_α の任意の近傍が満たす：写像 g は集合 V_α の上で1対1だからである．

全く同様にして，G' は剰余群 H/N' に同型；但し N' は位相群 H のディスクリートな正規部分群，である．こうして定理18は証明された．

定理18の主張は，第9章において，発展させられ，かつ深められる．そこではもはや，二つの，ではなくて，すべての，互に局所同型な群（実をいえば，それは極めて特殊な群なのであるが，）に対して同時に，一つの群 H が見いだされるのである．このような結果は，位相群についてのあらゆる研究を，局所的な研究と大域的な研究とに，非常にはっきりと分離することを可能にするものである．

位相群の**局所的性質**とは，互に局所同型な群すべてに対して，同時に成立する性質のことをいう．群の局所的な挙動は，極めて強く，群の大域における挙動に影響を及ぼすものであるから，局所的性質の研究は，極めて重要なものであるということに，注意せねばならない．

位相群 G の局所的性質の研究に際しては，ただ，その単位元の任意に小さな近傍 U における群 G の挙動のみが，問題となるのであるから，自然，群 G が大域において存在しているということから離れて，U を独立した概念として研究してはいけないだろうかという問題が起ってくる．確かに，リー群の古典的な理論においてはこのような問題が取上げられていたのである（第7及び第10章参照）．そこでは，今日の言葉ではリー群の単位元の近傍というべき数学的対象が研究されたのであった．そこで，局所的な群——**群芽**の概念を導入しよう：それは，位相群の単位元の近傍の，最も重要な諸性質をもつものである．この§の爾余の部分においては，この本の他の部分よりも，叙述は粗略になる．それは，それが，先に述べた事実の新しい事情における繰返しに過ぎないからである．この§の以下の内容はすべて，第7，8及び10章の理解のためにのみ，必要である．

D）位相空間 G は，集合 G の元の或る対 a, b に対してその積 $ab\in G$ が定義され，かつ，次の条件を満たすとき，**群芽**という，即ち：

a）もし，積 ab, $(ab)c$, bc, $a(bc)$ が定義されるならば，等式 $(ab)c=a(bc)$

が成立つ.

b) もし，積 ab が定義されるならば，元 ab の任意の近傍 W に対して，元 a, b の或る近傍 U, V が存在して，$x\in U$, $y\in V$ に対しては積 xy が定義され，しかも $xy\in W$.

c) G に，特別な役割を演ずる，**単位元**と呼ばれる元 e が存在する．それは次の性質をもつ：$a\in G$ ならば積 ea が定義され，$ea = a$.

d) もし，対 a, b に対してその積が定義され，$ab = e$ となるならば，a を b に対する**左逆元**：$a = b^{-1}$，という．もし，b に対して左逆元 b^{-1} が存在するならば，逆元 b^{-1} の任意の近傍 U に対して，元 b の近傍 V で，各元 $y\in V$ に対してその U に属する左逆元 y^{-1} が存在するようなものが存在する.

E) G を群芽，n を或る自然数とすれば，G に十分小さな単位元 e の近傍 U が存在して，各元 $a\in U$ に対してその逆元 a^{-1} が G に存在し，また，近傍 U の任意 n 箇の元 $a_1, \cdots, a_n$ に対してその積

$$(\cdots((a_1a_2)a_3)\cdots a_n) = b$$

が定義され，しかもそれは，括弧の順序に依存せず，よって，$b = a_1\cdots a_n$ なる記号が意味をもつ.

これを証明しよう．条件 c) より，積 ee が定義されて，$ee = e$ なることが出る．これより，条件 b) 及び d) によって直ちに，単位元 e の近傍 W で，$a\in W$ に対してその逆元 a^{-1} が存在し，また，$a\in W$, $b\in W$ に対してその積 ab が定義されるようなものが存在する．更に，条件 b) から，$V^2\subset W$ なる如き近傍 V の存在が出る．V に対して，容易にわかるように，既に E) は $n = 3$ に対して実現している．この構成を更に続けて行けば，任意の自然数 n に対しても，求める近傍 U を得る.

F) G を群芽とすれば，単位元の近傍 U 及び $V\subset U$ で次の条件を満たすものが存在する：

a) $a\in U$ に対しては積 ae が定義され，$ae = a$；

b) $a\in U$ に対して，次の如き元 a^{-1} が存在する：即ち，積 aa^{-1} 及び $a^{-1}a$ が定義され，$aa^{-1} = a^{-1}a = e$；

c)　もし，元 a, b が V に属するならば，方程式 $ax = b$ 及び $ya = b$ は開集合 U において解け，しかもその解はいずれも一意である．

主張 F) は，§1 の主張 B), C) と全く同様にして証明される．その際，ただ，§1 で実行された計算がすべて可能になるように，十分小さな近傍 U, V を選ぶ必要があるだけである．そして，このような小さな近傍 U, V の存在は，命題 E) によって保証されている．

G)　G を群芽とする．群芽 G の単位元 e の近傍を，すべて，群芽 G の**主領域**という．群芽 G の主領域は，悉く，G において定義されている演算によって，それ自身群芽をなす．即ち，積 ab は，それが G において定義され，しかも U に属するときに，U において定義されており，また，U における単位元は，G の単位元がその役を果すと考えるのである．

H)　G, G' を二つの群芽，U, U' をその主領域とする．f が主領域 U から主領域 U' の上への位相写像であって，かつ次の条件を満たすとき，f を群芽 G から群芽 G' の上への**局所同型写像**という．条件：積 ab が U において定義されているならば，積 $f(a)f(b)$ が U' において定義され，かつ，$f(ab) = f(a)f(b)$．更に，単位元は，f によって，また単位元に写される．最後に，f に逆なる写像 f^{-1} もまた，f に対すると同じ条件を満足する．群芽 G, G' に対して，その一方から他方の上への局所同型写像が存在するならば，群芽 G, G' は**局所同型**であるという．群芽 G から G' の上への二つの局所同型写像 f, f' は，それらが群芽 G の或る主領域の上で一致するとき，**同値**であるという．以後の研究において，同値な局所同型写像は同じものと見做すことにする．

定義 30 が定義 H) の特別の場合であることは明らかである；そこでは，群芽 G, G' が位相群なのであった．

研究の真の目的は，群芽の性質全部ではなく，ただ，局所同型写像に関して不変なその性質なのである．

ここで，群芽の概念に関連して，一つの問題が生ずる．各群芽はある位相群に局所同型となるのではないだろうか？　この問題は，リー群に対しては，極めて錯綜した特殊な手段を適用して，肯定的に解決される（§59 参照）．一般の群芽に対しては，否定的に解決されている〔22〕.

次に，より以上の基本的な概念：群芽に対する**部分群芽**，**正規部分群芽**，**剰余群芽**及び**準同型写像**の定義へと移ろう.

I）Gを群芽，Hをその或る部分集合でeを含むものとする．定義17により，Hは位相空間になる．Hの元a, bの対に対して，その積abがGにおいて定義され，しかもそれがHに属するとき，Hにおいて積abが定義されると考えることにしよう．こうしてHに定義された位相的及び代数的演算が，定義D）の要求を満たすならば，集合Hは群芽である．もし，その上に，単位元eの近傍Uで，交わり$U \frown H$がUで閉じているようなものが存在するならば，Hを群芽Gの**部分群芽**という．群芽Gの部分群芽Nに対し，Gにおける単位元eの近傍Vで，$x \in V$, $y \in V \frown N$ならば$x^{-1}yx \in N$，となるものが存在するならば，Nを**正規部分群芽**という．群芽Gの二つの部分群芽H, H'に対して，単位元の近傍Uで，$H \frown U = H' \frown U$となるものが存在するならば，HとH'とは**同値**であるという.

群芽Gの互に同値な部分群芽の類が局所同型写像に関して不変なことは，容易にわかる．我々の興味をもつ部分群芽の構造は，それと同値な任意の部分群芽に対してもひとしく当はてまるものに限られる.

J）Gを群芽，Hをその部分群芽とする．群芽Gの部分群芽Hに関する**左剰余類の局所空間**G/Hを定義しよう．そのために，Gにおける単位元の小さな近傍Uを選ぶ：その大きさは以下の構成によって定められる．Uの元x, yについて，$x^{-1}y \in H$のとき，それらを同一の類に入れ，集合Uを部分群芽Hに関する**左剰余類**に分割する．近傍Uを十分小さくすれば，同値の公理（§2, C）参照）はすべて満たされる．更に，各剰余類Xは$X = U \frown (xH)$；xはXの任意の元，の形に書表わされ，逆に，$U \frown (xH)$；$x \in U$，なる形の各集合は或る左剰余類を表わす．Σを空間Uの或る基とする．$W \in \Sigma$なるとき，W^*によって，Wと交わる左剰余類全体を表わす．すべての集合W^*；$W \in \Sigma$，の族Σ^*は，容易にわかるように，定理3の条件を満たし，よってそれを空間G/Hの基とすることができる．左剰余類の局所的な空間G/Hは群芽Gとその部分群芽Hを与えて一意的に定まるものではなく，なお近傍 U の選び方に依存する．**右剰余類**の局所空間も同様に定義される．次に，$H=N$：群芽 G の正規部分群芽——としよう．剰余群芽 G/N を作る．G における単位元の十分小さな近傍 V が存在して，X, Y が V と交わる二つの剰余類ならば，$U\frown(XY)=Z$ が再び剰余類となる．この場合，積 $XY=Z$ が定義されると考える．こうして，空間 G/N の V^* に属する任意の 2 元に対して，G/N に属する積が定義される．上に設定された演算によって，集合 G^* は群芽となることがわかる．この群芽 G/N を**剰余群芽** G/N という．

明らかに，群芽 G/N は群芽 G とその正規部分群芽 H を与えて一意に定まるものではなく，なお近傍 U, V の選び方に依存する；しかし，ここに得られる剰余群芽 G/N が全部互に局所同型であることは容易にわかり，よって，我々が関心をもつ剰余群芽 G/N の性質は，一意に定められる．全く同様に，正規部分群芽 N をそれと同値な正規部分群芽 N' で置換えても，そこに得られる剰余群芽 G/N' は剰余群芽 G/N に局所同型である．

K）G, G^* を二つの群芽，U, U^* をその主領域とする．f が主領域 U から主領域 U^* の中への連続写像であって，次の条件を満たすとき，f を群芽 G から G^* への**局所準同型写像**といおう．条件：積 ab が U において定義されるならば，積 $f(a)f(b)$ が U^* において定義され，かつ，$f(ab)=f(a)f(b)$．その上，単位元は写像 f によって単位元に写される．写像 f によって単位元に写される元の集合 N は，準同型写像 f の**核**と呼ばれる：それは群芽 G の正規部分群芽になる．f が主領域 U から主領域 U^* の上への開写像ならば，f を群芽 G から群芽 G^* の上への**開準同型写像**という．この場合には，群芽 G^* と剰余群芽 G/N との間に，**自然な局所同型写像**を設けることができる．群芽 G から群芽 G^* の中への局所準同型写像 f 及び f' が群芽 G の或る主領域の上で一致するならば，それらは**同値**であるという．今後，同値の範囲内で正しいということのみを目標にして，局所準同型写像を研究する．

L）N_1, N_2 を二つの群芽，その単位元を e_1, e_2 とする．(x_1, x_2)；$x_1\in N_1, x_2\in N_2$，なる形のすべての対の集合を G' で表わす．§14 の定義 A）によって集合 G'

は位相空間となる．対 (x_1, x_2) と (y_1, y_2) とについて，N_1 の元 x_1 と y_1 と，及び N_2 の元 x_2 と y_2 とを掛けることができるとき，先の2対も掛けることができると考え，かつこの場合 $(x_1, x_2)(y_1, y_2) = (x_1y_1, x_2y_2)$ とおいて，G' に乗法演算を導入する．単位元としては対 $e' = (e_1, e_2)$ をとる．この乗法法則によって空間 G' が群芽となることは，容易に検証できる．群芽 G' を群芽 N_1, N_2 の**直積**という．各元 $x_1 \in N_1$ に元 $f_1(x_1) = (x_1, e_2) \in G'$ を対応させる．全く同様に，各元 $x_2 \in N_2$ に元 $f_2(x_2) = (e_1, x_2) \in G'$ を対応させる．f_i が群芽 N_i から群芽 G' の或る正規部分群芽 N_i' の上への局所同型写像であり，かつ，正規部分群芽 N_1' 及び N_2' が次の条件を満たすことは，直ちに検証できる：1) $N_1' \cap N_2' = e'$; 2) 単位元 e' の N_1', N_2' における近傍 U_1', U_2' をどのように選んでも，それらの群としての積 $U_1'U_2'$ は G' における単位元 e' の或る近傍 U' を含んでいる．正規部分群芽のこの性質は，群芽の直積の別の定義に我々を導く，次の条件が成立するとき，群芽 G はその正規部分群芽 N_1 と N_2 との**直積に分解**するといおう：即ち，1) $N_1 \cap N_2 = e$；但し e は群芽 G の単位元，2) 単位元 e の N_1, N_2 における任意の近傍 U_1, U_2 に対して，単位元 e の G における近傍 U で $U \subset U_1U_2$ なるものが存在する．群芽 N_1, N_2 の直積 G' が群芽 G に局所同型なることは容易に検証できる．即ち，対 (x_1, x_2)（但し，x_1, x_2 は単位元のある近傍に属する）に，元 $f(x_1, x_2) = x_1x_2 \in G$ を対応させれば，群芽 G' から群芽 G の上への局所同型写像が得られる；この際，ff_i は群芽 N_i からそれ自身の上への恒等写像である．上述した2群芽の直積の定義は，自明の方法で，任意有限箇の群芽に拡張される．

ここでなお一つの概念を導入しよう：この概念は極めて特殊なものではあるが，しかし，それにも拘らず重要なものである．

M) G を群芽，D を実数のなす加法的位相群とする．群 D から群芽 G の中への局所準同型写像 g（K）参照)を群芽 G の**1径数部分群**という．そのとき十分小さな正数 α が存在して，$|s| < \alpha$, $|t| < \alpha$, $|s+t| < \alpha$ に対しては函数の値 $g(s)$, $g(t)$, $g(s+t)$ が定義され，かつ条件

$$g(s+t) = g(s)g(t) \qquad (1)$$

が満たされる．区間 $|t| < \alpha$ を 1 径数部分群 g の**存在領域**という．g, h を二つの 1 径数部分群，その存在領域をそれぞれ $|t| < \alpha$ 及び $|t| < \beta$ とする．正数 γ で $|t| < \gamma$ に対しては $g(t) = h(t)$ となるものが存在するならば，(1) により，$|t| < \min(\alpha, \beta)$ に対して $g(t) = h(t)$．G がもし位相群ならば，存在領域 $|t| < \alpha$ をもつ 1 径数部分群 g は関係 (1) により一意的に位相群 D から位相群 G の中への普通の準同型写像に延長される．

N)　G を群芽とする．もし G における単位元の近傍 U で集合 $\bar{U}$ がコンパクトになるようなものが存在するならば，群芽 G を**局所コンパクト**であるという．もし群芽 G の単位元の近傍 V がコンパクトな閉苞 $\bar{U}$ をもつ近傍 U に含まれるならば，集合 $\bar{V}$ はコンパクトである．この故に局所コンパクト性は，群芽の局所不変な性質である．U を十分小さな単位元の近傍で，その閉苞 $\bar{U}$ はコンパクトとする．V が U に含まれる単位元の近傍ならば，$\bar{U}$ は $a\bar{V}$; $a \in \bar{U}$, なる形の集合の有限箇の和に含まれ，よって集合 $\bar{U}$ の次元は集合 $\bar{V}$ の次元に等しい (§16 参照)．こうして，群芽 G の**次元**を集合 $\bar{U}$ の次元として定義することができる．もし G がコンパクトな位相群ならば，その群芽としての次元は位相空間 G の次元に等しい：U として群 G そのものを採り得るからである．

例 43. G を実数の加法位相群，N を整数全体のなすその部分群とする．命題 C) に従って，群 G, G/N は局所同型である．しかしながら，明らかに，これらの群は同型ではない．ここで我々は，局所同型であるが同型ではない群の最も簡単な例を得た．もっと複雑な例は，後に与えられる (第 9 章参照)．

例 44. G^n を n 次元 Euclid 空間のベクトルのなす加法位相群；そこには Descartes 座標が定義されているものとする．G^k により，始めの k 箇の座標軸によって生成される群 G^n の部分群を表わし，また N^k で，空間 G^k のベクトルでその座標が整数なるもの全体を表わす．集合 N^k は群 G^n のディスクリートな部分群であり，従って剰余群 $G^n/N^k = G^n{}_k$ は群 G^n に局所同型である (C) 参照)．こうして群 $G^n{}_k$; $k = 0, 1, \cdots, n$, はすべて互に局所同型である，がしかし，これらの群のどの二つも互に同型ではなく，また互に同相でさえない．群 $G^n{}_n$ はコンパクトであり，他はどれもコンパクトでない．群 $G^n{}_0$ は群 G^n に同型である．

群 G^n に局所同型な連結群 G はすべて，群 $G^n{}_k$ の中の一つに同型になることがわかる (例 97 参照).

§24. 連続変換群

§§1 及び 3 において，任意の集合上の変換群の概念を考察した (§1, F); §3, I), J), K) 参照). 変換を受ける集合が位相空間である場合には，すべての変換の中からおのずからその空間のそれ自身の上への**同相**写像が浮び上がる. 明らかに，空間からそれ自身の上への二つの同相写像の積はまたそのそれ自身の上への同相写像であり，空間からそれ自身の上への同相写像の逆写像もまた同様な同相写像であるから，位相空間の同相写像全体は群をなす. しかし，幾何学やその他の数学の部門においては，研究の対象は通常与えられた空間のすべての同相写像の群ではなく，その或る部分群：それは勿論それ自身同相写像の群をなす——である. その際，殆ど常にこの群には或る位相が導入され，群は位相群となる. 変換群の位相が変換を受ける空間の位相によってどのようにして定義されるかという問題は，非常に興味あるものである. 古典的な問題にあっては，空間の変換群に一体どのような位相を入れる必要があるかは常に明らかであり，この位相は問題の本質によって一意的に定義されるのである. とはいえ，位相変換の群の位相の一意性についての一般的な理論を建設し，位相の正しい選定を保証する，検証し易い条件を発見することが望ましい，この二つの問題の解決は定理 19 及び定義 31 によってなされる. 変換群の一般論の他の重要な問題は，位相群を知って，位相空間：与えられた群がその上での位相変換の推移群として実現されるような——を如何にして見いだすかという問題である. この問題の解決は，定理 20 によって与えられる：それは §3 の命題 K) の analogy である.

定義 31. 次の条件が満たされるとき，位相群 G を位相空間 Γ の**連続変換群**と呼ぶ，即ち，各元 $x\in G$ に集合 Γ の変換 (§1, F) 参照) x^* : $x^*=\tau(x)$, が対応して，$\tau(xy)=\tau(x)\tau(y)$ (§3, I) 参照)，かつ，関係 $\sigma(x, \xi)=x^*(\xi)$ によって定義される 2 変数 $x\in G$, $\xi\in\Gamma$ の函数 σ は連続である，即ち，位相空間 G

とΓとの直積$G\times\Gamma$(§14, A) 参照) から位相空間Γの上への連続写像である. 明らかに, 変換x^*; $x\in G$, はすべて同相写像である. もし群Gの異なる元には異なる変換が対応するならば, Gを**エフェクティヴな変換群**という. この場合には, 群Gの元はそれ自身変換である$(x=x^*)$と考えられる.

代数的な意味での群Gの無効核N(§3, I) 参照) が空間Gにおいて閉じていることは容易にわかる. 剰余群$G^*=G/N$は明白な意味において空間Γのエフェクティヴな連続変換群である. 空間Γの連続変換群Gが**推移的**であるとは, 集合Γの代数的な意味での変換群Gが推移的(§3, I) 参照) であることをいう.

定理 19. Γを Hausdorff 位相空間, Gを集合Γのエフェクティヴな変換群(§3, I) 参照) とする. 更に群Gに二つの位相 : Gを空間Γの連続変換群G', G''(定義 31 参照) にするような——を導入する. もし群G', G''の各々が局所コンパクトであり, かつ, そのコンパクトな部分集合の可算和として表わし得るならば, 群G', G''における位相は同一であり, 位相群G', G''は互に一致する.

定理 19 を証明するに先立って, 位相群の部分集合のコンパクト性に関する一つの規準を述べる.

A) Mを位相群Gの元の任意の集合とする. 集合Mの閉苞$\bar{M}$は, 集合Mの部分集合の有限交叉系がすべて, 共通な触点をG内に有するとき, かつそのときに限り, コンパクトである. 任意の有限交叉系はそれが極大になるまで補って行くことができるから(§14, D) 参照), ここで有限交叉系という代りに, (Mにおいて) 極大な有限交叉系ということができる.

これを証明しよう. もし集合$\bar{M}$がコンパクトならば, 集合Mの部分集合の有限交叉系はすべて, 集合$\bar{M}$の部分集合の有限交叉系であって, 従って$\bar{M}$において共通の触点を有する. 逆に, 集合Mの部分集合の各有限交叉系がGにおいて共通の触点を有すると仮定して, 集合$\bar{M}$のコンパクト性を証明しよう. Δ^*を集合$\bar{M}$の部分集合の任意の有限交叉系, Σを群Gの単位元の完全近傍系とする. Δによって, $M\frown(AU)$; $A\in\Delta^*$, $U\in\Sigma$, なる形の集合全体を表わそう. Δが有限交叉系であることは直ちに検証され, またそれは集合Mの部分集合より成る故，仮定によって共通の触点：それは $\bar{M}$ に属す——を有する．それを a で表わそう，a が系 $\varDelta^*$ の集合の共通な触点であることを示す．V を群 G の単位元の任意の近傍，U を $UU^{-1}\subset V$ なる如き単位元の近傍とする．$\varDelta^*$ の集合 A をどのように選んでも，集合 $M\cap(AU)$ は系 $\varDelta$ に属し，よって点 a の近傍 aU と交わる．このことから直ちに，集合 A が集合 aUU^{-1} と交わることが出，よってまた点 a の近傍 aV とも交わる．こうして，点 a の任意の近傍 aV は任意の集合 $A\in\varDelta^*$ と交わる．点 a は，従って，系 $\varDelta^*$ の共通の触点である．$\varDelta^*$ は集合 $\bar{M}$ の部分集合の任意の有限交叉系であったから，上に証明したことから集合 $\bar{M}$ のコンパクト性が出る．

定理 19 の証明． Σ' を空間 G' の完全近傍系，Σ'' を空間 G'' の完全近傍系とする．$U'\cap U''$；$U'\in\Sigma'$, $U''\in\Sigma''$, なる形のあらゆる空でない集合の系を Σ_0 と書き，系 Σ_0 が定理 3 の条件 a) 及び b) を満たす，即ち，一つの位相空間 G_0：単なる集合としては G_0 は G と一致する——の完全近傍系として採用し得ることを示そう．まず a) を確かめる．x, y を集合 G の二つの異なる点，$U'\in\Sigma'$ を点 x の G' における近傍で y を含まぬもの，また $U''\in\Sigma''$ を点 x の G'' における任意の近傍とする．集合 $U'\cap U''\in\Sigma_0$ は x を含み y を含まない．b) を確かめる．$U'\cap U''$, $V'\cap V''$ を系 Σ_0 の二つの集合で，点 x を含むものとする．ここで，U', $V'\in\Sigma'$；U'', $V''\in\Sigma''$．更に $W'\in\Sigma'$, $W''\in\Sigma''$ を点 x の近傍で $W'\subset U'\cap V'$, $W''\subset U''\cap V''$ なるものとする．系 Σ_0 の集合 $W'\cap W''$ は条件 $W'\cap W''\subset(U'\cap U'')\cap(V'\cap V'')$ を満たし，点 x を含む．こうして，定理 3 の条件は二つとも満たされる．

G_0 が位相群であること，即ち，G において定義されている演算が系 Σ_0 によって与えられる位相において連続であることを示そう．x, y を G の 2 元，$W'\cap W''$ を元 $z=xy^{-1}$ の系 Σ_0 から取った任意の近傍とする．ここで，$W'\in\Sigma'$, $W''\in\Sigma''$．G' 及び G'' は位相群であるから，元 x, y の系 Σ' に属する近傍 U', V', 及び，元 x, y の系 Σ'' に属する近傍 U'', V'' が存在して $U'V'^{-1}\subset W'$, $U''V''^{-1}\subset W''$．元 x, y の系 Σ_0 に属する近傍 $U'\cap U''$, $V'\cap V''$ は条件 $(U'\cap U'')(V'\cap V'')^{-1}\subset W'\cap W''$ を満たす．こうして，G_0 は位相群となる．

同一の集合Mの空間G', G''の各〻における閉苞$\bar{M}', \bar{M}''$がコンパクトならば，その同じ集合Mの空間G_0における閉苞$\bar{M}$もまたコンパクトであることを示そう．$\varDelta$を集合Mの部分集合の任意の極大有限交叉系（§14, D）参照）とする．系$\varDelta$が空間G_0において共通な触点を有することを示す；そうすれば集合$\bar{M}$のコンパクト性は証明されることになる（A)参照）．集合$\bar{M}'$はコンパクト故，有限交叉系$\varDelta$は位相空間G'において少なくとも一つの共通触点x'を有する．$\varDelta$はMにおける極大な有限交叉系であるから，点x'の任意の近傍$U' \in \Sigma'$と集合Mとの交わり$U' \cap M$はその中に入っている．x'が系$\varDelta$の空間G'における唯一の共通触点なることを証明する．y'を今一つのかかる点であるとする．群空間G'はHausdorff故，そこには点x', y'の各〻の近傍で互に交わらぬものU', V'が存在する．集合$U' \cap M$及び$V' \cap M$は共に有限交叉系$\varDelta$に属すが，その交わりは空である．このようにして我々は矛盾に逢着した．全く同様にして，位相空間G''においても系$\varDelta$はただ一つの共通触点x''しか有しないことが証明される．点x'とx''とが一致することを示そう．ここで，そしてここでだけ，群G'及びG''が集合Γのエフェクティヴな連続変換群であるという事実を利用する．$x' \neq x''$と仮定する．従ってx'とx''とは集合Γの異なる変換であり，よって，$x'(\alpha) \neq x''(\alpha)$なる如き点$\alpha \in \Gamma$が存在する．空間$\Gamma$はHausdorff故，その異なる点$x'(\alpha)$, $x''(\alpha)$に対して相交わらぬ近傍H', H''が存在する．G'が連続変換群なることにより，空間G'に変換x'の或る近傍U'が存在して，それに属する変換はすべて点αを近傍H'の点に写す．全く同様に，群G''にも変換x''の近傍U''で，それに属する変換がすべて点αを近傍H''の点に写すようなものが存在する．H'とH''とは交わらぬ故，U'とU''ともまた交わらない．所が既に証明したように，二つの集合$U' \cap M$, $U'' \cap M$は有限交叉系$\varDelta$に属し，従って相交わらなければならぬ．こうして我々は矛盾に陥り，よって$x' = x''$である．$x' = x'' = x$は，空間G'においても，空間G''においても，系$\varDelta$の共通触点であるから，点xの近傍$U' \in \Sigma'$, $U'' \in \Sigma''$をどのように選んでも，交わり$U' \cap M$, $U'' \cap M$は共に極大有限交叉系$\varDelta$に属し，よって交わり$U' \cap U'' \cap M$もまた系$\varDelta$に属す．こうして，点xのG_0における任意の近傍$U' \cap U''$が系

Δ の集合の各 $\mathfrak{z}$ と交わり，即ち x は空間 G_0 における系 Δ の共通触点である．これを以て集合 $\bar{M}$ のコンパクト性は証明された．

次に，位相空間 G_0 が局所コンパクトであり，かつ，そのコンパクトな部分集合の可算和として表わされることを示そう．空間 G', G'' は局所コンパクトであるから，系 Σ', Σ'' はそれに属する近傍の閉苞がすべてコンパクトになるように選ぶことができる．このように選んでおけば，今証明したばかりのことから，系 Σ_0 の各近傍は空間 G_0 においてコンパクトな閉苞を有する．更に F_1', F_2', … を空間 G' のコンパクトな部分集合の列でその和が G' に等しいもの，また F_1'', F_2'', … を空間 G'' のコンパクトな部分集合の列でその和が G'' に等しいもの，とする．$F_{ij} = F_i' \cap F_j''$ とおく．既に証明したことから，集合 $\bar{F}_{ij}$ はすべて空間 G_0 においてコンパクトであり，しかもそれらの和は，明らかに，G_0 に等しい．

各元 $x \in G_0$ にその同じ元 $x \in G'$ を対応させて，群 G_0 から群 G' の上への写像を定義しよう．G_0 における位相の構成そのものから，この写像は連続であり，かつ，代数的な意味での同型写像であるから，定理12によって，位相群 G_0 から位相群 G' の上への同型写像である．全く同様に，各元 $x \in G_0$ にその同じ元 $x \in G''$ を対応させて，位相群 G_0 から位相群 G'' の上への同型写像が得られることを証明し得る．ここに得られた同型写像を結合すれば，各元 $x \in G'$ にその同じ元 $x \in G''$ を対応させて，位相群 G' から位相群 G'' の上への同型写像が得られることがわかる．

かくて，定理19は証明された．

B) G を位相群，H をその部分群，G/H を左剰余類の空間（定義24参照）とする．変換 x^* を関係 $x^*(\Xi) = x\Xi$；但し $x \in G$, $\Xi \in G/H$, によって定義すれば，集合 G/H の推移的な変換群 G を得る（§3, J）参照）．G は位相空間 G/H の連続変換群であることがわかる．群 G の無効核は群 G の H に含まれる極大正規部分群である（§3, J）参照）．

函数 σ（定義31参照）が連続なことを示そう．$x \in G$, $\Xi = aH \in G/H$, $x^*(\Xi) = xaH = \mathrm{H}$ とおく．元 H の空間 G/H における任意の近傍 W^* は，元 xa の群 G

における或る近傍 W を用いて，集合 WH に含まれるすべての剰余類の集合として定義することができる．次に，U, V を元 x, a の群 G における近傍で $UV \subset W$ なるものとする．空間 G/H における元 Ξ の近傍で，集合 VH に含まれるあらゆる剰余類からなるものを V^* と書く．関係 $UV \subset W$ より直ちに $\sigma(U, V^*) \subset W^*$ が出る．こうして命題 B) は証明される．

C) G を位相空間 Γ の連続変換群，G' を位相空間 Γ' の連続変換群とする．写像の対 φ, ψ が対 G, Γ から対 G', Γ' の上への**相似**写像であるとは，φ が位相群 G から位相群 G' の上への同型写像であり，ψ が位相空間 Γ から位相空間 Γ' の上への同相写像であり，また，$x' = \varphi(x)$, $\xi' = \psi(\xi)$ ならば $x'^*(\xi') = \psi(x^*(\xi))$ なることをいう．対 G, Γ から対 G', Γ' の上への相似写像が存在するとき，対 G, Γ と G', Γ' とは**相似**であるという．

定理 20. G を位相空間 Γ の推移的な連続変換群，α を空間 Γ の或る固定された点とする．$x^*(\alpha) = \xi$ なる条件を満たすあらゆる元 $x \in G$ の集合を $\psi(\xi)$ と書く，そのとき，$H_\alpha = \psi(\alpha)$ は位相群 G の部分群となることがわかる．§3, 命題 K) によって，ψ は集合 Γ から左剰余類の集合 G/H_α の上への 1 対 1 写像である．ψ^{-1} が空間 G/H_α から空間 Γ の上への連続写像であることがわかる．φ を群 G のそれ自身の上への恒等写像とする．もし空間 G と Γ とが局所コンパクトであり，空間 G がそのコンパクトな部分集合の可算和として表わし得るならば，対 φ, ψ は対 G, Γ から対 $G, G/H_\alpha$ の上への相似写像である (B) 及び C) 参照).

証明. §3 の命題 K) により，定理 20 の主張の中証明を要するのは位相に関する箇所のみである，即ち，集合 H_α が閉じていること，及び，写像 ψ^{-1} が一般の場合に連続であり，特殊な場合には位相的であることである．

集合 H_α が閉じていることは，写像 σ の連続性から出る (定義 31 参照).

群 G から左剰余類の空間 G/H_α の上への自然な写像 (§19, C) 参照) を f と書き，$g = \psi^{-1}f$ とする．写像 g の連続性から写像 ψ^{-1} の連続性が出ることを示そう．実際，L を Γ における任意の開集合とする．そのとき，$\psi(L) = f(g^{-1}(L))$. 仮定により写像 g は連続であるから，$g^{-1}(L)$ は G における開集合である．所が f は開写像であるから，これから $f(g^{-1}(L))$ が G/H_α における開集合であることが出る．写像 ψ が1対1であることにより，写像 ψ^{-1} は連続となる．次に，写像 g が開写像なることから，写像 ψ の連続性が出ることを示そう．M を G/H_α における任意の開集合とする．そのとき $\psi^{-1}(M)=g(f^{-1}(M))$；写像 f の連続性及び写像 g の開なることから，$\psi^{-1}(M)$ が開集合なること，即ち，写像 ψ が連続なることが出る．このようにして，定理の証明のためには，写像 g が一般に連続であり，定理の後半の特殊な場合には更に開なることを証明すれば十分ということになる．

写像 g が条件 $g(x)=x(\alpha)$；$x\in G$，によって定義されることは容易にわかる．従って，写像 g の連続性は写像 σ（定義31参照）の連続性から直ちに出る．写像 g が特殊な場合に開となることを証明しよう．この証明は定理12の証明と類似する．

U を群 G の単位元の任意の近傍として，$g(U)$ が空間 Γ において点 α の或る近傍を含むことを示そう．群 G の単位元の近傍 V で，集合 $F=\bar{V}$ がコンパクト，$F^{-1}F\subset U$ となるものを選ぶ．Σ を空間 G のコンパクト集合の可算族で，その和が空間 G に一致するものとする．集合 $E\in\Sigma$ をどのように取っても，開集合系 xV；$x\in E$，は集合 E を被覆し，よって，xV；$x\in E$，なる形の開集合による集合 E の有限被覆が存在する．系 Σ に含まれる集合は可算箇に過ぎぬ故，群 G において元の列 $x_1, x_2, \cdots$ を選んで，集合 $F_i=x_iF$；$i=1, 2, \cdots$，が空間 G を被覆するようにすることができる．$C_i=g(F_i)$ とおく．集合 $C_1, C_2, \cdots$ は空間 Γ を被覆する．

集合 $g(F)$ が空間 Γ の開集合を含むことを証明しよう．そのためには集合 C_i の中の少なくとも一つが空間 Γ の開集合を含むことを証明すれば十分である．実際，$C_i=g(x_iF)=x_i^*(g(F))$；即ち C_i は $g(F)$ から全空間 Γ の同相変換によって得られる．集合 C_i の中には開集合を含むものが一つもないと仮定しよう．L_0 を Γ における任意の近傍で，その閉苞がコンパクトなものとする．集合 C_1 は開集合を含まぬ故，Γ に，その閉苞がコンパクトでかつ $L_0\setminus C_1$ に完全に含まれるような，近傍 L_1 が存在する．集合 C_2 も開集合を含まぬ故，その閉苞がコンパクトで $L_1 \setminus C_2$ に含まれるような，近傍 L_2 が存在する．この過程を継続して，コンパクトな閉苞を持ち，かつ，条件 $\bar{L}_i \subset L_{i-1} \setminus C_i$; $i=1,2,\cdots$, を満たすような，近傍の無限列 $L_0, L_1, L_2, \cdots$ を得る．集合 $\bar{L}_i$ は皆コンパクトで，しかも空でないから，それらの共通部分も空でなく（定理 4 参照)，しかもそれは集合 C_i; $i=1,2,\cdots$, の和に属さない．しかし，この和は Γ に一致するのであるから，これは不可能である．こうして集合 $g(F)$ が空でない開集合 L を含むことが証明された．

$\beta \in L$, また x を $g(x)=\beta$, 即ち，$x^*(\alpha)=\beta$ なる如き F の点とする．$F^{-1}F \subset U$ であるから，$x^{-1}F \subset U$. 従って，$g(U) \supset g(x^{-1}F)=(x^{-1})^*(g(F)) \supset (x^{-1})^*(L)$. 所が $(x^{-1})^*(L)$ は点 α を含む Γ の開集合である．こうして，群 G の単位元の近傍 U をどのように選んでも，集合 $g(U)$ が点 α の或る近傍を含んでいることが証明された．

最後に，写像 g が開なることを証明しよう．$x \in G$, W を元 x の任意の近傍，また，$g(x)=\gamma$, 即ち，$x^*(\alpha)=\gamma$, とする．開集合 $x^{-1}W$ は群 G の単位元を含み，従って $g(x^{-1}W)$ は点 α の或る近傍 L' を含む：$\alpha \in L' \subset g(x^{-1}W)$. この関係に変換 x^* を施せば，$\gamma=x^*(\alpha) \in x^*(L') \subset x^*(g(x^{-1}W))=g(W)$ を得る．こうして $g(W)$ は点 γ の近傍 $x^*(L')$ を含み，写像 g が開なることが証明された．

このようにして，定理 20 は完全に証明された．

例 45. Γ を距離空間(従ってまた，位相空間；例 20 参照)とする．集合 Γ の変換 x が距離を保つとき，即ち，Γ の任意の 2 点 ξ, η に対して $\rho(x(\xi), x(\eta))=\rho(\xi,\eta)$ なるとき，x を**等長変換**或は**運動**という．明らかに，空間 Γ のすべての等長変換の集合は群をなす．この群の部分群のことを空間 Γ の**等長変換群**と呼ぶ．

G をコンパクトな距離空間 Γ の或る等長変換群とする．二つの変換 x, y の間の距離 $\rho(x, y)$ を空間 Γ における距離 $\rho(x(\zeta), y(\zeta))$ の $\zeta \in \Gamma$ に関する最大値として定義し，G に距離を，従って位相を，導入する．こうして集合 G に定義された距離に対して，距離空間の公理が満たされる．位相群 G が空間 Γ の連続変換群なることは容易にわかる．もし G が空間 Γ の全等長変換の群ならば，空間Gは，容易にわかるように，可算コンパクト（従って，コンパクト；例26参照）であり，定理19によって，Gに導入された位相は，群Gを空間Γの連続変換群にするただ一つのコンパクトな位相である．もし空間Γの全等長変換の群Gが推移的ならば，それに定理20を適用できる．例えば，$n+1$次元Euclid空間の単位球面$\sum x_i^2=1$の全等長変換の群は，この例の一つである．この群は$n+1$次の直交行列全体のなす位相群と同型である（例34参照）．

例 46. Γをn次元の実ベクトル空間でそこには座標が定義されているとし，Gを行列式が0でないようなn次の実正方行列全体のなす位相群とする（例34参照）．各行列$\|x^i{}_j\|\in G$に対して，ベクトル$\xi=(\xi^1,\cdots,\xi^n)$を

$$\eta^i=\sum_{j=1}^{n}x^i{}_j\xi^j\,;\ i=1,\cdots,n$$

なる関係で定義されるベクトル$x(\xi)=(\eta^1,\cdots,\eta^n)$に写す空間$\Gamma$の変換$x$を対応させる．異なる行列には異なった変換が対応し，また行列の積には変換の積が対応することは，容易にわかる．こうして群Gは，代数的な意味で，集合Γのエフェクティヴな変換群である．位相群Gが位相空間Γの連続変換群なることも，容易に検証できる．群Gは局所可算コンパクトかつ可算基を有する故，ここで定理19が適用できる．こういうわけで，空間Γの今考えている変換群に我々が導入した位相は，それを空間Γの，可算基をもつ局所可算コンパクトな連続変換群にする，ただ一つの位相ということになる．Gが位相群Γのすべての自己同型写像（定義26参照）から成ることに注意しておこう．こうして，ベクトル群Γの全自己同型写像の群Gには，Gを位相群にするような自然な位相が導入される．

第4章　位　相　体

位相群の中で**位相環**及び**位相体**即ち演算が連続な環及び体は数学において本質的な役割を果すものである．この章では位相環及び位相体の内で位相体，更に詳しくいえば連続体，即ち局所コンパクトでディスクリートでない位相体のみを専ら扱う．

連続体は比較的少数の非常に自然な公理によって定義される一つの位相代数的な対象である．

所が一方それは非常に具体的な対象であることがわかる．例えば連結な連続体としてはただ三つの相異なるもの，即ち実数体，複素数体，4元数体しか存在しない．連結でない連続体はずっと沢山あって，それを完全に数え上げることはできていない．それにも拘らずそれらは相当に具体的に構造がわかっている．即ち連結でない連続体は p 進数体或は p 箇の元から成る有限体 $GF(p)$ を係数とする巾級数体の有限次元の必らずしも可換でない拡大体［即ちそれらの上の多元体 *division algebra*］であることが証明される（§26参照）．

上述の具体的な連続体即ち実数体，複素数体，4元数体，p 進数体，及び p 箇の元から成る有限体上の巾級数体のみを**典型連続体**といってよいであろう．これらはすべて相当古くから知られていた体で数学において本質的な役割を果すものである．上述の結果は，数学において典型連続体の果す役割は，それらを歴史的な偶然によって発達した概念としてではなく論理的な必然性をもつものと考える事に依り説明されると考えないわけにはゆかないことを示すものである．このように本章の内容はある意味で哲学的な興味を有するのである．即ちこれによって歴史的に発展してきた実数及び複素数の概念の論理的な正当性が明らかとなるのである．

この章の内容は本書の後の章では用いない．

§25.　位相環及び位相体

この§では位相環と位相体の定義と最も簡単な性質を与えよう．本章においては特に断らない限り体（または環）の乗法の可換性を仮定しない．

定義 32.　集合 R は次の条件をみたすときに**位相環**または**位相体**という．

1)　R は環または体である（定義 11 参照）．

2)　R は位相空間である．

3)　R に与えられた代数的演算が位相空間としての R において連続である：詳しく言えば，R の任意の二元 a, b に対し $a-b$ 及び ab の任意の近傍 W と W' に対し a, b の近傍 U 及び V が存在し $U-V\subset W$ または $UV\subset W'$ となり．R が体のときは $a \neq 0$ ならば a^{-1} に対し a の近傍 U が存在し $U^{-1}\subset W$ となる．

位相環を考察する場合に位相的性質と関係のない代数的性質のみを取扱うときはそれを強調する為に**抽象環**と呼ぶ事にしよう．

A)　位相環 R から位相環 R' の中への写像 g は，それが抽象環 R から抽象環 R' の中への準同型写像であって位相空間 R から位相空間 R' の中への連続写像であるとき，**準同型写像**であるという．

環 R の元で準同型写像 g によって環 R' の中の 0 に写像されるものの全体をこの準同型写像の**核**という．勿論位相環 R の準同型写像の核は抽象環 R のイデアルであって，かつ位相空間 R の閉集合である．

B)　位相環 R の部分集合 I は，抽象環 R のイデアルであって，かつ位相空間 R の閉集合である時，この位相環の**イデアル**という．位相環 R を加法による位相群 R とみなした時，商群 R/I は加法に関し位相群であって乗法が定義されている（§7, B) 参照）．更にこの乗法は位相空間 R/I において連続であり，R/I はそれ自身位相環となる事が証明される（§20, B) 参照）．R/I を位相環 R のイデアル I による**剰余環**という．抽象環 R から抽象環 R/I の上への**自然準同型写像** g（§7, B) 参照）は位相空間 R から位相空間 R/I の上への開連続写像となる（§20, B) 参照）．従って g は位相環 R から位相環 R/I の上への開準同型写像である．

C)　位相環 R から位相環 R' 上への写像は，抽象環 R から抽象環 R' の上への同型写像であって位相空間 R から位相空間 R' の上への同相写像である時に位相環としての**同型写像**であるという.

容易にわかるように同型写像の逆写像はまた同型写像である.

D) I が位相環 R から位相環 R^* の上への開準同型写像 g の核であるとする. 抽象環 R/I から抽象環 R^* の上への**自然同型写像** f (§7, D)参照) は位相環 R/I から位相環 R^* の上への同型写像を与える (定理 11 参照). 定理 12 から直ちに証明されるように位相空間 R 及び R^* が局所コンパクトで, しかも位相空間 R が可算箇のコンパクトな部分集合の和として表わすことができるならば, 位相環 R から位相環 R^* へのすべての準同型写像は開写像である.

§27 において証明されるように, すべての局所コンパクトな位相体は**第1可算公理**をみたす, 即ちその任意の点の近傍に対して可算箇の基が存在する. 各点において可算箇の基が存在するから位相体では主として**点列の収束**の概念によって研究することができる. このような事情を利用して我々は次の二つの§において用いられる位相体の諸性質を研究しよう.

E) K を位相体で第1可算公理をみたすものとしよう. K の元の列 $a_1, a_2, \cdots, a_n, \cdots$ が K の元に**収束する**, 記号で $\lim_{n\to\infty} a_n = a$ とは, 元 a の任意の近傍 U に対して自然数 k が存在して $n>k$ ならば $a_n \in U$ となることをいう. $U_1, U_2, \cdots, U_n, \cdots$ を任意の点 $b \in K$ の近傍の可算箇の基としよう. $V_n = U_1 \cap U_2 \cap \cdots \cap U_n$ とおけば点 b の近傍の可算箇の基で減少列

$$V_1 \supset V_2 \supset \cdots \supset V_n \supset \cdots \qquad (1)$$

を作るものが得られる.

M を b がその閉苞に含まれる, 即ち $b \in \bar{M}$ となる任意の集合としよう. このとき近傍系 (1) を利用して集合 M の元 $b_1, \cdots, b_n, \cdots$ で b に収束するものを見いだすことができる. 実際 b_n を $M \cap V_n$ の任意の元とすれば勿論 $\lim_{n\to\infty} b_n = b$ となる. b が集合 M の集積点である場合, 即ち $b \in \overline{M \setminus b}$ となるときは, b と異なる M の元の列 $b_1, b_2, \cdots, b_n, \cdots$ で b に収束するものを選ぶことができる. もし,

$$\lim_{n\to\infty} a_n = a, \qquad \lim_{n\to\infty} b_n = b$$

となるならば, K における演算の連続性により

$$\lim_{n\to\infty}(a_n+b_n) = a+b, \qquad \lim_{n\to\infty}(a_nb_n) = ab,$$
$$\lim_{n\to\infty}(-a_n) = -a, \quad a\neq 0 \text{ ならば } \lim_{n\to\infty} a_n^{-1} = a^{-1}$$

となる.

K の元の列 $a_1, \cdots, a_n, \cdots$ は 0 の任意の近傍 U に対して十分大なる自然数 k をとれば, $n>k$, $m>k$ に対して

$$a_n - a_m \in U$$

となるとき**基本列**であるという.

二つの基本列 $a_1, \cdots, a_n, \cdots$ と $b_1, \cdots b_n, \cdots$ は $a_1, b_1, \cdots, a_n, b_n, \cdots$ なる列がまた基本列となるとき**同値である**という. K の二つの点列が同一の点に収束すればそれは同値な基本列であることが直ちに証明される. 同様に体 K が局所コンパクトであるならば, 任意の基本列は必ず収束することが容易に証明される.

基本列の考えを使って後で利用する次の命題を証明しよう. ここで考える体は第1可算公理をみたし, かつ局所コンパクトである.

F) R を第1可算公理をみたす位相体とし, T を R の稠密な部分環とし, f を位相環 T から局所コンパクトな体 K' の部分環 T' の上への同型写像とする. この時位相体 R から位相体 K' の部分体 R' の上への同型写像 φ で T 上では f と一致するものが存在する. しかもかかるものはただ一つに限る.

これを証明しよう. [その為に] 写像 φ を実際に構成しよう. α を体 R の任意の元とし $a_1, \cdots, a_n, \cdots$ を α に収束する T の元の列とする. 点列 $a_1, \cdots, a_n, \cdots$ は R において収束するから基本列であり, 従ってそれは環 T においても基本列である. また写像 f は環 T から環 T' の上への同型写像であるから $a'_n = f(a_n)$ とおけば点列 $a'_1, \cdots, a'_n, \cdots$ は T' の基本列である. この点列は K' においても基本列であり, 従ってある元 α' に収束する. 容易にわかるように元 α' は α により一意的に定まり, α に収束する点列 $a_1, \cdots, a_n, \cdots$, のとり方に依らない. また明らかに $\alpha\in T$ に対しては $\alpha' = f(\alpha)$ である. さて写像 φ が写像 f の連続な拡大になっているならば, φ は $\varphi(\alpha) = \alpha'$ なる関係によって定義しなければならぬ. そこでこの関係によって我々は φ を定義し, この φ が位相体 R から位相体 $R' = \varphi(R) \subset K'$ の上への同型写像であることを証明しよう.

まず φ が加法及び乗法を保存する，即ち抽象体 R から抽象体 K' の中への準同型写像であることを証明しよう．実際：

$$\begin{aligned}\varphi(\alpha)+\varphi(\beta) &= \lim_{n\to\infty} f(a_n)+\lim_{n\to\infty} f(b_n) = \lim_{n\to\infty}(f(a_n)+f(b_n)) \\ &= \lim_{n\to\infty} f(a_n+b_n) = \varphi(\alpha+\beta)\end{aligned}$$

である．同様にして $\varphi(\alpha)\varphi(\beta)=\varphi(\alpha\beta)$ が証明される．体 R のイデアルは $\{0\}$ 及び R 以外には存在しないから準同型写像 φ の核は $\{0\}$ であり，従って φ は抽象体 R から抽象体 $R'=\varphi(R)$ の上への同型写像である．

次に写像 φ は0の近傍において連続で且つ開であることを証明しよう．これが証明されると φ が同相写像であることが証明されたことになる（§20, A）参照）．

今 Λ' を R' の任意の0の近傍とし，M' を $\bar{M}'\subset\Lambda'$ となるような R' における0の近傍とする（ここで閉苞は R' の中でとるものとする）．そして $V'=T'\frown M'$ とする．$V=f^{-1}(V')$ とし M を R の0の近傍で $M\frown T=V$ となるものとする．このとき $\varphi(M)\subset\Lambda'$ なることを証明しよう．α を M の任意の元とする．このとき，容易にわかるように V の元の列 $a_1, \cdots, a_n, \cdots$ で α に収束するものがある．従って $\varphi(\alpha)=\lim_{n\to\infty} f(a_n)\in\bar{V}'\subset\bar{M}'\subset\Lambda'$．次に写像 φ が開写像であることを証明しよう．Λ を R における0の任意の近傍とし M を $\bar{M}\subset\Lambda$ なる R の0の近傍として $V=M\frown T$ とおく．$V'=f(V)$ とし M' を R' の0の近傍で $V'=M'\frown T'$ となるようなものとする．このとき $\varphi(\Lambda)\supset M'$ を証明すればよい．M' の任意の元を α' とする．しからば $\alpha\in R$ に収束する T の元の列 $a_1, \cdots, a_n, \cdots$ で，$a_n'=f(a_n)$ としたとき T' の点列 $a'_1, \cdots, a'_n, \cdots$ が α' に収束するようなものが存在する．点列 $a'_1, \cdots, a'_n, \cdots$ は開集合 M' の点 α' に収束するから，十分大きな n に対しては $a'_n\in M'\frown T'=V'$ である．そこで［先の方だけ考えて］$a'_1, \cdots, a'_n, \cdots$ がすべて V' に属すると考えてよい．そのとき $a_1, \cdots, a_n, \cdots$ はすべて V に含まれる．従って $\alpha=\lim_{n\to\infty} a_n\in\bar{V}\subset\bar{M}\subset\Lambda$ となり $\varphi(\Lambda)\supset M'$ が得られた．

これで命題 F）は証明された．

G） 位相体が局所コンパクトでかつディスクリートでないとき，**連続体**という．位相体 R は R から一つの連続体の中への同型写像が存在するとき，従って連続体の中に含まれていると考えることのできるときに，**連続拡大可能**という．L を連続拡大可能な位相体とし K をそれを含む連続体とする．

連続体 $\bar{L}$ は位相体 L のみにより一意に定まり，定義の為に選んだ K によらないことが証明される．

$\bar{L}$ を L の**最小連続拡大体**と呼ぶ．

最小連続拡大体 $\bar{L}$ が体 K によらないということは次のことを意味する．f を位相体 L から連続体 K' の部分体 L' の上への同型写像とする．この時 $\bar{L}$ から $\bar{L}'$ の上への同型写像で L 上では f と一致するものがただ一つ存在する．実際 $T=L,\ R=\bar{L}$ とする（F）参照）と写像 f の拡大で体 $\bar{L}$ から体 $\bar{L}'$ の上への同型写像を与えるものがただ一つ存在する．

§26. 典型連続体

実数体 D^1 と複素数体 D^2 は共に位相体であって，古くから知られており，よく研究されている．ここでは **4元数体** D^4 と $\boldsymbol{p}$ **進数体** $K_0{}^p$ と p 箇の元より成る体 $\boldsymbol{GF(p)}$ **を係数体とする巾級数体** $K_t{}^p$ について述べよう．これらの位相体の役割は次の§において明らかになるであろう．位相体は局所コンパクトであってディスクリートでないときに**連続体**というが次の§において $D_1, K_0{}^p, K_t{}^p$ ——ここで p は任意の素数——が連続体として**単純**であって，すべての単純な連続体はこれらの内のどれか一つと同型であることを証明する．即ち $D^1, K_0{}^p$ はそれ自身一つの連続体となる真の部分体を含まず，$K_t{}^p$ の任意の連続部分体はそれ自身に同型である．更に任意の連続体は $D^1, K_0{}^p, K_t{}^p$ のどれか一つを部分体として含みそれらの有限次拡大体となることが証明される．

複素数体及び4元数体の意義は別の所にある．この§で証明する Frobenius の定理（B)参照）によれば，実数体 D^1 の有限次拡大体は実数体それ自身と一致するか複素数体 D^2 または4元数体 D^4 と同型である．この Frobenius の定理と次の§の結果を比較すると任意の連結で局所コンパクトな体は実数体，複素数体，4元数体のいずれか一つと同型であることがわかる．

まず4元数体について述べる．——

A) D^4 を一つの 4 次元実ベクトル空間とする．D^4 の任意のベクトル x は基底 $1, i, j, k$ の 1 次結合として $x = x^0 + x^1 i + x^2 j + x^3 k$ と一意的に表わされる．以下 i, j, k を**単位 4 元数**という．D^4 に乗法を，分配律をみたし，かつ実数は単位 4 元数と可換で，単位 4 元数の間の乗法の規則が

$$ij = -ji = k\,;\ jk = -kj = i\,;\ ki = -ik = j\,;$$

$$ii = jj = kk = -1 \qquad (1)$$

となるように定義する．集合 D^4 はこの加法と乗法により一つの連続体を作ることが示される．体 D^4 を **4 元数体**といい，その元を **4 元数**という．

D^4 における乗法が結合律をみたすことは容易に検証される．x の**共役 4 元数** $\bar{x}$ を $\bar{x} = x^0 - x^1 i - x^2 j - x^3 k$ で定義すると，直ちにわかるように

$$\overline{xy} = \bar{y}\bar{x} \qquad (2)$$

となる．**4 元数 x の長さ** $|x|$ とは $|x| = \sqrt{(x^0)^2 + (x^1)^2 + (x^2)^2 + (x^3)^2}$ で定義される負でない実数のことである．この長さにより D^4 は 4 次元 Euclid 空間となる．このとき

$$|xy|^2 = xy\,\overline{xy} = xy\,\bar{y}\bar{x} = x\,|y|^2\,\bar{x} = |y|^2\,x\bar{x} = |x|^2\,|y|^2$$

が得られるから

$$|xy| = |x|\,|y| \qquad (3)$$

が成立つ．

$x \neq 0$ ならば $|x| \neq 0$ で 4 元数 x の**逆元** x^{-1} が存在する，即ち $x^{-1} = \dfrac{\bar{x}}{|x|^2}$ である．従って 4 元数の全体 D^4 が一つの連続体を作る． 4 元数体 D^4 は $x = x^0 + 0i + 0j + 0k$ なる形の 4 元数全体の作る部分体として実数体 D^1 を含む．$|x| = 1$ をみたす 4 元数の全体 G は，(3) により乗法に関して位相群を作る．集合 G は 4 次元 Euclid 空間 D^4 の 3 次元球面である．$x^1 i + x^2 j + x^3 k$ の形の 4 元数は**純 4 元数**と呼ばれる．その全体 I は D^4 内で D^1 に直交する 3 次元の部分空間を作る．

次に我々は Frobenius による次の命題 B) を証明しよう．

B) K が実数体 D^1 の有限次元拡大体で D^1 をその中心に含むものとする．即ち体 K の元の有限箇の組 $1, e_1, \cdots, e_k$ が存在し，それらは D^1 に関し 1 次独立

であり，しかも任意の $x \in K$ は一意的に

$$x = d^0 + d^1 e_1 + \cdots + d^k e_k, \qquad d^i \in D^1$$

の形に書け，更に各 e_i は D^1 の元と可換であるものとする．このとき K は実数体 D^1 に一致するか，複素数体 D^2 または4元数体 D^4 のどちらか一つに同型である．

B)を証明しよう．$K = D^1$ ならば B) は正しい．そこで $K \neq D^1$ としよう．先ず $z \in K$ で $z^2 \in D^1$, $z^2 \leqq 0$ となるものの全体を I として，K の任意の元は一意的に

$$x = d + z, \qquad d \in D^1, \qquad z \in I \tag{4}$$

と書けることを証明しよう．

今，x の巾からなる数列

$$1, x, x^2, \cdots, x^n, \cdots \tag{5}$$

を考えよう．K は D^1 の上の有限次元のベクトル空間故，数列 (5) の元は D^1 上で1次従属である．従って実係数の多項式 $f(y)$ が存在して $f(x) = 0$ となる．多項式 $f(y)$ は**既約**と仮定してよい．一方よく知られているように実数体 D^1 上の既約多項式は1次式または2次式である．

$f(y) = y - d$ ならば $x = d \in D^1$ で (4) 式の分解が $z = 0$ として成立つ．$f(y) = y^2 + py + q$ ならば代数的変換により $f(y) = (y-d)^2 + c^2$ となる．そこで $x - d = z$ とすれば，$z \in I$, $x = d + z$, となり (4) 式が成立つ．

一意性を証明する為に $x = d' + z'$, $d' \in D^1$, $z' \in I$, となったとしよう．このとき $z' = z + d - d'$ であるからこの両辺を自乗すると $z'^2 = z^2 + (d-d')^2 + 2(d-d')z$ となり，従って $(d-d')z$ が実数でなければならない．故に $z = 0$ であるか $d - d' = 0$ でなければならない．どちらにしても (4) の分解が一意となることが直ちに確かめられる．

次に I は K の部分空間である，即ち $x \in I$, $y \in I$, a, $b \in D^1$, なるとき

$$ax + by \in I \tag{6}$$

となることを証明しよう．

これをまず最初に x, y, 1 が実数体 D^1 上で1次従属なるとき，即ちすべては0でない実数 α, β, γ が存在して $\alpha x = \beta y + \gamma$ となるときに証明しよう．容易

にわかるように$\alpha x, \beta y$はIに属するから分解（4）の一意性から$\gamma=0$である．従って$y=\dfrac{\alpha}{\beta}x$で，$ax+by$は$\left(a+b\dfrac{\alpha}{\beta}\right)x$と書直せるから（6）式が成立つことは明らかである．

次に，$ax+by \in D^1$となるのは$a=0,\ b=0$のときに限ると仮定しよう．

$$ax+by=d'+z', \tag{7}$$

但し$d' \in D^1,\ z' \in I$（（4）参照）とする．ここで元d', z'は実数a, bの選び方に依存する．上の仮定は$z'=0$となるのは$a=0,\ b=0$のときに限ることを意味する．このときa, bをどんなに選んでも$d'=0$であることを証明しよう．今，

$$xy+yx=d+z \tag{8}$$

（（4）参照）とする．（7）の両辺を自乗すると

$$\begin{aligned} d'^2+z'^2+2d'z' &= a^2x^2+b^2y^2+ab(xy+yx) \\ &= a^2x^2+b^2y^2+abd+abz \end{aligned} \tag{9}$$

となる．ここで（4）式の分解の一意性を使うと（9）から

$$2d'z'=abz \tag{10}$$

が得られる．

今ある一つの実数の組a, bに対して$d' \neq 0$となったと仮定しよう．このとき等式(10)，(7)と$x, y, 1$がD^1上で一次独立であるという仮定から$z \neq 0$である．所がzはa, bの選び方に関係しないから，上のように仮定するときは$ab \neq 0$ならば常に$d' \neq 0$となる（何となれば(10)式において$d'=0,\ ab \neq 0$とすれば$z=0$となる）．そこで

$$z'=\frac{ab}{2d'}z \tag{11}$$

という等式が$ab \neq 0$なるとき常に[分母が0でなくて意味を有して]成立つ．従って

$$ax+by=\frac{ab}{2d'}z+d' \tag{12}$$

となる．等式(12)は$ab \neq 0$なるとき常に成立ち，zはa, bに無関係であるから(12)式からx, y, zに関する二つの独立な等式を導くことができる．この二

つの等式から z を消去すれば $a'x+b'y=c'$; $a', b', c'\in D^1$, という形の関係式が得られるが，これは $x, y, 1$ が実数体上で1次独立という仮定に反する．そこである $a, b\in D^1$ に対して $d'\neq 0$ という仮定から矛盾が導かれることがわかった．従って $a, b\in D^1$ が何であっても常に $d'=0$ である．即ち I が部分空間であることが証明された．

次に i, j を K の元で $i^2=-1$, $j^2=-1$, $ij=k\in I$ となるものとしよう．そして i, j, k が D^1 上1次独立でかつ単位4元数の組を作ること，即ち関係式（1）を満たすことを示そう．

$ij\in I$ であるから $ij=al$, $a\in D^1$, $l^2=-1$ なる形に表わされる．$(ij)(ji)=i(-1)i=1$ であるから $ji=(al)^{-1}$ である．$(al)^{-1}$ は容易にわかるように $-a^{-1}l$ に等しい．従って $ji=-a^{-1}l$ である．I は部分空間で $i, j\in I$ 故 $i+j\in I$ である．従って $(i+j)^2=i^2+j^2+ij+ji\in D^1$, 故に $ij+ji$ は実数である．従って $\left(a-\dfrac{1}{a}\right)l\in D^1$, 従って $a^2=1$ でなければならない．故に $k=al$ は $k^2=-1$ という条件を満たす．従って

$$i^2=-1,\quad j^2=-1,\quad k^2=-1 \tag{13}$$

が得られた．

$$ij=k \tag{14}$$

なる等式の両辺の逆元を考えると $j^{-1}i^{-1}=k^{-1}$ であるから $ji=-k$ ((13) 参照) である．(14) の両辺に左から $-i$ を乗ずれば $j=-ik$ が得られる．（1）の他の関係式も全く同様にして得られる．次に i, j, k の一次独立性を証明しよう．今

$$bi+cj+dk=0 \tag{15}$$

なる実数 b, c, d を係数とする関係式が成立つと仮定しよう．(15) 式に左から k を乗ずると $bj=ci+d$ が得られる．分解（4）の一意性から $d=0$ であり従って $bij=-c$ となるが $(ij)^2=-1$ 故［$ij\in I$ だから分解 (4) の一意性により］$b=0$, $c=0$ でなければならない．従って i, j, k の1次独立性が証明された．

今，集合 I の任意の2元は D^1 に関し1次従属と仮定しよう．このとき K は複素数体 D^2 と同型である．実際，今 $i^2=-1$ なる元 i を I から選べば分解（4）により K の任意の元は一意的に $a+bi$, 但し a, b は実数，なる形に書ける．従

って K は複素数体 D^2 と同型である.

次に集合 I は D^1 に関し1次独立な2元 x, y を含むと仮定し，このとき K は4元数体 D^4 を含むことを証明しよう．今，$xy = z+d,\ z\in I,\ d\in D^1$ ((4)参照)とする．このとき実数 a を $ax^2 = -d$ となる如く選ぶと $x(y+ax) = z$ となる．x, y は1次独立だから $x \neq 0$ でまた $y' = y+ax \neq 0$ である．また I は部分空間だから $y'\in I$ である．x, y に適当な実数を乗じて正規化すれば結局 $i^2 = -1,\ j^2 = -1,\ ij = k\in I$ となる i, j が得られる．このとき，上に証明したように，i, j, k は1次独立でかつ(1)を満たす．従って $a+bi+cj+dk$ なる形の元の全体は4元数体と同型な K の部分体を作る.

最後に K が D^4 を含むと仮定して $K = D^4$ を証明しよう.

今，i, j, k を体 D^4 の単位4元数としよう．K の元で D^4 に属しないものが存在すれば $z\in I$ で i, j, k と1次独立であるものが存在する．今，

$$iz = d_1+z_1,\quad jz = d_2+z_2,\quad kz = d_3+z_3$$

としよう((4)参照)．更に,

$$l = a(z+d_1i+d_2j+d_3k),\quad \text{但し } a \text{ は実数}$$

としよう．このとき[積を(1)から求めれば]集合 I が部分空間であるから,

$$il\in I,\quad jl\in I,\quad kl\in I$$

を得る．更に I が部分空間で，z, i, j, k が1次独立なことを用いれば実数 a を $l^2 = -1$ となるように選べることがわかる．このとき，i, l, il は一つの単位4元数の組を作る((13), (14)を参照)．特に $il = -li,\ (il)^2 = -1$ である．全く同様のことが j, k に対しても成立するから結局次の関係式が得られる.

$$(il)^2 = (jl)^2 = (kl)^2 = -1,\quad il = -li,\quad jl = -lj,\quad kl = -lk. \tag{16}$$

(16)式から一方では

$$(il)k = (-li)k = l(-ik) = lj \tag{17}$$

が得られ，他方では

$$(il)k = i(lk) = i(-kl) = (-ik)l = jl \tag{18}$$

が得られる．(16), (17), (18)を比較すれば $2jl = 0$ が得られるが，これは $(jl)^2 = -1$ と矛盾する．従って $K \neq D^4$ なる仮定は不合理である.

これで命題 B) は証明された.

各素数 p に対して p により一意に定まる, 第2可算公理を満たす二つの連続体, $K_0{}^p$ 及び $K_t{}^p$ が存在する. 体 $K_0{}^p$ は **p 進数体**であり, 体 $K_t{}^p$ は $GF(p)=\boldsymbol{P}^p$ **上の巾級数体**である. $K_0{}^p$ と $K_t{}^p$ は自然な対応で同相となり, 他にも共通した所があるから同時に扱うのが便利である.

C) $R_0{}^p$ を有理数全体の作る位相体とする. 但しその加法及び乗法は通常の定義によるもので, 0の完全近傍系が $V_0, V_1, V_2, \cdots, V_n, \cdots$ で与えられるものとする. ここで V_n は $\dfrac{ap^n}{b}$ なる形の有理数全体, 但し a, b は整数で b は素数 p と互に素とする(ここで体 $R_0{}^p$ は素数 p により定まる). $R_0{}^p$ は最小連続拡大体 $K_0{}^p$ を有する (§25, G) 参照). $K_0{}^p$ を **p 進数体** という. $R_t{}^p$ を p 箇の元から成る体 P^p を係数体とする変数 t の有理函数全体の作る位相体とする (§7, G) 参照). そこにおける加法及び乗法は通常の定義により与えられ, 0の完全近傍系 $V_0, V_1, \cdots, V_n, \cdots$ が $\dfrac{a(t)t^n}{b(t)}$ のような形の有理函数の全体を V_n として与えられるものとする. 但しここで $a(t), b(t)$ は多項式で $b(t)$ は t と素なるものとする. 体 $R_t{}^p$ は最小連続拡大体 $K_t{}^p$ をもつ. 連続体 $K_t{}^p$ は**有理整数環の法 p による剰余体 P^p を係数とする巾級数体**である.

命題 C) を証明する為にはまず第一に体 $R_0{}^p$ 及び $R_t{}^p$ において与えられた近傍系がそれらの体に位相を定義し, その位相により代数的演算が連続となることを証明しなければならない. しかしこの証明は容易であるからここでは述べない. 次に証明すべきことは体 $R_0{}^p$ 及び $R_t{}^p$ の連続拡大体が存在するという事実である. これは体 $K_0{}^p$ 及び $K_t{}^p$ の構成から直接に証明される.

まず第一に位相空間 K^p を定義し次に K^p の中に体 $K_0{}^p$ 及び $K_t{}^p$ の演算を定義しよう. 集合 K^p は次のような形式的巾級数の全体である.

$$x = f(t) = \sum_{i=k}^{\infty} a_i t^i. \tag{19}$$

ここで t は変数で k は任意の整数である. 従って級数 (19) は有限箇の負数巾の項を含むことができる. また a_i は整数であって条件 $0 \leqq a_i < p$ を満たす. 級数 (19) の n 乗の項迄の部分和として有限級数 $\pi_n(x)$:

$$\pi_n(x) = \sum_{i=k}^{n} a_i t^i \tag{20}$$

が定まる．空間 K^p における $a \in K^p$ の近傍 $U_n(a)$, $a \in K^p$ は $\pi_n(x) = \pi_n(a)$ となるような $x \in K^p$ の全体として定義する．係数がすべて 0 よりなる級数（これを以後単に 0 とよぶ）の近傍は特に $U_n(0) = U_n$ という記号で表わす．すべての $a \in K^p$ に対する $U_n(a)$ の全体（但しここで n は任意の整数）が実際に集合 K^p に位相を定義することが容易に証明される（定理 3 参照）．また空間 K^p は局所コンパクトであり，かつ完全不連結であることも証明される（§15, D）参照）．局所コンパクトなることは近傍 $U_n(a)$ が可算コンパクトでありかつ可算箇の基をなすことからわかる（例 25 参照）．

K^p に加法及び乗法を定義する為にまずこれらの演算を K^p の元で有限級数であるものの全体 S^p において定義しよう．勿論 S^p は K^p で稠密である．

今，$S_0{}^p$ を $R_0{}^p$ の元で $\dfrac{a}{p^m}$；$a \geqq 0$ 及び m は整数，という形の元の全体とする．同様に $S_t{}^p$ を $R_t{}^p$ の有理函数で $\dfrac{a(t)}{t^m}$；$a(t)$ は多項式，m は整数，という形のものの全体とする．次に集合 S^p から集合 $S_\delta{}^p$, $\delta = 0, t$, の上への写像 ω_δ を定義しよう．

有限級数 $u = f(t) \in S^p$ に対する写像 ω_0 は次の如く定義する．変数 t を素数 p で置換え $\omega_0(u) = f(p)$ とする．有限級数 $u = f(t) \in S^p$ に対する写像 ω_t は $f(t)$ の係数 a_i を整数 a_i の法 p での剰余類で置換えて得られる $P^p = GF(p)$ の元を係数とする有理函数を $f^*(t)$ とし（(19) 参照），$\omega_t(u) = f^*(t)$ で定義する．

容易にわかるように ω_δ は空間 S^p から空間 $S_\delta{}^p \subset R_\delta{}^p$, $\delta = 0, t$, の上への同相写像である．また容易にわかるように $S_\delta{}^p$ は体 $R_\delta{}^p$ の部分集合で加法及び乗法に関して閉じている．また $S_t{}^p$ は減法に関しても閉じているから体 $R_t{}^p$ の部分環である．$S_\delta{}^p$ で定義されている加法及び乗法を逆写像 $\omega_\delta{}^{-1}$ によって S^p に移すと $\delta = 0, t$, に応じて 2 種の方法で加法及び乗法が定義される．この加法乗法は演算の連続性により空間 K^p 全体に拡張され，それにより K^p は体 $K_0{}^p$ または $K_t{}^p$ となる．次にこの S^p で定義された演算が拡張でき，その結果として体が得られることを証明しよう．

u, v を S^p の任意の二つの元とする．その ω_δ の逆写像により定義される和及び積は次の形に書ける．

$$u+v = \omega_\delta^{-1}(\omega_\delta(u)+\omega_\delta(v)), \tag{21}$$

$$uv = \omega_\delta^{-1}(\omega_\delta(u)\omega_\delta(v)). \tag{22}$$

今，この演算を空間 K^p 全体に拡張しよう．$x \in K^p$ とし

$$\pi_n(x) = x_n \tag{23}$$

とすれば，容易にわかるように

$$\pi_n(x_{n+1}) = x_n \tag{24}$$

である．そして数列

$$x_1, x_2, \cdots, x_n, \cdots \tag{25}$$

は元 x に収束する．

逆に S^p の元より成る点列 (25) が条件 (24) を満たせばそれは K^p のある元 x に収束し，そのとき (23) なる関係式が成立つ．

更に

$$\psi_1, \cdots, \psi_n, \cdots \tag{26}$$

という 2 変数の函数列を考える．この函数の各変数は $M \cap S^p$ の元であり，函数値は S^p の元である．但しここで M は K^p の開かつ閉な部分集合である．これらの函数は次の条件を満足するものとしよう．

$$\pi_n(\psi_{n+1}(u, v)) = \psi_n(u, v), \tag{27}$$

$$k \geqq n+h,\ l \geqq n+h \text{ ならば } \psi_n(u, v) = \psi_n(\pi_k(u), \pi_l(v)) \tag{28}$$

ここで h は u, v に関係しない．また $u \in M \cap S^p$, $v \in M \cap S^p$ である．(28) という関係は函数 ψ_n が連続であることを示す (更に一様連続であることも示す，§28, B)参照)．(27) 式という関係は函数列 (26) が収束することを示す．

集合 $M \cap S^p$ で定義された函数列であって条件 (27), (28) を満足するものを考えよう．ψ_n に対し集合 M 上で定義され K^p の値をとる連続函数 ψ を条件

$$\pi_n(\psi(u, v)) = \psi_n(u, v)\ ;\ u \in M \cap S^p,\ \ v \in M \cap S^p \tag{29}$$

を満足するように定義しよう．

x と y を集合 M の二つの元とする．M は開であるから十分大きな n に対し

て $\pi_n(x)$ 及び $\pi_n(y)$ は M に含まれる．今

$$z_n = \psi_n(\pi_{n+h}(x),\ \pi_{n+h}(y)) \tag{30}$$

とおく．(27) 式及び (28) 式に依り

$$\begin{aligned}\pi_n(z_{n+1}) &= \pi_n(\psi_{n+1}(\pi_{n+h+1}(x),\ \pi_{n+h+1}(y)))\\ &= \psi_n(\pi_{n+h+1}(x),\ \pi_{n+h+1}(y)) = z_n\end{aligned}$$

が成立つ．従って点列 $z_1, z_2, \cdots, z_n, \cdots$ は

$$\pi_n(z) = z_n$$

を満たす一つの元 z に収束する ((24) 参照)．このとき我々は，

$$\psi(x, y) = z$$

と定義する．(30) は元 z の第 n 近似 z_n が元 x 及び y の第 $(n+h)$ 近似によって定められることを示す．従って函数 ψ は連続である．

$\delta = 0, t,$ の一つに対する写像 ω_δ が与えられたとき，それによって S^p に定義された加法及び乗法を，K^p に連続に拡張して定義するのに，函数列 (26) と函数 ψ の対応を用いよう ((21), (22) 参照)．先ず ψ_n, ψ'_n を次のように定義する．

$$\psi_n(u, v) = \pi_n(u+v), \quad \text{但し} \quad M = K^p,\ h = 0. \tag{31}$$

$$\psi'_n(u, v) = \pi_n(uv), \quad \text{但し} \quad M = U_{-h}. \tag{32}$$

容易にわかるように (逆写像 ω_0^{-1} によって演算が定義される場合でも，逆写像 ω_t^{-1} によって演算が定義される場合でも) これらの式により定義される函数 ψ_n, ψ'_n は条件 (27), (28) を満たす．[ψ_n, ψ'_n に対する極限函数 ψ, ψ' を用いて，

$$u + v = \psi(u, v), \quad \text{但し}\ u, v \in K^p.$$

$$uv = \psi'(u, v), \quad \text{但し}\ u, v \in U_{-h}$$

により K^p に加法と乗法を定義する.] このようにして加法と乗法が連続に集合 S^p の上から全空間 K^p の上へ拡張される．S^p の上でこれらの演算は結合律及び分配律を満足するから，連続性により K^p の上でも結合律及び分配律が成立つ．[ω_δ により，上のように加法及び乗法を定義された集合 K^p を $K_\delta{}^p$ と記す.]

次に減法を定義しよう．体 $K_t{}^p$ においては何らの困難もない．何となれば $S_t{}^p$ は環であって減法が定義されており，この場合，次の条件

$$\psi_n(u) = -\pi_n(u)$$

を満たしている．また極限函数ψは，条件

$$x + \psi(x) = 0, \quad x \in K^p$$

を満たす．何故かといえば函数ψ_nは，条件

$$\pi_n(u) + \psi_n(u) = 0$$

を満たすからである．写像ω_0に対しては問題は加法である．$S_0{}^p$においては減法は定義されていない．$u \in S^p$, $u_n = \pi_n(u)$, $u'_n = \omega_0(u_n)$とおく．u_n'は容易にわかるようにp^{n+1}より大でないから，$w_n' = p^{n+1} - u_n'$は原像$w_n = \omega_0{}^{-1}(w'_n)$を定める．$\psi_n(u) = \pi_n(w_n)$とする．直ちにわかるように$w'_{n+1} - w'_n$は$p^{n+1}$で割切れるから$\pi_n(\pi_{n+1}(w_{n+1})) = \pi_n(w_n)$であって，従って函数列$\psi_n$は条件 (27) を満たす．条件 (28) も同様に満たされる．何となれば，元w'_nの構成そのものが$\pi_n(u)$のみを用いているからである．$u'_n + w'_n$はp^{n+1}で割切れるから$\pi_n(u) + \psi_n(u)$は0の近傍U_{n+1}に含まれる．即ち

$$\pi_n(u) + \psi_n(u) \in U_{n+1}.$$

極限函数は従って

$$\pi_n(x) + \pi_n(\psi(x)) \in U_{n+1}, \quad x \in K^p$$

を満たす．故に$x + \psi(x) = 0$である．このようにして集合$K_0{}^p$に減法が連続な演算として定義されたことになる．上にみたように集合$-S_0{}^p$は集合$S_0{}^p$の元の極限である．

最後に位相環$K_\delta{}^p$, $\delta = 0, t$, においては0でない任意の元xは逆元x^{-1}を有すること及びx^{-1}がxの連続函数であることを証明しよう．写像ω_0及びω_δに対して同時に逆元を構成することができる．絶対項が0でなく，負巾の項を持たないK^pの元の全体をMで表わそう．集合Mは明らかに開かつ閉．K^pの任意の元$x^* \neq 0$は$t^k x, x \in M$, という形に書ける．Mの元xが逆元x^{-1}を有すれば元$t^k x$も逆元$t^{-k} x^{-1}$を有する．Mに属するxに対しx^{-1}がxの連続函数ならば，$t^{-k} x^{-1}$もx^*の連続函数である．何となれば元$t^k x$のある近傍に属するすべての元に対してkは一定であるから．従って我々はMに属するxのみを考察すれば十分である．$u \in M \cap S^p$に対し，$u_n = \pi_n(u)$, $u'_n = \omega_\delta(u_n)$, $t'_{n+1} = \omega_\delta(t^{n+1})$

とおく．$\delta=0$ の場合は整数 u'_n と t'_{n+1} は互に素である．$\delta=t$ の場合には多項式 u'_n と t'_{n+1} は互に素である．従ってどちらの場合でも不定方程式

$$u'_n w'_n + t'_{n+1} s'_n = 1 \tag{33}$$

は解を有する．

$\delta=0$ のときは w'_n, s'_n は整数で w'_n は正としてよい．$\delta=t$ のときは w'_n, s'_n は $R_t{}^p$ の多項式である．$w_n=\omega_\delta{}^{-1}(w'_n)$，$\psi_n(u)=\pi_n(w_n)$，$u\in M\cap S^p$ とおくと条件 (27) が満たされることを示そう．$u'_{n+1}=u'_n+at'_{n+1}$，a は整数または法 p での整数の剰余類である．従って

$$(u'_n+at'_{n+1})w'_{n+1}+t'_{n+2}s'_{n+1}=1. \tag{34}$$

(33) を (34) から引くと

$$u'_n(w'_{n+1}-w'_n)=t'_{n+1}s_n-at'_{n+1}w'_{n+1}-t'_{n+2}s'_{n+1}$$

となり一方 u'_n は t'_{n+1} と互に素だから $w'_{n+1}-w'_n$ は t'_{n+1} で割切れる．これから $\pi_n(w_{n+1})=\pi_n(w_n)$ となる．従って函数列 ψ_n は (27) を満たす．条件(28) もまた満たされる．何となれば w'_n はその定義により元 u_n のみによって定まるから．(33) 式に写像 $\pi_n\omega_\delta{}^{-1}$ を作用させると

$$\pi_n(\pi_n(u)\psi_n(u))=1, \quad n\geqq 1 \tag{35}$$

が得られる．今 x を M の任意の元とし $u=\pi_n(x)$ とすれば，(35) から

$$\pi_n(\pi_n(x)\pi_n(\psi(x)))=1$$

となり，極限において

$$x\psi(x)=1$$

となる．従って x^{-1} は存在して x の連続函数となる．また上に述べたことから $(S_\delta{}^p\setminus\{0\})^{-1}$ の任意の元は $S_\delta{}^p$ の元の極限であり，従って $S_\delta{}^p$ は体 $R_\delta{}^p$ の中で稠密である．

このようにして，連続体 $K_\delta{}^p$ が構成され，$\omega_\delta{}^{-1}$ は集合 $S_\delta{}^p$ から $S^p\subset K_\delta{}^p$ の上への同相写像で，加法，乗法を保存する．$\delta=t$ なるときは $S_\delta{}^p$ は体 $R_t{}^p$ の部分環で，我々は $T_t=S_t{}^p$，$\omega_t{}^{-1}=f_t$ とおく．$\delta=0$ のときは $S_\delta{}^p$ は部分環にならない．$T_0=S_0{}^p\cup(-S_0{}^p)$ を作ればこれは部分環となる．こうして定義された集合 T_0 は体 $R_0{}^p$ の部分環である．$S_0{}^p$ 上の写像 $\omega_0{}^{-1}$ は位相環 T_0 から体

$K_0{}^p$ の中への同型写像 f_0 に拡張される．即ち $x \in S_0{}^p$ に対し $f_0(x) = \omega_0{}^{-1}(x)$, $f_0(-x) = -\omega_0{}^{-1}(x)$ と定義すればよい．これが位相環 T_0 から $K_0{}^p$ の中への同型写像なることは容易に確かめられる．環 T_∂ は $R_\partial{}^p$ の中で稠密であるから，§25, F) により f_∂ を拡張した，体 $R_\partial{}^p$ から体 $K_\partial{}^p$ の中への同型写像が一意的に存在する．また S^p は K^p の中で稠密体故 $K_\partial{}^p$ は体 $R_\partial{}^p$ の連続拡大体である（§25, G) 参照).

これで C) は証明された.

例 47. D^4 を 4 元数体とする．I を純 4 元数の全体とし

$$u = u_1i + u_2j + u_3k, \quad v = v_1i + v_2j + v_3k$$

を二つの純 4 元数とする．容易にわかるようにこの 2 元の積は

$$uv = -(u_1v_1 + u_2v_2 + u_3v_3) \\ + (u_2v_3 - u_3v_2)i + (u_3v_1 - u_1v_3)j + (u_1v_2 - u_2v_1)k$$

なる式によって計算される．この関係は

$$(u, v) = u_1v_1 + u_2v_2 + u_3v_3,$$
$$[u, v] = (u_2v_3 - u_3v_2)i + (u_3v_1 - u_1v_3)j + (u_1v_2 - u_2v_1)k$$

で定義される，3 次元ベクトル空間 I における二つのベクトル u, v の**内積** (u, v) と**外積** $[u, v]$ を使って

$$uv = -(u, v) + [u, v]$$

と書き表わすことができる.

§27. 連続体の構造

この§では専ら連続体の完全な記述を扱う（§25, G) 参照)．体が連結の場合には最も完全な結果が得られる（〔34〕参照)：即ち任意の連結で局所コンパクトな体は実数体，複素数体または 4 元数体のいずれか一つに同型である．任意の連続体（連結性は仮定しない）に対しては Kowalsky〔19〕に依る次の定理 22 によって最終的な結果ではないけれどその構造が非常に明らかとなった．ここに述べるその証明の主要部分は著者の論文〔34〕において与えられた方法に基づくものである．即ちここで用いられるある種の巧妙な構成法は〔19〕の方

法を借用したもので，著者の証明を連結でない体の場合に迄拡張したものである．この§の最後に（例 48 参照）Kolmogoroff の論文〔18〕を紹介する．これは定理 21 を射影幾何学の公理系に適用したものである．

定理 21. 任意の連結で局所コンパクトな位相体は実数体，複素数体または 4 元数体のいずれか一つに同型である．

証明. 任意の体は少なくとも二つの相異なる元 0 及び 1 を有する．従って体が連結ならばディスクリートではあり得ない．従って連結な局所コンパクトな位相体は連続体（§25, G）参照）である．従ってこの定理 21 は次の定理 22 と前§の Frobenius の定理（§26, B）参照）から直ちに証明される．

定理 22. K を連続体とする（§25, G）参照）．もし体 K の標数が 0 ならば K は有理数体と同型な素体 P^0 を含む．K の標数が $p>1$ ならば K は有理整数環の法 p による剰余体と同型な素体 P^p（§7, F）参照）を含む．このとき次の互に異なり，相反する三つの場合のどれか一つが成立つ．

1） K の標数が 0 で P^0 の閉苞 $\bar{P}^0=D^1$ は実数全体の作る位相体と同型である．この場合 K は連結である．

2） 体 K の標数は 0 で素体 P^0 の閉苞 $\bar{P}^0=K_0{}^p$ は p 進数体と同型である．この場合 K は連結でない（§26, C）参照）．

3） 体 K の標数は $p>1$ である．この場合 K の 0 と異なる元 t で t の巾の作る数列 $t, t^2, \cdots, t^n, \cdots$ が，0 に収束する（かかる元は体 K の中に存在する）ものは素体 P^p に対し超越的である．従って体 K は P^p（§7, G）参照）を係数体とする t の有理函数体 $P^p(t)$ を部分体として含む．K における $P^p(t)$ の閉苞 $\overline{P^p(t)}=K_t{}^p$ は体 P^p の元を係数体とする巾級数体と同型である（§26, C）参照）．この場合も K は連結でない．

1），2），3）の場合に応じ K^* を D^1, $K_0{}^p$, $K_t{}^p$ とする．1）及び 2）の場合には部分体 K^* は K の中心に含まれる．1），2），3）のどの場合でも K は可換体 K^* 上の有限次元の必らずしも可換でない拡大体［即ち K^* 上の *division algebra*］である．即ち有限箇の K の元 $x_1=e, x_2, \cdots, x_r$ が存在して，K の任意の元 x は一意的に，

$$x = a_1x_1 + \cdots + a_rx_r \quad (a_i \in K^*,\ 1 \leqq i \leqq r)$$

なる形に書ける.

定理 22 の証明は全く初等的であるが比較的長い. 証明は一続きの補助定理に依ってなされる. まずこれらの補助定理を証明しよう. 定理 22 の証明はすべての準備が終った後に最後の段階として与えられる.

A) すべての位相体 K は連結であるか, 完全不連結である (§15, D) 参照).

これを証明しよう. 位相体 K が完全不連結でないとしよう. このとき 0 の連結成分 L は 0 以外の元 a を含む. b を K の 0 でない任意の元とすれば, 連結集合 $L' = ba^{-1}L$ は 0 及び点 b を含む. [故に $L \supset L'$]. 従って $L = K$ であり, 空間 K は連結である.

補助定理 1. K を連続体とする. 空間 K はその各点において可算箇の基を有する (§9, B′) 参照). 従って K の 0 でない元の [可算] 列

$$a_1, a_2, \cdots, a_n, \cdots \tag{1}$$

で 0 に収束するものがある (§25, E) 参照). F を K の任意の可算コンパクトな集合とし, W を 0 の任意の一つの近傍とすれば十分大なる自然数 ν が存在して

$$n \geqq \nu \text{ ならば } Fa_n \subset W,\ a_nF \subset W. \tag{2}$$

このことから空間 K の閉じた可算コンパクトな部分集合 F はコンパクトであることがわかる. 更にこのことから U を閉苞が可算コンパクトな 0 の近傍とすれば

$$Ua_1, \cdots, Ua_n, \cdots \tag{3}$$

が 0 の一つの完全近傍系となることがわかる. 最後に点列

$$a_1^{-1}, \cdots, a_n^{-1}, \cdots \tag{4}$$

は発散する, 即ち K の元を集積点として有しない. 従って空間 K は可算コンパクトでない.

証明. W を K における 0 の任意の一つの近傍とし, E を K のコンパクトな任意の部分集合とする. K における 0 の近傍 V で

$$EV \subset W \tag{5}$$

となるものを見いだそう. $x0 = 0$ だから乗法の連続性に依り E の各元 x に対

して0及び x の近傍 V_x 及び V'_x が存在して $V'_xV_x \subset W$ となる．コンパクト集合 E の被覆 $\{V'_x\}$, $x \in E$, から E の有限箇の被覆 $V'_{x1}, \cdots, V'_{xm}$ を選ぶ．このとき共通部分 $V = V_{x1} \cap \cdots \cap V_{xm}$ は（5）を満たす．

体 K はディスクリートではないから0でない可算箇の元で0を集積点にもつものが存在する．$b_1, \cdots, b_n, \cdots$ をかかる集合としよう．更に U をその閉苞がコンパクトな，K における0の任意の一つの近傍とする．近傍 $Ub_1, \cdots, Ub_n, \cdots$ は0の近傍の基を作ることを証明しよう．実際 W を0の任意の一つの近傍とする時，$E = \bar{U}$ として V を関係式（5）を満足させるような0の一つの近傍とする．0は集合 $\{b_1, b_2, \cdots, b_n, \cdots\}$ の集積点であるから，V に属する点 b_m が存在する．このとき $Ub_m \subset W$ となる．このようにして，0において，従って K の各点において，近傍の可算箇の基が存在することが証明された．

今（1）を体 K の0でない元の列で0に収束するものとしよう．このとき K における0の任意の近傍 W と K の任意の可算コンパクトな部分集合 F に対して関係（2）が成立つような自然数 ν の存在することを証明しよう．これを帰謬法によって証明する．このような自然数 ν が存在しないと仮定すれば，各自然数 n に対して F の元 c_n が存在して $c_na_n \notin W$ となる．集合 F は可算コンパクトであり，その各点は可算箇の近傍の基を有するから，点列 $c_1, \cdots, c_n \cdots$ から収束する部分列を選び出すことができる．簡単の為に $c_1, c_2, \cdots$ 自身が一つの元 $c \in F$ に収束するとしよう．このとき乗法の連続性により $\lim_{n\to\infty} c_na_n = c0 = 0$ となるがこれは不可能である．何となれば点 c_na_n はすべて0の近傍 W の外にあるからである．全く同様にして（2）の第2の包含関係も証明される．

次に W を閉苞がコンパクトな0の近傍とし，F を閉じた可算コンパクトな部分集合とする．このときある自然数 n に対し $Fa_n \subset W$ となる．集合 F は Fa_n と同相である．Fa_n はコンパクト集合 $\bar{W}$ の閉じた部分集合だからコンパクトである．従って F はコンパクトである．

U を閉苞が可算コンパクトな0の近傍とする．十分大なる自然数 n に対し $\bar{U}a_n \subset W$ となるから，近傍の列（3）が点0の近傍の基を作ることがわかる．

最後に点列（4）は集積点を有しないことを証明しよう．もし点列（4）が集積点を有するならば，（4）の部分列で1点 d に収束するものを選ぶことができる．簡単のために点列（4）自身が d に収束するとしよう．乗法の連続性から $e=\lim_{n\to\infty} a_n a_n^{-1}=0d=0$ となり不合理である［e は乗法の単位元］．

これで補助定理1は証明された．

補助定理 2. K を連続体としよう．K の各元 x に対しその正の整数巾

$$x, x^2, \cdots, x^n, \cdots \tag{6}$$

を作る．この点列（6）が0に収束するような元 x の全体の集合を A とする．点列（6）が発散する，即ち集積点を有しないような元 x の集合を C とする．点列（6）が0に収束する部分列も発散する部分列も有しないような元 x の集合をBとする．このとき

$$K=A\cup B\cup C \tag{7}$$

が成立つ．

更に A は0の近傍でその閉苞 $\bar{A}$ はコンパクトであり，B もコンパクトである．また C は開集合である．

最後に点列

$$a_1, a_2, \cdots, a_n, \cdots \tag{8}$$

が発散するならば，点列

$$a_1^{-1}, a_2^{-1}, \cdots, a_n^{-1}, \cdots \tag{9}$$

は0に収束する．このことから

$$C^{-1}=A\setminus\{0\},\quad B^{-1}=B \tag{10}$$

となることが導かれる．

証明. U を0の近傍で閉苞 $\bar{U}$ はコンパクトであり，かつ単位元 e を含まないものとする．$F=\bar{U}\cup\{e\}$ としよう．元 x のある正の整数巾 x^k が条件

$$Fx^k\subset U \tag{11}$$

を満足するならば点列（6）は収束することを示そう．そのために元 x が (11) を満たせば任意の正整数 n に対して

$$Fx^{nk}\subset U \tag{12}$$

が成立つことを示す．(12) を帰納法で証明しよう．(12) が与えられた n で成

立つと仮定する．そのとき (12) に x^n を乗ずれば

$$Fx^{(n+1)k}\subset Ux^k\subset Fx^k\subset U$$

が得られる．［これで (12) が証明された．］$e\in F$ であるから (12) から

$$x^{nk}\in U$$

が出る．従って，点列

$$x^k, x^{2k}, \cdots, x^{nk}, \cdots \tag{13}$$

は $\bar{U}$ に含まれる集積点 c を有する．この c は 0 以外の元ではあり得ない．何故なら $c\neq 0$ とすれば，c の任意の近傍は元 x^k のいくらでも大きな巾 x^{nk} を含むことになるから，K における除法の連続性に依れば元 x^k のいくらでも大なる巾 x^{mk} が e の近傍にあることになるが，$x^{mk}\in\bar{U}$, $e\notin\bar{U}$ 故これは不可能である．従って点列 (13) は 0 に収束する．点列 (13) に x の巾 $x, x^2, \cdots, x^{k-1}$ を乗ずれば点列 (6) が 0 に収束することがわかる．

次に (6) が 0 に収束すれば元 x の十分大きな巾 x^k で (11) を満たすものが存在する((2)参照)．従って元 x が集合 A に含まれる為の必要でかつ十分な条件は，自然数 k が存在してそれに対して (11) 式が成立つことである．

次に元 x が条件 (11) を満たすとき x のある近傍 V に属する点はすべて条件 (11) を満たすことを証明しよう．任意の $z\in F$ に対して z の近傍 V_z' 及び点 x の近傍 V_z で $V_z'V_z^k\subset U$ となるものが存在する．コンパクトな集合 F の開被覆 $\{V_z'\}$, $z\in F$, から有限な開被覆 $V'_{z1}, \cdots, V'_{zm}$ を選び出すことができる．勿論 $V_{z1}\cap\cdots\cap V_{zm}$ の任意の元 y は条件 $Fy^k\subset U$ を満たす．従って A が 0 の近傍であることが証明された．

t を 0 でない K の元で条件

$$Ft\subset U,\ tF\subset U \tag{14}$$

を満たすものとする．上に証明したことから元 t の正の整数巾の作る点列は 0 に収束するから，t の負の整数巾は発散する（補助定理 1 参照）．a を K の 0 でない任意の元とすれば，絶対値が十分大きな負の整数 n に対し at^n は $\bar{U}$ に含まれない．また十分大きな正整数 n に対して at^n は $\bar{U}$ に含まれる．従ってある整数 r で $n<r$ ならば，at^n は $\bar{U}$ に含まれず，$n=r$ ならば $\bar{U}$ に含まれる

ようなものが存在する．従って $r=r(a)$ という整数は次の条件を満たす．

$$at^{r(a)}\in\bar{U}\setminus\bar{U}t. \tag{15}$$

全く同様にして

$$t^{s(a)}a\in\bar{U}\setminus t\bar{U} \tag{16}$$

を満たすような整数 $s(a)$ が存在する．

次に点列（8）が発散すれば，逆元の列（9）は収束することを証明しよう．容易にわかるように点列（9）は0以外の集積点を有することができない．従って点列（9）は発散する部分列を含み得ないことを証明すればよい．部分列の代りに初めから点列（9）が発散することがあり得ないことを証明すれば十分である．点列（8）が発散するから整数の列 $r_n=r(a_n)$ ((15) 参照) は上に有界でない．今点列（9）が発散すると仮定すれば整数列 $s_n=s(a_n{}^{-1})$ ((16) 参照) は同様に上に有界でない．

$$b_n=a_nt^{r_n},\quad c_n=t^{s_n}a_n{}^{-1} \tag{17}$$

とおく．$b_1,\cdots,b_n,\cdots$ なる元はすべて $\bar{U}\setminus Ut$ に含まれ，従って点列 $b_1,\cdots,b_n,\cdots$ の部分点列で0と異なるある元 b に収束するものが存在する．簡単の為に点列 $b_1,\cdots,b_n,\cdots$ が $b\neq 0$ に収束するものとしよう．同様に点列 $c_1,\cdots,c_n,\cdots$ も元 $c\neq 0$ に収束するものと考えることができる．

$$c_nb_n=t^{r_n+s_n}$$

である ((17) 参照) から，この式で $n\to\infty$ とすれば $cb=0$ となり不合理である．従って点列（8）が発散すればその逆元の列（9）は0に収束することが証明された．

これに依って $C^{-1}\subset A\setminus\{0\}$ が証明された．更に $C^{-1}=A\setminus\{0\}$ であることは補助定理1から証明される．

次に K の各元 x は集合 A, B, C のいずれか一つに属することを証明しよう．実際元 x の巾の列（6）が0に収束する部分列を含めば，x のある正の整数巾 x^k で条件 (11) を満たすものが存在するから，上に証明したことに依り $x\in A$ である．x の巾の列（6）が発散する部分列を含むときは逆元の列を考えれば $x^{-1}\in A$ 即ち $x\in C$ であることがわかる．従って元 x が A にも C にも含まれなければ

B に含まれる.

集合 $A\setminus\{0\}$ は開集合であるから, 集合 $C=(A\setminus\{0\})^{-1}$ も同様に開集合である. 従って B は閉集合である. 最後に集合 $A\cup B$ は点列コンパクトであることを証明しよう (従ってコンパクトにもなる. 補助定理1参照). これが証明されれば補助定理2は完全に証明されたことになる.

集合 $A\cup B$ が発散する点列 (8) を含むと仮定しよう. このとき, 上に証明したように逆元の列 (9) は0に収束し, 従って集合 A に含まれる元 a_n^{-1} が存在する. このとき a_n は C に含まれる. これは a_n が $A\cup B$ に含まれるという最初の仮定に反し矛盾である.

これで補助定理2は証明された.

B) L を連続拡大可能な位相体とする (§25, G) 参照). A を $x, x^2, \cdots, x^n, \cdots$ なる点列が0に収束するような元 x の集合とする. 補助定理2に依って A は L における0の近傍である. これを体 L の**基本近傍**とよぶことにする. 連続拡大可能な位相体の位相はその基本近傍に依って一意的に定まる. もっと詳しくいえば, 連続拡大可能な二つの位相体 L, L' の基本近傍を夫々 A, A' とするとき, 抽象体 L から抽象体 L' の上への同型写像 f が $f(A)=A'$ を満たすならば, f は同相写像であり, 従って位相体 L から位相体 L' の上への同型写像である.

これを証明しよう. c を A の任意の元とすれば, $c, c^2, \cdots, c^n, \cdots$ は0に収束する. 更に今, 位相体 L は一つの連続体 K の部分体と考えることができるから, 補助定理1, 2に依り $Ac, Ac^2, \cdots, Ac^n, \cdots$ が L における0の完全近傍系を作る. 今 $c'=f(c)$ とすれば $c'\in A'$ であるから, 点列 $c', c'^2, \cdots, c'^n, \cdots$ は0に収束する. 従って $A'c', \cdots, A'c'^n, \cdots$ は L' における0の完全近傍系である.

$f(Ac^n)=A'c'^n$ であるから f は0において両側に連続であり, かつ L, L' が加法に関する位相群で f は抽象群としての同型写像であるから, §20, A) に依って f は空間 L から空間 L' の上への同相写像である.

C) P^0 を実数体から誘導された位相を持つ有理数体とし, $R_0{}^p$ を p 進位相 (§26, C) の位相) を位相とする有理数体とする. また $R_t{}^p$ を有理整数環の素数 p から生成されるイデアルでの剰余体 $P^p=GF(p)$ を係数とする不定元 t の有理函数全体の作る位相体とする．その位相は§26, C) で定義したものである．位相体 P^0, $R_0{}^p$, $R_t{}^p$ はいずれも連続拡大体を有する (§26, C) 参照)．容易に証明されるように

a) 位相体 P^0 の基本近傍は $|r|<1$ を満たす有理数の全体であり，

b) 位相体 $R_0{}^p$ の基本近傍は a を任意の整数，b を p と素な自然数としたとき $r=\dfrac{ap}{b}$ という形の有理数の全体であり，

c) 位相体 $R_t{}^p$ の基本近傍は a を $R_t{}^p$ に属する任意の多項式で b は $R_t{}^p$ の多項式で t で割切れないものとして，$\dfrac{at}{b}$ の形に表わされる有理函数 r の全体である．

D) 連続体 K において A, B, C を補助定理 2 で定義した集合とする．今，x, y を K の可換な任意の二つの元とする (即ち $xy=yx$ である)．このとき

$$x\in A,\quad y\in A \quad ならば \quad xy\in A, \tag{18}$$

$$x\in A,\quad y\in B \quad ならば \quad xy\in A, \tag{19}$$

$$x\in B,\quad y\in B \quad ならば \quad xy\in B,\quad y^{-1}\in B, \tag{20}$$

$$x\in C,\quad y\in B \quad ならば \quad xy\in C, \tag{21}$$

$$x\in C,\quad y\in C \quad ならば \quad xy\in C \tag{22}$$

である．

関係式 (18)—(22) は集合 A, B, C の定義 (補助定理 2 参照) から直ちに導かれる．

補助定理 3. 連結な連続体 K の標数は常に 0 である．更に体 K の素体 (§7, F) 参照) P^0 の閉苞 $\bar{P}^0$ は実数体と同型である．

証明. ここで補助定理 2 で考えた集合 A, B, C を用いよう．

$$A_n = nA = A+A+\cdots+A,\quad n=1,2,\cdots \tag{23}$$

とおく (§2, A) 参照)．

A は開集合であるから A_n も開集合である．容易にわかるように

$$n\bar{A} = \bar{A}_n \tag{24}$$

である．集合 $\bar{A}$ はコンパクトであるから集合 $\bar{A}_n$ もまたコンパクトである．体 K は可算コンパクトでなく連結であり，また $\bar{A}_n$ は可算コンパクトであるから，

開集合 A_n の境界 $\dot{A}_n$ 即ち,

$$\dot{A}_n = \bar{A}_n \diagdown A_n \tag{25}$$

は空ではない. A_n の定義 (23) から直ちに

$$A_m + A_n = A_{m+n}, \tag{26}$$

$$\bar{A}_m + \bar{A}_n = \bar{A}_{m+n} \tag{27}$$

が導かれる. 更に

$$\bar{A}_m + A_n = A_{m+n} \tag{28}$$

であることを証明しよう. $x \in \bar{A}_m$, $y \in A_n$, とし V を $y - V \subset A_n$ となるような 0 の近傍とする. $x \in \bar{A}_m$ だから V の元 v で $x + v \in A_m$ となるものが存在する. このとき $x+y = (x+v)+(y-v) \in A_m + A_n = A_{m+n}$ であるから (28) 式が成立つ.

次に任意の自然数 $m \geqq 2$ に対し集合 $\bar{A}$ の元 ω_m で

$$m\omega_m \in K \diagdown \bar{A}_{m-1} \tag{29}$$

という条件を満たすものが存在することを示す. ω_m を構成するには 0 の十分小さな近傍 U で

$$mU \subset A \tag{30}$$

となるものを取る. コンパクト集合 $\bar{A}$ の開被覆 $\{a+U, a \in \bar{A}\}$, から有限開被覆 $a_1+U, \cdots, a_k+U$ を選び出し $n = km$ とする. $z \in \dot{A}_n$ ならば

$$z = x_1 + x_2 + \cdots + x_n\ ;\ x_j \in \bar{A},\ \ j = 1, \cdots, n \tag{31}$$

と書ける. このとき $\bar{A}$ の元 x_j は $n = km$ 箇あり, $\bar{A}$ は k 箇の開集合 $a_1+U, \cdots, a_k+U$ で覆われるから, これらの開集合の内どれか一つ, 例えば a_1+U は少なくとも m 箇の x_j $(j \in \{1, \cdots, n\})$ を含まなければならぬ. 今この a_1+U に含まれる m 箇の x_j は $x_1, \cdots, x_m$ であるとしよう.

$$x = x_1 + \cdots + x_m \in \bar{A}_m,$$

$$y = x_{m+1} + \cdots + x_n \in \bar{A}_{n-m},$$

$$x + y = z \notin A_n$$

と (28) 式から

$$x \in \dot{A}_m \tag{32}$$

でなければならぬことがわかる. 更に $x_i = a_1 + u_i$, $u_i \in U$, $i = 1, \cdots, m$, とすれ

ばこの式と (32) 式から

$$ma_1 + u \in \dot{A}_m \tag{33}$$

が得られる. 但しここで $u = u_1 + \cdots + u_m$, $u_i \in U$, であるから (30) により

$$u \in A \tag{34}$$

である. 従って (28) を用いれば $\omega_m = a_1$ として (29) が成立つ. これ迄に証明したことから直ちに体 K の標数が 0 なることが導かれる. 実際 (29) 式により

$$me\omega_m = m\omega_m \neq 0$$

であるから, $m \geqq 2$ が自然数なるとき me は 0 ではない. 即ち体 K の標数は 0 である.

従って体 K は素体 P^0 を含み, P^0 の元は r を有理数として re なる元より成る. 体 $P^0 \subset K$ の基本近傍は $|r| < 1$ なる有理数に対する re の全体であることを示そう. これから位相体 $\bar{P}^0$ は実数体と同型であることが導かれる (§25, G) 参照). m 及び n が自然数で $m > n$ とすると,

$$\frac{m}{n} e \in C \tag{35}$$

である (補助定理 2 参照). 今 $\frac{m}{n} e \in A \cup B$ と仮定すれば元 $\frac{m}{n} e$ は A の各元と可換であるから $A \frac{m}{n} e \subset A$ である (D) 参照). 従って $\bar{A} \frac{m}{n} e \subset \bar{A}$ であるから

$$\omega_m \frac{m}{n} e \in \bar{A} \tag{36}$$

が得られる. (36) 式に n を乗じて

$$m\omega_m \in \bar{A}_n$$

が得られるが, これは $\bar{A}_n \subset \bar{A}_{m-1}$ であるから (29) と矛盾する. 従って (35) 式が証明された. (35) 式から元 re が A に属するための必要十分条件は $|r| < 1$ であることになる (補助定理 2 参照).

これで補助定理 3 は証明された.

補助定理 4. 完全不連結な連続体 K の標数が 0 ならば, K の素体 P^0 の閉苞 $K_0{}^p = \bar{P}^0$ は p 進数体 (§26, C) 参照) と同型である. この素数 p は体 K に依

って一意的に定まる.

証明. 証明では補助定理2で導入した集合 A, B, C を用いよう. 加法位相群 K の0の近傍 A に含まれるコンパクトな開部分群を G とする (かかる部分群が存在することは定理16に依る). 体 K の単位元 e の整数倍全体の作る環を Z とする. $a \neq 0$ を, G の任意の元とすれば, G は部分群であるから任意の整数 m に対して $ma = (me)a$ は G に含まれる. 従って集合 Za は G に含まれ, 故に環 Z はコンパクトな集合 Ga^{-1} に含まれる. 環 Z が集合 C に含まれる me の型の元を一つでも含めば, この元の巾は皆環 Z に属し, しかもそれは発散するから, その部分列はすべてまた発散する (補助定理2参照). 一方環 Z は(点列)コンパクトな集合 Ga^{-1} に含まれるからこのようなことは起り得ない. 従って

$$Z \subset A \cup B. \tag{37}$$

次に条件

$$pe \in A \tag{38}$$

を満たす素数 p がただ一つ存在することを証明しよう.

$A \cup B$ はコンパクトであるから, (37) 式によって環 Z は集積点を有する. 従って0がまた Z の集積点となる. 故に集合 $A \cap Z$ は0と異なる元を含む. 今 m を $me \in A$ となる如き自然数とし, $m = m_1 m_2$ を m の1と異なる自然数 m_1, m_2 への因数分解とする. 元 $m_1 e$ 及び $m_2 e$ は共に $A \cup B$ に含まれ ((37) 参照), その積 me は A に含まれるから, 因子 $m_1 e, m_2 e$ の内少なくとも一方は A に含まれなければならない ((20) 参照). 従って条件 (38) を満たす素数 p が存在することになる. 今 p と異なる素数 q が存在して条件 $qe \in A$ を満たすと仮定しよう. 元 pe 及び qe は共に A に含まれるから, 十分大きな自然数 n に対して元 $p^n e$ 及び $q^n e$ は体 K の0の近傍 G に含まれる. G は加法群であるから $p^n e$ 及び $q^n e$ と共に

$$\mu p^n e + \nu q^n e$$

なる形の元をも含む. ここで μ 及び ν は任意の整数である. p^n 及び q^n は互に素であるから $\mu p^n + \nu q^n = 1$ となる整数 μ, ν を選ぶことができる. かかる μ, ν を考えれば $e \in G \subset A$ が得られるがこれは不合理である. 従って条件(38)を満たす素数 p はただ一つしか存在しない.

上に証明したことから直ちに((18), (19), (20), (37) 参照) 環 Z の元 me が A に含まれる為には，整数 m が p で割切れることが必要にしてかつ十分であることが導かれる．全く同様にして c 及び d を p と素な整数としたとき元 $\frac{cp^k}{d}e$ は $k>0$ のとき集合 A に含まれ, $k=0$ のとき集合 B に含まれ, $k<0$ のとき集合 C に含まれる．従って位相体 P^0 の基本近傍 $A\frown P^0$ は $\frac{ap}{b}e$ の形の元の全体より成る．ここで a 及び $b>0$ は整数で b は p と互に素である．このことから K の素体 P^0 の閉苞 $\bar{P}^0$ は p 進数体と同型である(C) 参照).

これで補助定理4が証明された．

補助定理 5. 連続体 K の標数が $p\neq 0$ ならば，A の0以外の元 t はすべて素体 P^p に対して超越的であり，体 $P^p(t)$ の閉苞 $K_t{}^p$ は体 P^p 上の [1変数] 巾級数体と同型である (§26, C) 参照).

証明. 補助定理5の証明は補助定理4の証明と似ている．連結な連続体は常に標数0だから(補助定理3参照)，体 K は完全不連結である(A) 参照)．従って加法群 K のコンパクトな開部分群 G が0の近傍 A に含まれる (定理16).

まず最初に標数 $p\neq 0$ の体では任意の二つの元 ξ, η に対して

$$(\xi+\eta)^p=\xi^p+\eta^p \tag{39}$$

が成立つことを注意しよう．

(39) を証明するには左辺を2項定理で展開し，各項の係数が [この係数が1である両端の二つを除き] 素数 p で割切れることを使えばよい．(39) 式を p^{l-1} 乗すると

$$(\xi+\eta)^{p^l}=\xi^{p^l}+\eta^{p^l} \tag{40}$$

が得られる．更に ξ, η, ζ を標数 p の体の任意の三つの元とすれば，(40) により

$$(\xi+\eta+\zeta)^{p^l}=\xi^{p^l}+\eta^{p^l}+\zeta^{p^l} \tag{41}$$

が得られる．同様の式が標数 p の体の任意の有限箇の元に対して成立つ．

今 t を A に属する0以外の任意の元とし，$P^p[t]$ を P^p の元を係数とする t の多項式の集合とする．今，$\varphi(x)$ を P^p の元を係数とする変数 x の多項式とする．体 K の元 $\varphi(t)$ が集合 A に属する為には多項式 $\varphi(x)$ の定数項が0である，即ち $\varphi(x)$ が x で割切れることが必要かつ十分であることを示す．このこ

とから特に，体 K の元 $\varphi(t)$ が 0 となるためには，多項式 $\varphi(x)$ が 0 となることが必要かつ十分であり，従って t が体 P^p に関して超越的であることが導かれる．同時に

$$P^p[t] \subset A \cup B \tag{42}$$

であることも証明しよう．

$\varphi(x)$ を可換体 P^p の上の任意の多項式とし，k を十分大なる自然数で

$$n \geqq p^k \quad ならば \quad t^n \in G \tag{43}$$

となるとする．G は加法群だから (43) に依り x^{p^k} で割切れる任意の多項式 $\psi(x)$ に対して $\psi(t) \in G$ となる．従って $\varphi(x)$ が x で割切れる多項式ならば $(\varphi(t))^{p^k} \in G \subset A$ となるから $\varphi(t) \in A$ となる．

逆に多項式 $\varphi(x)$ の定数項が 0 でなければ，$l \geqq k$ なるとき $(\varphi(x))^{p^l} = a + \psi(x)$，$a \in P^p$，$a \neq 0$，で，$\psi(x)$ は x^{p^k} で割切れ((39)参照)，従って $\psi(t) \in G$ となる（C）参照)．$a \in B$ だから $(\varphi(t))^{p^l} \in B + G$ が大なる自然数 l に対して常に成立つ．集合 $B+G$ は可算コンパクトだから，これから $\varphi(t) \in A \cup B$ でなければならないことがわかる．$\varphi(t) \in A$ と仮定すれば十分大きな l に対して $(\varphi(t))^{p^l} \in G$ であるから $a = (\varphi(t))^{p^l} - \psi(t) \in G \subset A$ となり不合理である．従って $\varphi(t) \in A \cup B$ であること，更に $\varphi(t) \in A$ となる為には多項式 $\varphi(x)$ が x で割切れることが必要かつ十分であることが証明された．

今，$c(t)t^n/d(t)$ を体 $P^p(t)$ の 0 でない任意の元とする，ここで $c(x), d(x)$ は x で割切れない多項式とする．上に証明したことから $\dfrac{c(t)}{d(t)} \in B$ であるから $c(t)t^n/d(t)$ は $n > 0$ のとき A に含まれ，$n = 0$ のとき B に含まれ，$n < 0$ のとき C に含まれる．これから位相体 $P^p(t)$ の基本近傍 $A \cap P^p(t)$ は $a(t)t/b(t)$ なる形の元の全体から成ることがわかる，ここで $a(x), b(x)$ は体 P^p 上の多項式で，$b(x)$ は x で割切れないものである．従って体 $P^p(t) \subset K$ の K における閉苞は体 P^p を係数とする［1変数］巾(ベキ)級数体に同型である（C）及び§26, C）参照)．

これで補助定理 5 が証明された．

定理 22 の証明． 補助定理 3, 4, 5 に依って任意の連続体は定理 22 に挙げた三つの場合の中のどれか一つだけに該当することは証明されている．従って定

理の残りの部分だけを証明すればよい．

体 K の2元 $0, e$ から成る集合を E とする．体 K^* の元 $u \in A, u \neq 0$, で E の元 ε_n を係数とする

$$\varepsilon_0 + \varepsilon_1 u + \varepsilon_2 u^2 + \cdots + \varepsilon_n u^n + \cdots \tag{44}$$

の形の級数が常に収束するようなものを選ぶ．このような $u \in K^*$ は定理22の中のどの場合でも存在する．実際1) の場合ならば $u = \frac{1}{2}e$ とすればよいし，2) の場合には $u = pe$ とすればよい．また3) の場合なら $n = t$ とすればよい．集合 $\bar{A}$ の有限箇の元

$$v_1, \cdots, v_m \tag{45}$$

で $\bar{A}$ の任意の元 z に対し，E の元を係数とする1次結合

$$\varepsilon_1 v_1 + \cdots + \varepsilon_m v_m$$

で条件

$$z - \varepsilon_1 v_1 - \cdots - \varepsilon_m v_m \in uA \tag{46}$$

をみたすものが存在する．このような系 $\{v_i\}$ を構成する為にコンパクト集合 $\bar{A}$ の開被覆 $v + uA, v \in \bar{A}$, を考えれば，この中の有限箇 $v_1 + uA, \cdots, v_m + uA$ で既に集合 $\bar{A}$ は覆われる．このとき $\bar{A}$ の任意の元 z に対して $z - v_i \in uA$ となる v_i が存在する，即ち (46) が成立つ．

次に体 K の任意の元 z は

$$z = a_1 v_1 + \cdots + a_m v_m \tag{47}$$

という形に書けることを証明しよう．ここで係数 $a_1, \cdots, a_m$ は体 K^* の元である．このような書き表わし方が一意的であるかという問題は最後で解決する．任意の $z \in K$ に対して十分大きな自然数 n をとれば，$u^n z \in \bar{A}$ となるから，(47) の分解がすべての $z \in K$ に対し成立つことを証明する為には $\bar{A}$ に属する元 z に対してのみ証明すれば十分である．そこで $z_0 \in \bar{A}$ とし $\varepsilon_{01} v_1 + \cdots + \varepsilon_{0m} v_m$ を E の元を係数とする $v_1, \cdots, v_m$ の1次結合で

$$z_0 - \varepsilon_{01} v_1 - \cdots - \varepsilon_{0m} v_m \in uA$$

となるものとする ((46) 参照)．このとき，

$$z_0 = \varepsilon_{01} v_1 + \cdots + \varepsilon_{0m} v_m + u z_1, \tag{48}$$

$z_1 \in \bar{A}$, となる．元 z_1 に対して今 z_0 に対して行ったと同様の操作をすれば

$$z_1 = \varepsilon_{11}v_1 + \cdots + \varepsilon_{1m}v_m + uz_2, \quad z_2 \in \bar{A} \tag{49}$$

が得られる．これを繰返して

$$z_n = \varepsilon_{n1}v_1 + \cdots + \varepsilon_{nm}v_m + uz_{n+1}\,;\, z_{n+1} \in \bar{A},\ n = 0, 1, \cdots, \tag{50}$$

が得られる．従って

$$z_0 = \sum_{i=1}^{m} (\varepsilon_{0i} + \varepsilon_{1i}u + \varepsilon_{2i}u^2 + \cdots + \varepsilon_{ni}u^n) v_i + u^{n+1} z_{n+1}\,;$$

$$z^{n+1} \in \bar{A} \tag{51}$$

が成立つ．この式で $n \to \infty$ とすれば

$$z_0 = a_1 v_1 + \cdots + a_m v_m$$

(但し $a_1, \cdots, a_m \in K^*$) が得られる．

次に元 $v_1, \cdots, v_m$ の間に係数 b_i がすべては 0 でない K^* 上の 1 次関係

$$b_1 v_1 + \cdots + b_m v_m = 0$$

が存在したとする．このときは $v_1, \cdots, v_m$ の中の一つを他のもので表わせるから system $v_1, \cdots, v_m$ の元の数 m を減らすことができる．これを繰返えせば 1 次独立な基底 $x_1, \cdots, x_r$ が得られる．この場合 $x_1 = e$ としてよいことは容易に知られる．

これで定理 22 は証明された．

例 48. K を位相体，R^{n+1} を K 上の $n+1$ 次元ベクトル空間，$P^n = (G_0, G_1, \cdots, G_n)$ を体 K 上の n 次元射影幾何とする（§7, K), L) 参照）．ベクトル空間 R^{n+1} は加法位相群 K の $n+1$ 箇の直和として表わされるから，それによって自然な仕方で位相が入る．そこで G_k, $0 \leqq k \leqq n$, に位相を導入しよう．

a を G_k の任意の元とする．即ちベクトル空間 R^{n+1} の一つの $(k+1)$ 次元の部分空間とする．そして $u_1, \cdots, u_{k+1}$ をベクトル空間 a の一つの基底とする．まず第一にベクトル $u_1, \cdots, u_{k+1}$ の空間 R^{n+1} における近傍 $U_1, \cdots, U_{k+1}$ を，$v_i \in U_i$ ならば，ベクトル $v_1, \cdots, v_{k+1}$ は 1 次独立であるように選ぶ．G_k における点 a の近傍 V として，$v_1, \cdots, v_{k+1}$ $(v_i \in U_i)$ を基底とする $x \in G_k$ の全体をとる．これによって集合 G_k は位相空間となる．容易に知られるように独立な点 $a_0, a_1, \cdots, a_k$

により張られる k 次元部分空間 $a \in G_k$ は，これらの点の函数として連続である．この§における結果を用いれば，体 K が連続体であるときは各位相空間 G_k $(0 \leqq k \leqq n)$ はコンパクトであることが証明される．更に体 K が完全不連結であれば，各 G_k もすべて完全不連結である．このようにして連続体 K 上の射影幾何 $P^n = \{G_0, G_1, \cdots, G_n\}$ に到達する．このとき集合 $G_0, G_1, \cdots, G_n$ はすべてコンパクト位相空間で，k 次元の部分空間を，それを張る1次独立な点に対応させる写像は連続となる．

次に綜合的公理論的な見地から眺めよう．

射影幾何 $P^n = \{G_0, G_1, \cdots, G_n\}$ (例16参照) は点及び直線の集合 G_0 及び G_1 が共にコンパクトな無限集合で，相異なる2点 x, y で定められる直線 (x, y) が x, y の連続函数であるとき，**連続**であるという．このとき連続な射影幾何は常にある連続体 K の上の射影幾何となることが示される．特に点の集合 G_0 が連結ならば対応する連続体 K も連結で，従ってこの場合 K は実数体，複素数体，4元数体の中のどれか一つと同型である (定理21参照)．

この命題を証明しよう．体 K は例16で示したように構成される．直線 (x, y) は2点 x, y と共に連続的に変化するから，この K の構成法より K は位相体となる．集合 G_0 がコンパクトであるから一つの直線 l 上にある点の全体もコンパクト集合である．体 K は一つの直線 l から1点 u を除いたものであるから [局所コンパクトであり，また l が無限集合故ディスクリートではあり得ないから従って] 連続体である．

体 K が連結でなければ K は完全不連結で，従ってまた点の集合 G_0 も完全不連結となる．従って G_0 が連結ならば体 K も連結である．

第5章　コンパクト位相群の線型表現

第3章では，位相群の一般論を述べた．そのとき考えてきた諸概念や諸関係は，ごく一般の形のものに過ぎなかった．そこで位相群をもっと深くその構成の面から研究することが次の課題になる．一般位相群を，もっと具体的な，直接に容易に研究のできる対象に結びつけることが望ましい．このような具体的な対象としては，例えば，行列のつくる群やリー群などがあるが（リー群については7, 10章参照），そうしたものに結びつけることができると，位相群に関する種々の問題は，より初等的な対象についての問題に帰着せしめられる．さらに，ごく一般の形の位相群を，具体的な群から出発して実際に組立てることも可能となる．この方向においては，**線型表現**による研究が基本的なものである．

位相群 G を**線型に表現する**とは，G からある次数の行列の作る位相群の中への準同型写像を見出だすことをいう．

明らかに，任意の群には，すべての元を単位行列に写すという自明な線型表現が可能である．しかし勿論，この自明な表現は，群の研究には何の役にも立たない．そこで当然起る問題は，与えられた群に自明でない線型表現が存在するか，あるいは更に，その線型表現は十分多くあるだろうか，ということである．

群 G の単位元でない任意の元 g に対し，g を単位行列に写さない G の線型表現が必ず存在するとき，G は**十分多くの表現**，あるいは**表現の完全系**をもつという．

局所コンパクト位相群が十分多くの表現をもつかという問題は，一般の場合には否定的な解答が出る〔4〕．しかし，任意のコンパクト位相群については，表現の完全系を実際に作り上げることができる．この構成法を述べることが，この章の本質的な目的である．第 6, 8 章ではその結果が応用され，位相群論の中心的な問題のいくつかが，コンパクト群に十分多くの表現が存在するという事実に基づいて解決されることになる．

表現系を構成する第一歩は，群の上に**不変測度**，或は同じ内容をもつ**不変積分**を定義することである．G の部分集合中，可測集合という十分に広い範疇に属する集合 M のおのおのに，その測度としてある負でない数を対応させて，不変の条件として，G の任意の元 a に対し集合 Ma の測度が M の測度に等しくなるようにする．このような不変測度ができると，それにより G 上に不変積分が作られる．最初に不変測度というものを，任意の可算基をもつ局所コンパクト群の上に構成したのは Haar であった（〔12〕参照）．少し後れて Neumann は（〔31〕参照），可算基をもつ可算コンパクト群上の不変積分を直接に定義したが，これはそのままコンパクト群の場合にひき直せるものである．Neumann の構成法は Haar のそれよりも遙かに簡単であり，この書で不変積分を用いるのはコンパクト群の場合に限るので，ここでは Neumann の方法に依ることにする．

一般の可算基をもつ可算コンパクト群上に不変積分が作られる以前にも既に Peter と Weyl が，可算コンパクト・リー群に表現の完全系を構成するため不変積分を用いたのであるが，リー群の場合には不変積分は非常に簡単に定められる．Peter と Weyl とは上記の目的のために，群上である種の積分方程式を考察した．その際彼等は，群が可算コンパクトであることを本質的に利用している．任意のコンパクト群の上にも不変積分が作れるのであるから，彼等の用いた構成法はそのまま一般のコンパクト位相群に移すことができる．しかし，それを更に局所コンパクト群に拡張しようとすると，たとえ可算基をもつ群の場合に限ったとしても，これは成功しない．

§28.　位相群上の連続函数

位相群 G はもちろん位相空間でもあるから，G 上に連続函数を考えることができる（§12, A）参照）．しかし，G が同時に群であるという性質を用いると，連続函数の定義はこの場合に即して少しいいかえられ，特に**一様連続函数**なる概念を導入することができる．

A)　G を位相群，M をその元からなるある集合とする．M 上で与えられた

数値函数 f (定義 17 参照) が，点 $a \in M$ において連続であるとは，任意の正数 ε に対して単位元の近傍 V が存在して，$x \in M, xa^{-1} \in V$ のとき $|f(x)-f(a)|<\varepsilon$ が成立つことである．

この連続性の定義のいいかえが正しいことは，$xa^{-1} \in V$ と $x \in Va = U$ とが同等であることと，U が a の近傍であることから明らかである．

B) M を位相群 G の部分集合，f を M 上で与えられた数値函数とする．函数 f が**一様連続**であるとは，任意の正数 ε に対して単位元の近傍 V が存在し，$xy^{-1} \in V, x \in M, y \in M$ ならば $|f(x)-f(y)|<\varepsilon$ が成立つことである．一様連続の定義としては，これとよく似た別なものを取ってもよい．即ち，f が一様連続であるとは，任意の正数 ε に対し単位元の近傍 V' が存在して，$x^{-1}y \in V'$ のとき $|f(x)-f(y)|<\varepsilon$ が成立つことだとしてもよい．この二つの定義は，一般の場合には一致しないが，我々に重要なすべての場合には同等であることが証明される (C) 参照)．明らかに，一様連続な函数は同時に連続でもある．

ある場合には，函数の単なる連続性から一様連続性が導かれることを示そう．

C) G を位相群，M をそのコンパクトな部分集合とする．M 上で与えた勝手な連続函数 f は上の二つの意味で (B) 参照) 同時に一様連続である．

証明．ε を任意の正数とする．函数 f は連続であるから，任意の点 $a \in M$ に対して群 G の単位元の近傍 V_a が存在して，$xa^{-1} \in V_a, x \in M$ ならば $|f(x)-f(a)| < \varepsilon/2$ である．W_a を $W_a^2 \subset V_a$ なる単位元の近傍とする．$W_a a$ なる形の近傍全体は，a を M のすべての元にわたらせれば，明らかに集合 M を覆う．集合 M はコンパクトであるから，この被覆から有限箇のものを取り出すことができる．このようにして，集合 M には有限箇の元 $a_1, \cdots, a_n$ が存在して，近傍系 $W_{a_i}a_i$, $i=1, \cdots, n$, は M を覆う．すべての $W_{a_i}, i=1, \cdots, n$, の共通部分を V とすれば，V は G の単位元の近傍である．そこで，$xy^{-1} \in V, x \in M, y \in M$ ならば，$|f(x)-f(y)|<\varepsilon$ であることを示せば，函数 f の一様連続性が証明されたことになる．近傍系 $W_{a_i}a_i$ は M を覆うから，ある番号 k に対して必ず $ya_k^{-1} \in W_{a_k}$ であり，従って $|f(y)-f(a_k)| < \varepsilon/2$．更に，$xa_k^{-1} = xy^{-1}ya_k^{-1} \in VW_{a_k} \subset W^2_{a_k} \subset V_{a_k}$ であるから，$|f(x)-f(a_k)| < \varepsilon/2$．この二つの不等式をあわせて，$|f(x)-f(y)|<\varepsilon$．

一様連続函数の概念と並んでやはり本質的な役割をはたすものに，函数の**同程度連続な族**あるいは集合がある．

D)　M を位相群 G の部分集合とする．M 上の函数からなる集合 $\varDelta$ が**同程度連続**であるとは，任意の正数 ε に対して，G の単位元の近傍 V が存在して，$xy^{-1}\in V, x\in M, y\in M$ のとき $\varDelta$ のすべての函数 f につき $|f(x)-f(y)|<\varepsilon$ が成立つことをいう．明らかに，同程度連続系に属するすべての函数は，それ自身一様連続である．また，函数集合 $\varDelta$ が**一様有界**であるとは，ある数 m が存在して，$x\in M, f\in\varDelta$ のとき常に，$|f(x)|<m$ となることである．

次に，函数の**一様収束列**を考える．

E)　M 上の函数列 $f_n, n=1,2,\cdots$ が，M 上の函数 f に**一様に収束**するとは，任意の正数 ε に対して，整数 m が存在して，$n>m$ ならば任意の $x\in M$ につき $|f(x)-f_n(x)|<\varepsilon$ なることである．

古典解析学の場合と全く同様に，**一様収束に関する Cauchy の判定条件**が成立するが，それは：

F)　M 上の函数列 $f_n, n=1,2,\cdots$ が一様収束するための必要かつ十分条件は，任意の正数 ε に対して十分大きな数 m が存在して，$p>m, q>m$ ならば任意の $x\in M$ につき $|f_p(x)-f_q(x)|<\varepsilon$ となることである．

G)　もし連続函数の列が一様収束しているならば，その極限函数もまた連続である．これの証明は，古典解析学の場合と同様である．

H)　位相群 G のコンパクトな部分集合 M 上に与えられた連続函数の一様収束列 $f_1, f_2, \cdots$ は，同程度連続かつ一様有界である．

証明．函数列 $f_1, f_2, \cdots$ の極限函数を f とする．f は連続であるから同時に一様連続であり，従って与えられた正数 ε に対して G の単位元の近傍 V が存在して，$x\in M, y\in M, xy^{-1}\in V$ ならば $|f(x)-f(y)|<\varepsilon/3$. 一方，十分大きな数 p が存在して，$n>p$ のとき $|f(x)-f_n(x)|<\varepsilon/3$. $|f(y)-f_n(y)|<\varepsilon/3$. これら三つの不等式をあわせると，$x\in M$, $y\in M$, $xy^{-1}\in V$, および $n>p$ に対し $|f_n(x)-f_n(y)|<\varepsilon$. 更に，$V_i$, $i=1,\cdots,p$ として，$x\in M$, $y\in M$, $xy^{-1}\in V_i$ ならば $|f_i(x)-f_i(y)|<\varepsilon$ となるような G の単位元の近傍をとる．近傍 $V, V_1, \cdots, V_p$

全体の共通部分を U とすれば，$x\in M, y\in M, xy^{-1}\in U$ に対して不等式 $|f_n(x)-f_n(y)|<\varepsilon, n=1, 2, \cdots$ が成立つ．即ち，函数列 $f_1, f_2, \cdots$ は同程度連続である．これが更に一様有界であることは，$n>p$ ならば $|f_n(x)|<|f(x)|+\varepsilon/3$ であり，函数 $f, f_1, \cdots, f_p$ はすべて有界である（§13, G）参照）ことから明らかであろう．

次の定理は重要である．

定理 23. G は位相群，M はそれのコンパクトな部分集合，$\varDelta$ は M 上の実数値函数からなる一様有界かつ同程度連続な集合であるとする（D）参照）．$\varDelta$ に属する任意の函数列からは，つねに一様収束部分列を選び出すことができる（E）参照）．

証明. ε を任意の正数，V_ε を G の単位元の近傍で，

$$x\in M, y\in M, xy^{-1}\in V_\varepsilon, f\in\varDelta \text{ ならば，} |f(x)-f(y)|<\varepsilon \tag{1}$$

が成立つものとする．また，$\varDelta'$ を集合 $\varDelta$ の勝手な無限部分集合とし，$a\in M$ とすると，$\varDelta'$ には無限部分集合 $\varDelta'_a$ が存在して，

$$x\in M, x\in V_\varepsilon a, f\in\varDelta'_a, g\in\varDelta'_a \text{ ならば，} |f(x)-g(x)|<3\varepsilon \tag{2}$$

である．何故ならば，集合 $\varDelta'$ は一様有界であるから，$\varDelta'$ に属する函数の点 a における値はすべてある有限区間内におちる．従って，この中に幅 ε の区間 I が存在して，$\varDelta'$ のある無限部分集合 $\varDelta'_a$ に属する函数の a における値をすべて含む．即ち，

$$f\in\varDelta'_a, g\in\varDelta'_a \text{ ならば，} |f(a)-g(a)|<\varepsilon. \tag{3}$$

更に，（1）により，

$$\begin{gathered} x\in M,\ x\in V_\varepsilon a,\ f\in\varDelta'_a,\ g\in\varDelta'_a \text{ ならば，} \\ |f(x)-f(a)|<\varepsilon,\ |g(x)-g(a)|<\varepsilon. \end{gathered} \tag{4}$$

（3），（4）から（2）が出る．

次に，（2）を精密化して条件 $x\in V_\varepsilon a$ をなくすることを考える．即ち，これまで通り ε を任意の正数，$\varDelta'$ を $\varDelta$ の勝手な無限部分集合とすると，$\varDelta'$ には無限部分集合 $\varDelta'_\varepsilon$ が存在して，

$$x\in M,\ f\in\varDelta'_\varepsilon,\ g\in\varDelta'_\varepsilon \text{ ならば，} |f(x)-g(x)|<3\varepsilon \tag{5}$$

が成立つ．何故ならば，$V_\varepsilon a$ なる形の近傍（（1）参照）は，V_ε を定めたまま a

を M 全体にわたらせれば，その全体で M を覆うが，集合 M はコンパクトであるから，この被覆から有限被覆 $V_\varepsilon a_1, \cdots, V_\varepsilon a_r$ を選び出すことができる．これに対して，上で示したことから，$a = a_1$ につき（2）の成立するような $\varDelta$ の無限部分集合 $\varDelta'_{a_1}$ が存在する．同様に，$\varDelta'_{a_1}$ からその無限部分集合 $\varDelta'_{a_1, a_2}$ を選び出して，

$$x \in M,\ x \in V_\varepsilon a_2,\ f \in \varDelta'_{a_1, a_2},\ g \in \varDelta'_{a_1, a_2} \text{ ならば}, \ |f(x) - g(x)| < 3\varepsilon$$

であるようにすることができる．これを次々と続けて行くと，終りに集合 $\varDelta'_{a_1, a_2, \cdots, a_r}$ が得られ，これは（5）を満足する．

さて，

$$f_1, f_2, \cdots, f_n, \cdots \tag{6}$$

を，$\varDelta$ から選んだ勝手な函数列とする．この列に属するすべての函数のつくる集合を $\varDelta'$ で表わす．もし $\varDelta'$ が有限集合であるならば，定理の正しいことは明らかであるから，$\varDelta'$ は無限集合であるとして証明を進める．

0 に収束する正数列 $\varepsilon_1, \varepsilon_2, \cdots, \varepsilon_n, \cdots$ を一つ定める．既に証明したことにより，$\varDelta'$ から無限部分集合 $\varDelta'_{\varepsilon_1} = \varDelta'_1$ を適当に選んで，$\varepsilon = \varepsilon_1$ につき（5）が成立つようにすることができる．全く同様に，今度は $\varDelta'_1$ から適当に無限部分集合 $\varDelta'_2$ を選んで，

$$x \in M,\ f \in \varDelta'_2,\ g \in \varDelta'_2 \text{ ならば}, \ |f(x) - g(x)| < 3\varepsilon_2$$

がみたされるようにすることができる．この手続きを次々に行うと，$\varDelta'$ の無限部分集合の列

$$\varDelta'_1 \supset \varDelta'_2 \supset \cdots \supset \varDelta'_n \supset \cdots$$

が得られ，各 $\varDelta'_n$ は条件：

$$x \in M,\ f \in \varDelta'_n,\ g \in \varDelta'_n \text{ ならば}, \ |f(x) - g(x)| < 3\varepsilon_n,\ n = 1, 2, \cdots \tag{7}$$

をみたす．そこで，$\varDelta'_1$ から任意の函数 g_1 を選び，次に $\varDelta'_2$ からは，その（6）に列べたときの番号が g_1 の番号を越える函数のうち任意のもの g_2 を選ぶ．更に $\varDelta'_3$ では，（6）における番号が g_2 の番号を越えるもののうちから任意に g_3 を選ぶ，等々．このようにして行くと，（6）の部分列 $g_1, g_2, g_3, \cdots$ が得られるが，それは（7）によって一様収束の条件（F）参照）をみたしている．証明終り．

連続函数につき，注意を一つつけ加える．

I) Mをコンパクトな位相空間とし，fをその上で与えられた連続函数であるとする．fの最小値を$K(f)$で，最大値を$L(f)$で表わす（§13, G) 参照）．$S(f)=L(f)-K(f)$を函数fの**変動**とよぶ．連続函数の列$f_1, f_2, \cdots$が函数fに一様に収束するならば（E) 参照），次の諸関係が成立つ．

$$\lim_{n\to\infty} K(f_n)=K(f),\ \lim_{n\to\infty} L(f_n)=L(f),\ \lim_{n\to\infty} S(f_n)=S(f).$$

検証は容易であろう．

例 49. Gをコンパクトな位相群とする．G上のすべての連続函数のつくる集合Rを考える．R内には，ごく自然に距離を導入することができる．即ち，G上の二つの連続函数，つまりRに属する二つの元の間の距離を，$x\in G$の函数$|f(x)-g(x)|$の最大値によって定義する．

Rが距離空間であることはすぐ証明できる（例 20 参照）．先ず，$|f(x)-g(x)|$の最大値が零になるのは，$f=g$のとき，かつそのときに限る．更に，f, gおよびhをG上の三つの連続函数とすれば，$|f(x)-h(x)|\leqq|f(x)-g(x)|+|g(x)-h(x)|$であり，これから直ちに$R$における3角不等式が出る．

函数列$f_n, n=1, 2, \cdots$が函数fに一様収束する条件を，空間Rの距離の言葉で表わすことは簡単である．f_nがfに一様収束するためには，空間Rの点列$f_n, n=1, 2, \cdots$が，Rの距離の意味で点fに収束することが必要十分である．

$\varDelta$をG上で一様有界同程度連続な函数族であるとすれば，$\varDelta\subset R$．すると，定理 23 のいうところは，集合$\varDelta$の空間Rにおける閉苞$\bar{\varDelta}$が点列コンパクトであるというにつきる．

例 50. Gは実数が加法に関してつくる位相群であり，Mは数直線上の有界閉区間であるとする．その場合には，この§で述べた諸命題はすべて，よく知られた古典解析学の諸命題に帰着する．

§29 不変積分

この§では，コンパクト位相群上に不変積分を構成することを述べる．その方法は Neumann に従う．

定義 33. コンパクト位相群上の任意の実連続函数 f に適当な実数 $\int f(x)\,dx$ を対応させて，その対応が条件：

1) α を任意の実数として，

$$\int \alpha f(x)\,dx = \alpha \int f(x)\,dx\,;$$

2) 二つの連続函数 f, g につき，

$$\int (f(x)+g(x))dx = \int f(x)\,dx + \int g(x)\,dx\,;$$

3) 負の値をとらない函数 f については，

$$\int f(x)\,dx \geqq 0\,;$$

4) すべての x につき恒等的に $f(x)=1$ ならば，

$$\int f(x)\,dx = 1\,;$$

5) f が負の値をとらず，かつ恒等的に零ではないならば，$\int f(x)\,dx > 0$；

6) a を G の任意の元とするとき，

$$\int f(xa)\,dx = \int f(x)\,dx\,;$$

7) a を G の任意の元とするとき，

$$\int f(ax)\,dx = \int f(x)\,dx\,;$$

8) $$\int f(x^{-1})\,dx = \int f(x)\,dx$$

をみたしたとき，G 上に**不変積分**が作られたといい，実数 $\int f(x)\,dx$ のことを函数 f の群 G にわたる**積分**とよぶ.

上の条件の中，1)—5) は積分というものが当然みたすべきものであり，6)—8) が群として特殊な**不変性**の条件を表わすものである.

先ず，1), 2), 3) の条件があれば不等式の積分および絶対値の積分ができる. その意味は，

$f(x) \leqq g(x)$ ならば，

$$\int f(x)\,dx \leqq \int g(x)\,dx,$$

$$\left|\int f(x)\,dx\right| \leqq \int |f(x)|\,dx.$$

何故ならば，$g(x)-f(x) \geqq 0$．従って 3) により $\int (g(x)-f(x))\,dx \geqq 0$，更に 1)，2) によりこれは $\int g(x)\,dx - \int f(x)\,dx \geqq 0$ と書ける．即ち，

$$\int f(x)\,dx \leqq \int g(x)\,dx.$$

次に，$-|f(x)| \leqq f(x) \leqq |f(x)|$，上の不等式の積分を用いて，$-\int |f(x)|\,dx \leqq \int f(x)\,dx \leqq \int |f(x)|\,dx$，これを書きかえると

$$\left|\int f(x)\,dx\right| \leqq \int |f(x)|\,dx.$$

定理 24. 任意のコンパクト位相群には，不変積分が存在し（定義 33 参照），しかもそれは一意的に定まる．更に，G 上に条件 1)—4) および 6) をみたす積分をつくることができれば，それは条件 5)，7)，8) を自然にみたしている．

この定理の証明はそう簡単でなく，数段階にわかれる．その初めの諸段階は予備注意の形で述べ，最終部分だけを定理の証明の標題下におくことにする．以下の全証明を通じて，G はコンパクト位相群を表わすものとする．

A) f は G 上の連続函数，$A=\{a_1, \cdots, a_m\}$ は G の有限箇の元の組であり，$a_1, \cdots, a_m$ の中には同じ元を含むことを許すものとする．

$$M(A, f; x) = \sum_{i=1}^{m} \frac{f(xa_i)}{m} \qquad (1)$$

なる記法を導入する．(1) は $x \in G$ を変数とみて G 上の函数 $M(A, f)$ を定めているが，これは連続函数であり，不変積分構成の基礎になるものである．容易に確かめられるように，次の三つの関係が成立っている（記号については §28, I) 参照）：

$$K(M(A, f)) \geqq K(f), \qquad (2)$$

$$L(M(A, f)) \leqq L(f), \qquad (3)$$

$$S(M(A,f)) \leqq S(f). \qquad (4)$$

また同じく簡単にわかることとして，$A=\{a_1,\cdots,a_m\}$ および $B=\{b_1,\cdots,b_n\}$ を G の有限箇の元の二つの組であるとすると，

$$M(A, M(B,f)) = M(AB,f), \qquad (5)$$

ただし，AB は mn 箇の元 a_ib_j, $i=1,\cdots,m$; $j=1,\cdots,n$ からなる組を表わす．

B)　f が G 上で定数に等しくない連続函数であるときは，不等式：

$$S(M(A,f)) < S(f) \qquad (6)$$

の成立つ有限系 A が存在する（A）参照）．

何故なら，f の最小値を k, 最大値を l とする．f は連続であり $k<l$ であるから，適当な開集合 $U\subset G$ が存在して，すべての $x\in U$ につき $f(x)\leqq h<l$. Ua^{-1} の形の開集合は，a を G 全体にわたらせれば G を覆うが，定理4により G には有限系 $A=\{a_1,\cdots,a_m\}$ が存在して，有限箇の開集合 Ua_i^{-1}, $i=1,\cdots,m$ だけで G を覆う．函数 $M(A,f)$ の最大値は $\dfrac{(m-1)l+h}{m}$ $(<l)$ を越えない．何となれば，すべての x につき $f(xa_i)\leqq l$, $i=1,\cdots,m$ であり，さらに x の如何にかかわらず常にある番号 j については $x\in Ua_j^{-1}$ すなわち $xa_j\in U$ であり，従って $f(xa_j)\leqq h$. また，$M(A,f)$ の最小値は k より小さくなることはないから（（2）参照），これで（6）が証明されたわけである．

C)　f を群 G 上の連続函数とする．任意の正数 ε に対して G の元の適当な有限系 A が存在して，任意の $x\in G$ につき

$$|M(A,f;x)-p| < \varepsilon \qquad (7)$$

が成立するとき，この実数 p のことを，函数 f の**右側平均値**とよぶことにする．G 上の任意な連続函数 f は，右側平均値を少くとも一つ持つことを示そう．

$M(A,f)$ なる形の函数で，f を一つ与えてそれを固定し，A を G の元のあらゆる有限系にわたらせて得られる集合を $\varDelta$ で表わす．（2），（3）により函数系 $\varDelta$ は一様有界であるが，更にそれが同程度連続であることを示そう（§28, D）参照）．

f は連続であり，従って一様連続でもある（§28, C）参照）．任意の正数 ε を与えると，単位元の近傍 V が定まり，$xy^{-1}\in V$ ならば $|f(x)-f(y)|<\varepsilon$. とこ

ろが，$xy^{-1}\in V$ のときには $(xa_i)(ya_i)^{-1}=xy^{-1}\in V$. 故に，$|f(xa_i)-f(ya_i)|<\varepsilon$. この不等式を i につき1から m まで加え合わせ，結果を m で割ると，$|M(A,f;x)-M(A,f;y)|<\varepsilon$. この不等式は $xy^{-1}\in V$ でさえあれば，任意の有限系 A につき成立つ. 即ち，函数族 $\varDelta$ は同程度連続である.

すべての $S(M(A,f))$ の下限，つまり $\varDelta$ に属するすべての函数の変動量の下限を s で表わす. $\varDelta$ から函数列

$$f_1,\cdots,f_n,\cdots \tag{8}$$

を選んで

$$\lim_{n\to\infty}S(f_n)=s$$

であるようにできる. 函数族 $\varDelta$ は一様有界かつ同程度連続であるから，定理23により，(8)から一様収束部分列

$$g_1,\cdots,g_n,\cdots \tag{9}$$

を選ぶことができる. その極限函数を g で表わすと，$S(g)=s$(§28, I) 参照). g が定数であること，いいかえれば $s=0$ であることを示そう.

仮りに g が定数でないとしてみよう. するとB) より，G の元の適当な有限系 A につき必ず，

$$S(M(A,g))=s'<s. \tag{10}$$

$\varepsilon=\dfrac{s-s'}{3}$ とおく. (9)は g に一様に収束するから，$|g(x)-g_k(x)|<\varepsilon$ なる番号 k が存在する. この不等式の x を xa_i でおきかえ，これを i につき1から m まで加え合わせて結果を m で割ると，

$$|M(A,g;x)-M(A,g_k;x)|<\varepsilon. \tag{11}$$

(10), (11) より直ちに，

$$S(M(A,g_k))\leqq s'+2\varepsilon<s.$$

(5)により，函数 $M(A,g_k)$ は $\varDelta$ に属し，従って，$\varDelta$ の函数の変動の下限を s とした仮定と矛盾することになる.

かくして，g は定数であり，$g(x)\equiv p$.

函数列(9)は g に一様に収束するから，任意に与えた正数 ε につき適当な番号 n が存在して，$|g_n(x)-p|<\varepsilon$. ところが $g_n\in\varDelta$ であるから，任意の ε に

つき不等式 (7) の成立する有限系 A が G に存在したことになり，p は f の右側平均値である．

D)　A) にならって，$x \in G$ を変数とする新しい函数 $M'(B, f)$ を，

$$M'(B, f; x) = \sum_{j=1}^{n} \frac{f(b_j x)}{n} \tag{12}$$

によって導入する．ここに

$$B = \{b_1, \cdots, b_n\}.$$

直ちに確かめられることとして，

$$M(A, M'(B, f)) = M'(B, M(A, f)). \tag{13}$$

E)　C) にならって，**左側平均値**を導入する．実数 q が次の性質をもつとき，q のことを G 上の連続函数 f の**左側平均値**という．その性質とは，任意の正数 ε に対して G の元の適当な有限系 B が存在して，

$$|M'(B, f; x) - q| < \varepsilon \tag{14}$$

が成立つことである．G 上の任意の連続函数につき，左側平均値が少なくとも一つ存在することを示す．そのために，位相群 G の元のつくる集合において，位相は G のままで保存し，乗法の法則を改めて新しく定義する．こうして得られた新しい位相群を G' で表わす．G' における乗法として，積 $a \times b$ を $a \times b = ba$ とおいて定義する，ただし ba は群 G における積である．これにより実際に，位相群 G' が得られることを確かめることは容易である．更に，群 G' の右側平均値が群 G の左側平均値であることも容易に知られる．右側平均値の存在は既に証明したから，これで左側平均値の存在も示されたことになる．

F)　G 上の任意の連続函数 f につき，それぞれただ一つずつの右側および左側平均値が存在し，更にこれら二つの平均値は一致する．このように一意的に定まる両側平均値のことを，単に f の**平均値**といい，$M(f)$ で表わす．

p を f の右側平均値の一つ，q を左側平均値の一つとすると，(7) および (14) が成立つ．(7) において，x の代りに $b_j x$ を入れ，j につき 1 から n まで加え合わせて結果を n で割ると，

$$|M'(B, M(A, f); x) - p| < \varepsilon. \tag{15}$$

次に，(14) において，x の代りに xa_i を入れ，i につき 1 から m まで加え合わせて結果を m で割ると，

$$|M(A, M'(B, f)\,;x)-q| < \varepsilon. \tag{16}$$

(15), (16) および (13) から $|p-q| < 2\varepsilon$ となる．これが任意の正数 ε につき成立つから，$p=q$. このようにして，任意の右側平均値は任意の左側平均値に相等しいことがわかった．これで F) は証明された．

G) f, g を G 上の二つの連続函数とすると，

$$M(f+g) = M(f)+M(g) \tag{17}$$

(F) 参照).

まず，

$$M(M(B, f)) = M(f) \tag{18}$$

を示す．

$$M(f) = p \tag{19}$$

とすると，p は f の左側平均値でもあることから，任意の正数 ε に対して，

$$|M'(C, f\,; x)-p| < \varepsilon$$

なる G の元の有限系 C が存在する．この不等式中の x を xb_j でおきかえ，j につき 1 から n まで加え合わせ結果を n で割ると，

$$|M(B, M'(C, f)\,;x)-p| < \varepsilon.$$

(13) を用いると，

$$|M'(C, M(B, f)\,;x)-p| < \varepsilon.$$

即ち，p は $M(B, f)$ の左側平均値であり，従って (18) が成立つ．

さて，次に

$$M(g) = q \tag{20}$$

とおく．q は g の右側平均値であることから，任意に与えた正数 ε に対して，

$$|M(B, g\,; x)-q| < \varepsilon$$

の成立つような有限集合 B が存在する．この不等式から上と同様にして，A' を任意の有限系として，

$$|M(A', M(B, g)\,;x)-q| < \varepsilon$$

が出る．(5)を用いて，

$$|M(A'B, g\,;x)-q|<\varepsilon. \tag{21}$$

一方(18), (19)より p は $M(B,f)$ の右側平均値であり，従って

$$|M(A, M(B,f)\,;x)-p|<\varepsilon$$

の成立する有限系 A が存在する．この不等式は(5)により

$$|M(AB,f\,;x)-p|<\varepsilon \tag{22}$$

と書ける．(21)において $A'=A$ と取り，(22)と共に用いると，

$$|M(AB,f+g\,;x)-(p+q)|<2\varepsilon.$$

これは $p+q$ が和の函数 $f+g$ の右側平均値に等しいことを示しており，(17)が証明された．

H) f を G 上の連続函数，a を G の任意の元とする．$f'(x)=f(xa)$, $f''(x)=f(ax)$ とおけば

$$M(f')=M(f), \tag{23}$$

$$M(f'')=M(f). \tag{24}$$

まず，(1)の定義から明らかに，

$$M(A,f')=M(Aa,f)$$

であるから，f' と f との右側平均値は一致し，従って(23)の正しいことが知られる．全く同様に，左側平均値を用いると，(24)が得られる．

I) f は G 上で負値をとらない連続函数であって，恒等的には零でないとする．このとき，

$$M(f)>0. \tag{25}$$

何故ならば，適当な開集合 $U\subset G$ につき，$x\in U$ ならば $f(x)>h>0$. Ua^{-1} なる形の開集合全体の集合は G を覆うが，G がコンパクトであることから，この被覆から有限被覆を選び出すことができる．つまり，元の有限集合 $A=\{a_1,\cdots,a_m\}$ が存在して，開集合 Ua_i^{-1}, $i=1,\cdots,m$, は G を覆う．任意の x につき $f(x)\geqq 0$ であるが，x の如何にかかわらず $x\in Ua_k^{-1}$ なる番号 k が存在して，その k につき $xa_k\in U$, 従って $f(xa_k)>h$. かくして，$M(A,f\,;x)\geqq\dfrac{h}{m}$, 即ち，$M(f)=M(M(A,f))\geqq\dfrac{h}{m}>0$ ((1), (18) 参照)．

定理24の証明　G 上の任意の連続函数 $f(x)$ に対し，

$$\int f(x)\,dx = M(f) \tag{26}$$

とおいて(F)参照)，積分 $\int f(x)\,dx$ を定義する．定義33の条件のうち，1)，3)，4) が成立つことは直ちに明らか，また，2)，5)，6) および7) は上に示したG)，I)，H) から出る．

そこで，何かある積分［即ち G 上の各実数値連続函数 $f(x)$ に対応する実数］$\int^* f(x)\,dx$ が，定義33の条件のうち 1)—4) および6) をみたすならば，

$$\int^* f(x)\,dx = M(f) \tag{27}$$

であることを示そう．p を f の右側平均値とすると，ある A につき，

$$|M(A, f\,;x) - p| < \varepsilon.$$

定義33の条件1)，2)，3) があれば，この不等式を積分してよいから，1)—4) および6) を用いて，

$$\left|\int^* M(A, f\,;x)\,dx - p\right| = \left|\int^* f(x)\,dx - p\right| \leqq \varepsilon. \tag{28}$$

(28) は任意の正数 ε につき正しいから，(27) が成り立つ．

かくして，定義33の条件1)—4) および6) をみたす積分の一意性が証明された．

条件8) の証明が残っている．このために，あらたに

$$\int^* f(x)\,dx = \int f(x^{-1})\,dx \tag{29}$$

とおいて積分 $\int^* f(x)\,dx$ を定義する．この新しい積分が定義33の条件1)—4) および6) をみたすことは簡単にわかる．ここでは条件6) だけを確かめてみよう．

$$\int^* f(xa)\,dx = \int f(x^{-1}a)\,dx = \int f((a^{-1}x)^{-1})\,dx$$

$$= \int f(x^{-1})\,dx = \int^* f(x)\,dx$$

((24) を用いた). 既に示した積分の一意性により, $\int f(x^{-1})\,dx = \int f(x)\,dx$ であり, これで定理 24 の証明は完成した.

これまでは, 実数値函数の積分のみを考えたが, 先では複素数値函数, 即ち f, g を実数値函数として $h = f+ig$ の形をした函数の積分も必要になってくる. 上の函数 h が連続であるとは, 函数 f, g が共に連続であることであり, h の積分は $\int h(x)\,dx = \int f(x)\,dx + i\int g(x)\,dx$ をもって定義する. 複素函数の積分が, 定義 33 の条件 1)—8) をみたすことは容易に確かめられる. ただし 1) における α は任意の複素数であってよい. 更に, このような1変数に関する積分の他に, 2変数に関する積分が必要になる. そこで, この場合に積分の順序により積分した結果が変らないことを証明しておかねばならない.

J) G, H を共にコンパクト位相群とし, f を2変数 $x \in G$ および $y \in H$ の連続函数とする (§14, G) 参照). y を固定して考えれば, f は x の連続函数であり, 従って積分 $\int f(x, y)\,dx = g(y)$ をつくることができる (定義 33, 定理 24 参照). g は群 H 上の連続函数であることを示そう.

二つの位相群 G, H の直積を P とする (定義 28 参照). 函数 f は P 上の1変数 $z = (x, y) \in P$ の連続函数と考えてよい (§14, G)). 群 P はコンパクトであり, f は連続であるから, 従ってまた一様連続でもある (§28, C) 参照). 故に, 正数 ε を与えると, 群 P に適当な単位元の近傍 W が定まって, $z'z^{-1} \in W$ ならば $|f(z') - f(z)| < \varepsilon$. 近傍 W は, U, V をそれぞれ群 G, H の単位元の近傍として, 点の組 (x, y), $x \in U$, $y \in V$, 全体の集合と考えておいてよい (§14, A) 参照). すると, $x'x^{-1} \in U$, $y'y^{-1} \in V$ ならば, $|f(x', y') - f(x, y)| < \varepsilon$. 特に $y'y^{-1} \in V$ ならば, $|f(x, y') - f(x, y)| < \varepsilon$. これを x につき積分して,

$$|g(y') - g(y)| \leqq \int |f(x, y') - f(x, y)|\,dx < \varepsilon,$$

即ち, $g(y)$ は一様連続函数である.

定理 25. G, H を二つのコンパクト位相群として, P はその直積, f は2変数 $x \in G$, $y \in H$ の連続函数であるとする (§14, G) 参照), $f(x, y) = f(z)$, $z = (x, y) \in P$. このとき,

$$\int\left(\int f(x, y)\,dx\right)dy = \int\left(\int f(x, y)\,dy\right)dx$$

$$= \int f(z)\,dz = \int\int f(x, y)\,dxdy$$

が成立つ (定義 33, 定理 24参照). ここに, 第1辺および第2辺の2重積分は, 積分記号下の函数がすべて連続であるから意味をもつ(J) 参照). また, 最終辺の $\int\int f(x, y)\,dxdy$ は, 初めの3辺によりここで新しく定義したものである.

証明. 積分 $\int\left(\int f(x, y)\,dx\right)dy$ が $\int f(z)\,dz$ に相等しいことを示す. このために, $\int^* f(z)\,dz = \int\left(\int f(x, y)\,dx\right)dy$ とおく. このように定義した積分 $\int^* f(z)\,dz$ が, 定義 33 の条件を全部みたすことは容易に知られる. 6) をみたすことだけを確かめてみよう. $c \in P$, $c = (a, b)$, $a \in G$, $b \in H$, として,

$$\int^* f(zc)\,dz = \int\left(\int f(xa, yb)\,dx\right)dy = \int\left(\int f(x, yb)\,dx\right)dy$$

$$= \int\left(\int f(x, y)\,dx\right)dy = \int^* f(z)\,dz.$$

かくして, 不変積分の一意性により (定理 24 参照),

$$\int\left(\int f(x, y)\,dx\right)dy = \int f(z)\,dz.$$

全く同様にして, $\int\left(\int f(x, y)\,dy\right)dx = \int f(z)\,dz$ が示され, 定理 25 の証明は終る.

群 H が G に一致するときには, 函数 $f(x, y)$ は G 上の2変数連続函数である. これが, 実は一番重要な場合になる.

例 51. G が有限群の場合には, 群上の函数の不変積分は, 函数が群の各元においてとる値の単なる算術平均値として定義される.

例 52. G^* を実数が加法に関してつくる位相群とし, φ を G^* 上に与えられた周期1の連続周期函数とする : $\varphi(x^*+1) = \varphi(x^*)$. すべての整数から成る G^* の部分群を N で表わす. φ はその周期性からして, G^* の N による各剰余類においてただ一つの値をとる. 従って, G^* 上の函数 φ に, 剰余群 $G^*/N = G$ 上の連続函数 f が対応する. 逆に, G 上のすべての連続函数 f は, このように

して得られる．群 G はコンパクトであるから，その上には定義33の条件をみたす積分 $\int f(x)\,dx$ が存在する．容易に知れるように，$\int f(x)\,dx = \int_0^1 \varphi(x^*)\,dx^*$，ここに右辺の積分は実変数に関する普通の積分である．

§30. 群上の積分方程式

前§で，コンパクト群上に積分を構成することを述べたが，それを用いると群上の**積分方程式**を考察することができる．対称核をもつ積分方程式の理論の結果が若干先で必要になるので，それを本§で完全な証明と共に述べることにする．本§を通じて，G はコンパクト群を表わし，G 上に考える函数はすべて連続であるとする．

A）　実数体あるいは複素数体 P 上のベクトル空間 R（§7, I）参照）に，任意の二つの元 f, g 間の**スカラー積**（または**内積**）$(f, g) \in P$ が定義されていて，次の条件をみたしているとする：

$$(\lambda f+\mu g, h) = \lambda(f, h)+\mu(g, h),\ (g, f) = \overline{(f, g)},\ (f, f) \geqq 0,$$

ただし，最後の不等式は $f=0$ のときに限り等号をとるものとする（$\overline{(f, g)}$ は (f, g) の共役複素数とする）*．このとき，P が実数体，あるいは複素数体であるに従って，R をそれぞれ，**Euclid 空間**，あるいは**ユニタリ空間**とよぶ．元 f の**ノルム** $\|f\|$ を，$\|f\| = +\sqrt{(f, f)} \geqq 0$ で定義する．不等式

$$|(f, g)|^2 \leqq (f, f)(g, g), \tag{1}$$

$$\|f+g\| \leqq \|f\|+\|g\| \tag{2}$$

は重要であるが，証明は後にまわす．R の二つの元 f, g は，$(f, g)=0$ のとき，たがいに**直交**するという．また，$\|f\|=1$ なる f を，**正規化**された元とよぶ．たがいに直交する正規化された元のみからなる系 Ω を，**正規直交系**という．明らかに正規直交系 $f_1, \cdots, f_n$ はつねに1次独立である．$g_1, \cdots, g_n$ を R の1次独立な元からなる任意の系とするとき，これを**直交化**することができる．つまり $g_1, \cdots, g_n$ から出発して，$f_1, \cdots, f_n$ を漸化式：

---

*　普通これらの条件の他に**完備性**の条件をつけ加えるのであるが，ここではそれは必要でない．（原註）

$$f_1=\frac{g_1}{\|g_1\|},\quad f_i=\frac{g_i-(g_i,f_1)f_1-\cdots-(g_i,f_{i-1})f_{i-1}}{\|g_i-(g_i,f_1)f_1-\cdots-(g_i,f_{i-1})f_{i-1}\|},\quad i=2,\cdots,n,$$

により順次に定義すれば，$f_1,\cdots,f_n$ は正規直交系になる．従って，有限次元の Euclid 空間，あるいはユニタリ空間 R には，つねにベクトル空間としての基底になる正規直交系 $e_1,\cdots,e_r$ が存在する．この基底に関して，R の任意の 2 元 $f=\alpha_1e_1+\cdots+\alpha_re_r$, $g=\beta_1e_1+\cdots+\beta_re_r$ のスカラー積は，明らかに $(f,g)=\alpha_1\bar{\beta}_1+\cdots+\alpha_r\bar{\beta}_r$ なる形に書ける．すると，不等式（1）は

$$|\alpha_1\bar{\beta}_1+\cdots+\alpha_r\bar{\beta}_r|^2\leqq(\alpha_1\bar{\alpha}_1+\cdots+\alpha_r\bar{\alpha}_r)(\beta_1\bar{\beta}_1+\cdots+\beta_r\bar{\beta}_r)\qquad(3)$$

の形をとる，ここに $\alpha_1,\cdots,\alpha_r$ および $\beta_1,\cdots,\beta_r$ は任意の複素数である．またすぐわかるように，任意の元 f を正規直交系に関して $f=\alpha_1e_1+\cdots+\alpha_re_r$ と分解する際の係数は，$\alpha_i=(f,e_i)$ であるから，

$$(f,f)=(f,e_1)\overline{(f,e_1)}+\cdots+(f,e_r)\overline{(f,e_r)}.\qquad(4)$$

次に，R の次元が無限であってもよいとする．このとき，$e_1,\cdots,e_n$ を，任意の，有限正規直交系であるが必ずしも空間の基底ではないものとすれば，等式（4）の代りに

$$(f,e_1)\overline{(f,e_1)}+\cdots+(f,e_n)\overline{(f,e_n)}\leqq(f,f)\qquad(5)$$

が成立つ．この不等式も重要であるが，証明は後にまわす．

（1）を示すために，$h=\lambda f+\mu g$ の形の元を考える．任意の元につき，自身とのスカラー積は負にならないから，

$$(h,h)=(f,f)\lambda\bar{\lambda}+(f,g)\lambda\bar{\mu}+\overline{(f,g)}\bar{\lambda}\mu+(g,g)\mu\bar{\mu}\geqq0,\qquad(6)$$

ここに，λ,μ は任意の複素数．f,g が共に零に等しいときには，（1）は当然成立つ．そこで，たとえば $g\neq0$ と仮定して，（6）において $\lambda=(g,g)$, $\mu=-(f,g)$ とおくと，

$$(f,f)(g,g)^2-(f,g)(g,g)\overline{(f,g)}-\overline{(f,g)}(g,g)(f,g)$$
$$+(g,g)(f,g)\overline{(f,g)}\geqq0,$$

$(g,g)>0$ を用いれば，これから（1）が出る．

（2）を証明する．まず，

$$(f+g,f+g)=(f,f)+(f,g)+(g,f)+(g,g).$$

（1）を用いて，

$$(f+g, f+g) \leqq (f,f)+2\sqrt{(f,f)(g,g)}+(g,g).$$

この両辺の平方根をとれば，（2）を得る．

（5）を示すには，$h=f-(f, e_1)e_1-\cdots-(f, e_n)e_n$ を考える．$(h, h) \geqq 0$ から，簡単な計算により（5）を得る．

B）将来必要になる Euclid，あるいはユニタリ空間の最も重要な例は，群 G 上のそれぞれ実数値，あるいは複素数値連続函数全体の集合である．この空間の任意の2元 f, g の内積は，$(f,g)=\int f(x)\overline{g(x)}\,dx$ により定義される．この場合，不等式（1）は

$$\left|\int f(x)\overline{g(x)}\,dx\right|^2 \leqq \int f(x)\overline{f(x)}\,dx \cdot \int g(x)\overline{g(x)}\,dx \qquad (7)$$

と書けるが，これは Bunyakofsky の不等式とよばれるものである．Ω を正規直交系として，函数 f と $\varphi \in \Omega$ とのスカラー積 (f, φ) のことを，f の Ω に関する **Fourier 係数**という．$\varphi_1, \cdots, \varphi_n$ を有限の正規直交函数系，f を任意の連続函数とすると，（5）は Fourier 係数に関する不等式

$$\sum_{i=1}^{n}\left|\int f(x)\overline{\varphi_i(x)}\,dx\right|^2 \leqq \int f(x)\overline{f(x)}\,dx \qquad (8)$$

の形をとる．

次に，**実対称核をもつ積分方程式**論の基本的な諸結果を述べよう．以後この§を通じて，扱う函数は，一々ことわらなくても，すべて実数値連続函数であるとする．

C）k は G 上の2変数実数値連続函数であり，対称の条件 $k(x,y)=k(y,x)$ をみたすものとする．この $k(x,y)$ を，積分方程式：

$$\varphi(x)=\lambda\int k(x,y)\varphi(y)\,dy \qquad (9)$$

の**核**とよぶ．ここに，φ は実数値連続函数，λ は実パラメーターである．ある λ と，恒等的には零でない函数 φ につき（9）がみたされるとき，λ を核 $k(x,y)$ の**固有値**，φ を固有値 λ に属する $k(x,y)$ の**固有函数**という．明らかに，固有値 λ は零とはなり得ない．また明らかに，同じ固有値 λ に属するすべての固有

函数は，これに恒等的に零に等しい函数をつけ加えると，一つの実ベクトル空間 R_λ をつくっている．後に，R_λ の次元数は常に有限であることを示すが，この次元数のことを固有値 λ の**重複度**とよぶ．またこれも後で示すが，異なった固有値に属する固有函数は，互に直交する．従って，核 $k(x, y)$ の各**固有部分空間** R_λ において，それぞれ任意に正規直交基底を選んでおいて，これらを全部寄せ集めると，全函数空間における一つの正規直交系が得られる．この系のことを，固有函数の**基本系**という．また，$\varphi_1, \cdots, \varphi_n$ を，それぞれ固有値 $\lambda_1, \cdots, \lambda_n$ (相等しいものがあってもよい) に属する $k(x, y)$ の固有函数からなる有限正規直交系とするとき，不等式

$$\sum_{i=1}^{n} \frac{(\varphi_i(x))^2}{\lambda_i^2} \leqq \int (k(x, y))^2 dy, \tag{10}$$

$$\sum_{i=1}^{n} \frac{1}{\lambda_i^2} \leqq \int\int (k(x, y))^2 dxdy \tag{11}$$

が成立つ．

まず，(10) と (11) とを証明しよう．$\int k(x, y)\varphi_i(y)dy = \frac{\varphi_i(x)}{\lambda_i}$ であるが，これは y の函数 $k(x, y)$ (x は固定して考える) の $\varphi_1, \cdots, \varphi_n$ に関する Fourier 係数が $\frac{\varphi_1(x)}{\lambda_1}, \cdots, \frac{\varphi_n(x)}{\lambda_n}$ に等しいことを示しており，従って (8) の不等式から (10) が出る．(10) を積分すると，(11) を得る．

次に，空間 R_λ の次元数が有限であることを示す．(11) において $\lambda_1 = \cdots = \lambda_n = \lambda$ とおけば，

$$n \leqq \lambda^2 \int\int (k(x, y))^2 dxdy.$$

これは，空間 R_λ の次元数が $\lambda^2 \int\int (k(x, y))^2 dxdy$ を越えないことを示している．

終りに，φ, ψ を，それぞれ相異なる固有値 λ, μ に属する $k(x, y)$ の固有函数とする．即ち，

$$\varphi(x) = \lambda \int k(x, y)\varphi(y)dy, \quad \psi(x) = \mu \int k(x, y)\psi(y)dy.$$

第1の等式に $\mu\psi(x)$ を，第2の等式に $\lambda\varphi(x)$ を乗じて，それぞれ x につき積分し，第1の式から第2の式を減じると，$(\mu-\lambda)\int\varphi(x)\psi(x)dx=0.$ $\mu-\lambda\neq 0$ であるから，φ,ψ は直交している．

次に述べる定理26および27は，実対称核の固有函数の基本系構成法に関するものである．

定理26. $k(x,y)$ は対称核であり，それに関する**2次形式**

$$K(f,f)=\iint k(x,y)f(x)f(y)dxdy \tag{12}$$

が，G 上のある実数値函数 f につき，正の値をとるものとする．G 上の実数値函数 f で，$(f,f)=1$ をみたすもの全体の集合を S で表わす．2次形式(12)は S 上で最大値 $\rho>0$ をもち，それを実現する函数 $\varphi\in S$ (かかる φ 即ち $K(\varphi,\varphi)=\rho$ なる函数 $\varphi\in S$ を**極値函数**という）で，同時に，固有値 $\dfrac{1}{\rho}$ に属する $k(x,y)$ の固有函数となるものが存在する．

証明. まず，任意の正数 ε に対して，

$$l(x,y)=\sum_{i=1}^{m}\alpha_i l_i(x)l_i(y) \tag{13}$$

なる形の対称核 $l(x,y)$ が存在して，不等式

$$|k(x,y)-l(x,y)|<\varepsilon \tag{14}$$

をみたすことを示す．ただし，$\alpha_1,\cdots,\alpha_m$ は実数，函数 $l_1,\cdots,l_m$ は G 上の正規直交系をなすものとする．

定理7により，G 上には，

$$|k(x,y)-\sum_{i=1}^{n}f_i(x)g_i(y)|<\varepsilon$$

をみたす函数 $f_1,\cdots,f_n$ 及び $g_1,\cdots,g_n$ が存在する．それらを用いて，$l(x,y)=\dfrac{1}{2}\sum_{i=1}^{n}\{f_i(x)g_i(y)+g_i(x)f_i(y)\}$ とおく．函数 $l(x,y)$ は不等式(14)をみたし，かつ $l(y,x)=l(x,y)$ である．$2n$ 箇の函数 $f_1,\cdots,f_n,g_1,\cdots,g_n$ は，適当な正規直交系 $p_1,\cdots,p_m$ の1次結合として表わされるから，

$$l(x,y)=\sum_{i,j=1}^{m}\alpha_{ij}p_i(x)p_j(y) \tag{15}$$

と書ける．(15)に $p_s(x)p_t(y)$ を乗じて，積分すると，

$$\alpha_{st} = \int\int l(x, y)\, p_s(x)\, p_t(y)\, dxdy,$$

従って，$l(x, y)$ の対称性から，$\alpha_{st} = \alpha_{ts}$, 即ち，双1次形式 $\sum_{i,j=1}^{m}\alpha_{ij}\xi_i\eta_j$ は対称である．この双1次形式を主軸形式 $\sum_{i=1}^{m}\alpha_i\xi'_i\eta'_i$ に変換するのと同じ直交変換を，函数系 $p_1, \cdots, p_m$ に施せば，函数 $l(x, y)$ は (13) の形をとる．

次に，この $l(x, y)$ による2次形式

$$L(f, f) = \int\int l(x, y) f(x) f(y)\, dxdy \tag{16}$$

を，集合 S の上で考える．Fourier 係数 $\xi_i = (f, l_i)$ を導入すると，この2次形式は代数的な形

$$L(f, f) = \sum_{i=1}^{m}\alpha_i\xi_i{}^2 \tag{17}$$

となり ((13) 参照)，ここに ξ_i は，条件 $f\in S$ と (8) により，

$$\sum_{i=1}^{m}\xi_i{}^2 \leqq 1 \tag{18}$$

をみたす．m 箇の実数 $\alpha_1, \cdots, \alpha_m$ の中で最大のものが α_1 であったとしよう．即ち，$\alpha_1 \geqq \alpha_i$，$i = 2, \cdots, m$ として，$\alpha_1 = \sigma$ とおく．すぐわかるように，(18) の条件下における (17) の最大値は σ に等しく，その最大値は，$\xi_1 = 1$, $\xi_2 = \cdots = \xi_m = 0$ によって実現される．このように，条件 $f\in S$ をもった2次形式 (16) は，$f = l_1 = \psi$ のとき最大値 σ をとる．更に，容易に知られるように，

$$\psi(x) = \frac{1}{\sigma}\int l(x, y)\psi(y)\, dy. \tag{19}$$

(7) の関係から導かれることとして，

$$f\in S \text{ ならば}, (K(f, f))^2 \leqq \int\int (k(x, y))^2 dxdy. \tag{20}$$

実際，群 $G\times G$ 上の二つの函数 $k(x, y)$ および $f(x)f(y)$ に対して不等式 (7) を適用すれば，(20) を得る．従って，2次形式 $K(f, f)$ は S 上で有界であり，正の上限をもつ，この上限を ρ とすれば，(14) から，

$$|\rho - \sigma| < \varepsilon. \tag{21}$$

何故ならば，やはり (7) によって，$f\in S$ のときには，

$$|K(f,f)-L(f,f)|^2 \leqq \iint (k(x,y)-l(x,y))^2 dxdy < \varepsilon^2.$$

従って，fを変数とする函数$K(f,f)$と$L(f,f)$との差は，S上で高々εであり，故にまた，その上限ρとσとの差もεを越えない.

いま，$l_n(x,y)$は(13)の形をした核であって，不等式

$$|k(x,y)-l_n(x,y)| < \frac{\rho}{2^n} \tag{22}$$

をみたすものとする.

核$l(x,y)=l_n(x,y)$に対して，上のようにして作った数σおよび函数ψを，それぞれσ_nおよびψ_nで表わす．すると((19), (21)参照)，

$$\psi_n(x) = \frac{1}{\sigma_n}\int l_n(x,y)\psi_n(y)dy, \tag{23}$$

$$|\rho-\sigma_n| < \frac{\rho}{2^n}. \tag{24}$$

函数列$l_1(x,y), l_2(x,y), \cdots$は$k(x,y)$に一様収束するから((22)参照)，この函数列は同程度連続である(§28, H)参照)．即ち，任意の正数δに対して，Gの適当な単位元の近傍Uが存在して，

$$x'x^{-1}\in U \text{ ならば}, \quad |l_n(x',y)-l_n(x,y)| < \delta.$$

これと不等式(7)，さらに(23), (24)を用いて，

$$(\psi_n(x')-\psi_n(x))^2 \leqq \frac{\delta^2}{{\sigma_n}^2} \leqq \frac{4\delta^2}{\rho^2}$$

を得るが，この関係は，函数族$\psi_1, \psi_2, \cdots$が同程度連続であることを示している．また，(7), (22), (23), (24)から，

$$(\psi_n(x))^2 \leqq \frac{1}{{\sigma_n}^2}\int (l_n(x,y))^2 dy \leqq \frac{4}{\rho^2}\int\left(|k(x,y)|+\frac{\rho}{2}\right)^2 dy$$

であり，これは函数族$\psi_1, \psi_2, \cdots$が一様に有界であることを示すものに他ならない．従って，定理23により，函数列$\psi_1, \psi_2, \cdots$から，ある函数φに一様収束する部分列を選び出すことができる．(23)において，この部分列による両辺の極限をとれば，

$$\varphi(x)=\frac{1}{\rho}\int k(x,y)\varphi(y)\,dy. \tag{25}$$

明らかに，$\varphi\in S$. (25) に $\rho\varphi(x)$ を乗じて，積分すれば，

$$K(\varphi,\varphi)=\rho.$$

かくて，定理 26 の証明は終った.

次に証明する定理は，対称核の固有函数からなる基本系の構成法を記述したものである (C) 参照).

定理 27. $k(x,y)$ を，G 上で与えられた対称核とする．この $k(x,y)$ から作った 2 次形式 $K(f,f)$ が G 上のある実函数 f につき正数値を取ると仮定し，φ_1 を $k(x,y)$ の任意の極値固有函数 (定理 26 参照)，λ_1 を対応する固有値とする．次に対称核

$$k_1(x,y)=k(x,y)-\frac{\varphi_1(x)\varphi_1(y)}{\lambda_1}$$

を考え，これから作った 2 次形式 $K_1(f,f)$ が，もし (ある f につき) 正数値を取るならば，φ_2 を核 $k_1(x,y)$ の極値固有函数，λ_2 を対応する固有値とする．そしてさらに，対称核

$$k_2(x,y)=k_1(x,y)-\frac{\varphi_2(x)\varphi_2(y)}{\lambda_2}$$

を考え，これから作った 2 次形式 $K_2(f,f)$ がなお正数値を取るならば，その極値固有函数を φ_3, 対応する固有値を λ_3 とする. このような手続きを可能な限り続けて行くと，有限あるいは無限の函数列 $\varphi_1,\varphi_2,\cdots$ と，それに対応する正数列 $\lambda_1,\lambda_2,\cdots$ が得られる．次に，この手続きを核 $-k(x,y)$ に適用すると，やはり有限あるいは無限の函数列 $\varphi_{-1},\varphi_{-2},\cdots$ と，それに対応する正数列 $-\lambda_{-1}$, $-\lambda_{-2},\cdots$ が得られる．そこで，この二つの函数系を合わせると，函数系

$$\cdots,\varphi_{-2},\varphi_{-1},\varphi_1,\varphi_2,\cdots \tag{26}$$

を得るが，これは核 $k(x,y)$ の固有函数の基本系をなし，各函数 φ_n, $n=\pm1$, $\pm2,\cdots$ は固有値 λ_n に属する．そして，数列 λ_1, $\lambda_2,\cdots$, および $-\lambda_{-1}$, $-\lambda_{-2},\cdots$ は，ともに非減少数列であり，かついずれも，もし無限項を含みさえすれば，無限大に発散する．最後に，

$$k_{mn}(x,y)=k(x,y)-\sum_{i=1}^{m}\frac{\varphi_{-i}(x)\varphi_{-i}(y)}{\lambda_{-i}}-\sum_{i=1}^{n}\frac{\varphi_i(x)\varphi_i(y)}{\lambda_i}, \tag{27}$$

および

$$K_{mn}(g,h)=\iint k_{mn}(x,y)g(x)h(y)\,dxdy$$

とおく．もし，両側に続く函数列 (26) が，片側または両側に有限で終っている場合には，任意の自然数値 m,n に対する核 $k_{mn}(x,y)$ としては，m,n に最も近くて，(26) にその添数の函数が存在するような m',n' を取り $k_{mn}(x,y)=k_{m'n'}(x,y)$ とおいて定義することにする．すると，任意の g,h につき，

$$\lim_{m,n\to\infty}K_{mn}(g,h)=0. \tag{28}$$

証明.　さし当り証明を保留したままで，正規化された函数

$$\varphi_{-m},\cdots,\varphi_{-1},\varphi_1,\cdots,\varphi_n \tag{29}$$

が，核 $k(x,y)$ の，固有値

$$\lambda_{-m},\cdots,\lambda_{-1},\ \lambda_1,\cdots,\lambda_n$$

にそれぞれ属する固有函数からなる直交系をなすものと仮定する．この主張を，**仮定 $\{m,n\}$** とよぶことにする．f を G 上の任意函数とし，$c_i=(f,\varphi_i)$ として，

$$f_{mn}=f-\sum_{i=1}^{m}c_{-i}\varphi_{-i}-\sum_{i=1}^{n}c_i\varphi_i$$

とおく．仮定 $\{m,n\}$ から，簡単な計算によって，

$$K_{mn}(f_{mn},f_{mn})=K_{mn}(f,f) \tag{30}$$

の成立つことが示される．ただし，この証明には，仮定 $\{m,n\}$ の他に，(27) と，f_{mn} が (29) のすべての函数と直交することとを用いる．もし $f_{mn}\neq 0$ ならば，函数 $f'_{mn}=\dfrac{f_{mn}}{\sqrt{(f_{mn},f_{mn})}}$ は S に属し，また $f\in S$ ならば，次の関係が成立つ：

$$K_{mn}(f'_{mn},f'_{mn})=\frac{1}{(f_{mn},f_{mn})}K_{mn}(f,f)\geqq K_{mn}(f,f). \tag{31}$$

ここに，後の不等式が等号をとるのは，函数 f が (29) のすべての函数に直交するときに限る．何故ならば，

$$(f_{mn},f_{mn})=1-\sum_{i=1}^{m}c^2_{-i}-\sum_{i=1}^{n}c_i^2,$$

従って$(f_{mn}, f_{mn}) \leqq 1$であり，この不等式が等号をとるのは，$c_{-m} = \cdots = c_{-1} = c_1 = \cdots = c_n = 0$のときに限るからである．

保留しておいた仮定$\{m, n\}$の証明に移る．まず，仮定$\{0, 1\}$が正しいことは，φ_1とλ_1との定義そのものから明らかである(定理26参照)．そこで，仮定$\{0, n\}$が正しいとして，仮定$\{0, n+1\}$を証明しよう．$k_{0n}(x, y) = k_n(x, y)$であることに注意すれば，(30)から，

$$K_n(f_{0n}, f_{0n}) = K_n(f, f). \tag{32}$$

ここで$f = \varphi_{n+1}$とおく．φ_{n+1}は，2次形式K_nのSにおける正なる最大値を実現する函数であることを考えると，(32)から$f_{0n} \neq 0$が得られ，従って(31)から，

$$K_n(f'_{0n}, f'_{0n}) \geqq K_n(f, f). \tag{33}$$

ところが，$f = \varphi_{n+1}$はS上においてK_nの最大値を与え，また$f'_{0n} \in S$であるから，不等式(33)は実は等号をとらなければならず，従って上に述べたことから，$f = \varphi_{n+1}$は$\varphi_1, \cdots, \varphi_n$のすべてと直交する．更に，この直交性を用いると，$\lambda_{n+1}$の作り方：

$$\varphi_{n+1}(x) = \lambda_{n+1} \int k_n(x, y)\varphi_{n+1}(y)\,dy$$

から，

$$\varphi_{n+1}(x) = \lambda_{n+1} \int k(x, y)\varphi_{n+1}(y)\,dy$$

が得られ，λ_{n+1}は$k(x, y)$のφ_{n+1}に応ずる固有値であることがわかった．これで，任意のnの値に対する仮定$\{0, n\}$が証明された．仮定$\{m, 0\}$は，核$-k(x, y)$に対する仮定$\{0, m\}$に他ならないから，その成立は明らか．仮定$\{m, 0\}$と仮定$\{0, n\}$とをあわせると，異なった固有値に属する固有函数がつねに互に直交することを用いて(C)参照)，仮定$\{m, n\}$が得られる．かくして，仮定$\{m, n\}$は証明された．

次に，

$$\lambda_{n+1} \geqq \lambda_n \tag{34}$$

を示そう．函数φ_{n+1}とφ_nとは互に直交するから，

$$K_n(\varphi_{n+1}, \varphi_{n+1}) = K_{n-1}(\varphi_{n+1}, \varphi_{n+1}). \tag{35}$$

φ_{n+1} は S における K_n の最大値 $\dfrac{1}{\lambda_{n+1}}$ を実現し，一方 K_{n-1} の S における最大値は $\dfrac{1}{\lambda_n}$ に等しいから，(35) の等式から，$\dfrac{1}{\lambda_{n+1}} \leqq \dfrac{1}{\lambda_n}$ が得られ，(34) が出る．

$-\lambda_{-(n+1)} \geqq -\lambda_{-n}$ であることは，いま得た結果を，核 $-k(x, y)$ に適用することによって，直ちに知られる．

さらに，両側に続く数列

$$\cdots \lambda_{-2}, \lambda_{-1}, \lambda_1, \lambda_2, \cdots \tag{36}$$

が集積点をもたないことを証明する．(11) の不等式が示すように，$k(x, y)$ の固有値のうちで，その絶対値が a を越えないものの数 r は，不等式

$$r \leqq a^2 \iint (k(x, y))^2 dxdy$$

をみたしている．つまり，数直線の任意の有界区間は，$k(x, y)$ の固有値を有限箇しか含まない．

最後に，(28) を証明する． 2次形式 K_{0n} が S においてとる値の上限を ρ_{n+1} で表わす． 固有函数 φ_{n+1} ((26) 参照) が定義できるような n の値に対しては，$K_{0n} = K_n$ であり，また $\rho_{n+1} = \dfrac{1}{\lambda_{n+1}}$．従って，列 $\varphi_1, \varphi_2, \cdots$ が無限に続くならば，$\lim\limits_{n\to\infty} \rho_n = 0$．そこで，もしこの列が有限で n' 項を含むものとすれば，$n > n'$ に対しては，$K_{0n} = K_{n'}$ であり，$K_{n'}$ が S 上でとる値の上限は零に等しい，即ちこの場合にも $\lim\limits_{n\to\infty} \rho_n = 0$．従って，あらゆる場合に，

$$\lim_{n\to\infty} \rho_n = 0. \tag{37}$$

一方，ρ_n の定義そのものから，任意の函数 f に対して，

$$K_{0n}(f, f) \leqq (f, f)\rho_{n+1}. \tag{38}$$

全く同様にして， 2次形式 $-K_{m0}$ が S においてとる値の上限を $\rho_{-(m+1)}$ で表わせば，

$$\lim_{m\to\infty} \rho_{-m} = 0, \tag{39}$$

$$K_{m0}(f, f) \geqq -(f, f)\rho_{-(m+1)}. \tag{40}$$

(28) の証明を，まず始めに，$g = h$ とおいた弱い形のものにつき行う．函数 f_{mn} は (29) のすべての函数と直交するから，(30) を用いて，

$$K_{mn}(f,f)=K_{mn}(f_{mn},f_{mn})=K_{m0}(f_{mn},f_{mn})=K_{0n}(f_{mn},f_{mn}). \quad (41)$$

$(f_{mn},f_{mn})\leqq(f,f)$ であるから，(38), (40) および (41) より，

$$-(f,f)\,\rho_{-(m+1)}\leqq K_{mn}(f,f)\leqq(f,f)\rho_{n+1}.$$

これから，(37) と (39) とによって，

$$\lim_{m,n\to\infty}K_{mn}\,(f,f)=0. \quad (42)$$

さて，g, h を任意の二つの函数とすると，

$$K_{mn}(g+h,g+h)=K_{mn}(g,g)+K_{mn}(h,h)+2K_{mn}(g,h).$$

これと (42) を用いて，(28) を得る.

(26) が $k(x,y)$ の固有函数からなる基本系であることは，(28) の関係から比較的容易に導かれる. f を，$k(x,y)$ の固有値 λ に属する固有函数とする. λ に属する固有函数のうちで，正規直交系 (26) の中に数えられているものの数は，有限個に限るから (C) 参照)，これら有限箇の函数をすべて，自然数 m および n を十分に大きくとることによって，函数系 (29) に含ませることができる. もしも，f が，(26) の中の固有函数で固有値 λ に属するものの 1 次結合として表わされないならば，それから作った函数 f_{mn} は零と異なり，(26) のすべての函数に直交し，かつ $k(x,y)$ の固有値 λ に属する固有函数である. 即ち正規化した函数 $\varphi=f'_{mn}$ について，$\varphi(x)=\lambda\int k(x,y)\varphi(y)dy$. この両辺に $\dfrac{1}{\lambda}\varphi(x)$ を乗じて積分すると，$K(\varphi,\varphi)=\dfrac{1}{\lambda}$. ところが，$\varphi$ は (26) のすべての函数に直交するから，任意の m, n につき $K_{mn}(\varphi,\varphi)=K(\varphi,\varphi)$，即ち $K_{mn}(\varphi,\varphi)=\dfrac{1}{\lambda}$. これは明らかに，極限のみたす関係 (28) と矛盾する.

これで，定理 27 の証明は完全に終った.

将来用いるのは定理 27 そのものではなく，それから導かれる次の結果である.

D) $k(x,y)$ を対称核，g を G 上の函数とする. このとき，函数 $f(x)=\int k(x,y)g(y)\,dy$ は，一様かつ絶対収束する級数に展開される：

$$f(x)=\sum_n\psi_n(x).$$

ここに，$\psi_1,\psi_2,\cdots$ は $k(x,y)$ の固有函数である.

この主張 D) を証明するために，g の函数系 (26) に関する Fourier 係数

$b_i=(g, \varphi_i)$, $i=\pm 1, \pm 2, \cdots$を考える．すると，やはりこの函数系に関するfのFourier係数は，$(f, \varphi_i)=\dfrac{b_i}{\lambda_i}$, $i=\pm 1, \pm 2, \cdots$, によって与えられる．級数

$$\sum \frac{b_i}{\lambda_i}\varphi_i(x) \tag{43}$$

が，一様かつ絶対収束することを証明しよう．不等式(3)および(10)により，

$$\left(\sum\left|\frac{b_i}{\lambda_i}\varphi_i(x)\right|\right)^2 \leqq \left(\sum b_i^2\right)\cdot\left(\sum\frac{(\varphi_i(x))^2}{\lambda_i^2}\right) \leqq \left(\sum b_i^2\right)\int (k(x,y))^2 dy\,;$$

ここに，各辺における和は，iの値を零以外の整数の任意の有限部分集合にわたらせてよい．b_iはgのFourier係数であるから，その平方の和からなる級数は収束する((8)参照)．従って，任意の正数εを与えると，十分大きな整数pが存在して，絶対値がpを越えるようなiの値だけについての任意の有限和$\sum b_i^2$は，εより小となる．このことと，函数$\int (k(x,y))^2 dy$が有界であることとから，級数(43)はCauchyの判定条件をみたし，従って一様かつ絶対収束していることが知られる．次に，この級数の和f'がfに等しいことを証明する．hをG上の任意の函数とすると，

$$\int\left(f(x)-\sum_{i=1}^{m}\frac{b_{-i}}{\lambda_{-i}}\varphi_{-i}(x)-\sum_{i=1}^{n}\frac{b_i}{\lambda_i}\varphi_i(x)\right)h(x)\,dx = K_{mn}(g,h).$$

ここで，$m, n\to\infty$の極限をとれば，(28)によって，

$$\int (f(x)-f'(x))\,h(x)\,dx = 0.$$

即ち，函数$f-f'$は任意の函数と直交するから，恒等的に零でなければならない．従って，$f=f'$．これでD)の証明が終った．

例53. Gをコンパクト位相群とし，ΩをG上の函数からなる任意の正規直交系とする．集合Ωの濃度は，空間Gの位相濃度を越えないことを証明しよう．

Gが位数rの有限群であるときには，G上のあらゆる函数の集合は，r次元ベクトル空間をなし，従ってΩに属する函数の数はrを越えない．ところが一方で，空間Gの位相濃度はrに等しい．

次に，Gが無限群である場合を考える．fをG上の任意函数として，$(f, \varphi)\neq 0$

なるすべての $\varphi \in \Omega$ からなる集合を Ω_f で表わす. Ω_f は有限あるいは可算の集合であることを示そう. そのために, $|(f, \varphi)| > \dfrac{1}{k}$ であるすべての $\varphi \in \Omega_f$ からなる部分集合を $\Omega_f{}^k$ で表わす. $\varphi_1, \cdots, \varphi_n$ を $\Omega_f{}^k$ から任意に選んだ有限部分集合とすると, 不等式 (8) からして, $n < k^2(f, f)$. 従って, $\Omega_f{}^k$ は有限集合である. ところが, Ω_f は $\Omega_f{}^k$, $k = 1, 2, \cdots$ の和集合であるから, 集合 Ω_f は高々可算である. さて, 空間 G の Urysohn 函数の一つの完全系を Ω^* とする (定理 7 の証明, C) 参照). ただし, Ω^* の Urysohn 函数を作るに当って基礎となる完全近傍系としては, 最小濃度のものをとったと考える. そうすると, Ω^*の濃度は空間 G の位相濃度に相等しい. そこで, 任意の $\varphi \in \Omega$ は, 少なくとも一つの集合 Ω_u, $u \in \Omega^*$, に属する. 何故ならば, $(\varphi, \varphi) = 1$ であるから, ある小さな近傍 U' 内では, 連続函数 φ の実部, 虚部のいずれかはその符号を変えない. この U' に対して, $\bar{U} \subset U'$ なる近傍 U をとり, U, U' の組に関して作られ Ω^* に属している函数を u で表わす. 明らかに, $(u, \varphi) \neq 0$. 即ち, 任意の $\varphi \in \Omega$ が, 少なくとも一つの Ω_u に属することが示されたが, この Ω_u は高々可算集合であり, u の属する集合 Ω^* の濃度は空間 G の位相濃度に等しいから, 従って集合 Ω の濃度は空間 G の位相濃度を越えない.

必ずしも正規化されていなくとも, 恒等的には零でない函数からなる直交系の濃度も, 空間 G の位相濃度を越えない. 何故ならば, この場合, 函数をすべて正規化して, 正規直交系に直すことができるから.

例 54. G^* を, 実数が加法に関してつくる位相群とし, N をすべての整数からなるその部分群, $G = G^*/N$ を剰余群とする. 例 52 で注意したように, G 上の任意の函数は周期 1 をもつ実変数周期函数と考えてよいし, また逆に, 任意のこのような周期函数を G 上の函数と考えてよい. $\varphi_n(x) = e^{2\pi inx}$ なる函数を考える. ただし, x は実変数, e は自然対数の底, $i = \sqrt{-1}$ で, n は整数であるとする. $\varphi_n(x)$ は周期 1 の周期函数であり, 従って, G 上の函数と考えてよい. すると, 函数系 $\varphi_n(x)$, $n = 0, \pm 1, \pm 2, \cdots$, は G 上の正規直交函数系であることが, 直ちに証明されよう.

§31. 行列論の予備知識

この§では，行列論の基礎的な事項を要約して述べる．特に，線型表現論において重要な役割を演ずる Schur の補助定理をその証明と共に掲げる．

A）R は体 P 上の r 次元ベクトル空間（§7, I）参照），f は R を R 自身の中に写す**線型写像**であるとする．写像 f が線型であるという条件は，

$$f(\alpha x+\beta y) = \alpha f(x)+\beta f(y) \tag{1}$$

で表わされる．ここに，x と y は空間 R のベクトル，α と β は体 P の元である．空間 R に座標系の基底を選び，それに関するベクトル x の座標を $x_1, \cdots, x_r$ で，$f(x)$ の座標を $f_1(x), \cdots, f_r(x)$ で表わす．このとき，

$$f_i(x) = \sum_{j=1}^{r} d_{ij}x_j \tag{2}$$

なる関係が成立つが，ここに係数 $d_{ij} \in P$ はベクトル x の如何には依存せず，写像 f のみにより定まる．このようにして，空間 R の基底を固定すれば，R の自身への線型写像と，r 次の**正方行列**との間に，1対1の対応がつけられる：

$$f \rightarrow \| d_{ij} \| = d. \tag{3}$$

もしも写像 f が**正則**，即ち逆写像をもつならば（この場合には f のことを特に，空間 R の**1次変換**とよぶ），$\| d_{ij} \|$ の行列式の値は零でない．そして，その逆も成立つ．二つの変換の積には，対応する行列の積が対応し（例2参照），f の逆変換 f^{-1} には，行列 $\| d_{ij} \|$ の逆行列が対応する．あらゆる1次変換の集まり（あるいは，行列式の値が零でないすべての行列の集まり）は，乗法に関して群をなす．P が実数体，あるいは複素数体であるときには，この群に極く自然な方法で位相を導入することができる．即ち，行列の乗法群における基本近傍として，$\| a_{ij} \|$ を有理数を要素にもつ任意の行列，ε を任意の正の有理数として，$|x_{ij}-a_{ij}| < \varepsilon$ をみたすすべての行列 $\| x_{ij} \|$ の集まりをとればよい．これにより同時に，行列のつくる位相群に，可算の完全近傍系が選べたことになる．

B）R に新しい基底を選んで座標変換を行えば，一つのベクトルの新旧の座標の間には，

$$x_i' = \sum_{j=1}^{r} t_{ij} x_j \tag{4}$$

なる関係が成立つ．ただし，行列 $\|t_{ij}\| = t$ の行列式は零でない．この新しい座標系において，写像 f には新しい行列 $\|d'_{ij}\| = d'$ が対応し，

$$d' = tdt^{-1}. \tag{5}$$

このとき，行列 t による**変換**で，行列 d が d' に移ったという．(5) の形の式で d と結ばれるすべての行列 d' に対し同一の値を持つ量は写像 f の不変量であり，かつ f の不変量はそのような量に限る．例えば，**行列 d のシュプール** (*Spur*)：

$$\mathrm{Sp}(d) = \sum_{i=1}^{r} d_{ii} \tag{6}$$

は不変量である．何故ならば，$\mathrm{Sp}(d') = \mathrm{Sp}(d)$．従って，**写像 f のシュプール**を，$\mathrm{Sp}(f) = \mathrm{Sp}(d)$ で定義することができる．a, b を二つの行列とすると，そのシュプールは，乗法の順序に依存しない：

$$\mathrm{Sp}(ab) = \mathrm{Sp}(ba). \tag{7}$$

C) いま，R の自身の中への線型写像 f が，s 次元の部分ベクトル空間 S を**不変にする**，即ち $f(S) \subset S$, ただし $0 < s < r$, であるとする．空間 R の座標系を適当に選んで，始めの s 個の基底ベクトルが部分空間 S の中にあるようにとる．すると，写像 f に対応する行列 d は，

$$d = \begin{Vmatrix} a & b \\ 0 & c \end{Vmatrix} \tag{8}$$

の形をとる．ここに，a と c は次数がそれぞれ s と $r-s$ の正方行列，b は矩形行列，0 は零ばかりを要素にもつ矩形行列を象徴的に表わす．d の転置行列を d^* として (例 3 参照)，d^* に対応する写像 f^* を考えると，f^* は終りの $r-s$ 箇の基底ベクトルの張る部分空間を不変にし，しかもこの部分空間の次元数 $r-s$ はやはり零および r と異なっている．ただし，注意すべきこととして，二つの写像 f と f^* の間の関係は不変的なものでない，即ちこの対応は座標系の選び方に依存する，いわば偶然的なものに過ぎない．

D) $\varDelta$ を，r 次元ベクトル空間 R をそれ自身の中へ写す線型写像からなるあ

る集合とする．R に次元数 s, $0<s<r$, の部分空間 S が存在して，$\varDelta$ に属するすべての写像が S を不変にするとき，この集合 $\varDelta$ は**可約**であるという．可約の条件をみたさないとき，$\varDelta$ は**既約**であるという．$\varSigma$ を r 次の正方行列からなる集合とし，R にある座標系を固定して，$\varSigma$ に属する行列に対応する R から R の中への線型写像の集合を $\varDelta$ と考えよう．このとき，写像の集合 $\varDelta$ が可約あるいは既約であるに従って，行列の集合 $\varSigma$ はそれぞれ**可約**あるいは**既約**であるという．容易に知れるように，この定義による $\varSigma$ の可約あるいは既約ということは，$\varSigma$ から $\varDelta$ への対応を定める座標系の選び方に依存しないから，このように定義することは正当である．次に，行列の集合 $\varSigma$ が可約であれば，その転置行列が可約であることを示そう．

C)の注意により，ある定行列 t が存在して，$t\varSigma t^{-1}$ に属するすべての行列は（8）という特殊な形をもつ．即ち，$x\in\varSigma$ ならば，$txt^{-1}=x'$ は（8）の形の行列である．その転置行列 x'^* に対応する線型写像は，やはりC)の注意により，始めの行列 $x\in\varSigma$ に依存しないある R の部分空間 S' を不変にする．$txt^{-1}=x'$ の両辺を転置して $t^{*-1}x^*t^*=x'^*$，これを x^* につき解いて，$x^*=t^*x'^*t^{*-1}$. x'^* に対応する線型写像がすべて部分空間 S' を不変にするのであるから，同じ座標系に関して x^* に対応する線型写像はまた，$x\in\varSigma$ の如何に依らずすべて同じある部分空間 S'' を不変にする．従って，行列 x^* からなる集合 $\varSigma^*$ は可約である．

I. Schur に負う次の主張は極めて重要である．

Schur の補助定理．m 次の正方行列の集合 $\varSigma$，および n 次の正方行列の集合 $\varOmega$ が，共に既約であるとする．a は m 行 n 列の矩形行列であって，

$$\varSigma a=a\varOmega \tag{9}$$

が成立つものと仮定する．即ち，任意の $u\in\varSigma$ に対して，$v\in\varOmega$ が存在して，

$$ua=av, \tag{10}$$

また逆に，任意の $v'\in\varOmega$ に対して，$u'\in\varSigma$ が存在して，

$$u'a=av'$$

が成立つものとする．これらの条件の下においては，次の二つの場合のみが可

能である. 即ち, 行列 a のすべての要素が零であるか, あるいは, $m=n$ であって, a の行列式は零でないかのいずれかである.

証明. R を m 次元ベクトル空間として, その中にある座標系を定める. すると, Σ に属する行列は, 空間 R の線型写像と考えてよい. $a=\|a_{ij}\|$ として, $a_{1k},\cdots,a_{mk}$ を座標にもつ R のベクトルを a_k とする. つまり, ベクトル a_k の座標は, 行列 a の第 k 列の要素である. まず, n 箇のベクトル $a_1,\cdots,a_n$ の張る R の部分空間を S とすれば, Σ のすべての線型写像は S を不変にすることを示す.

Σ に属する任意の行列を $u=\|u_{ij}\|$ とし, $v=\|v_{ij}\|$ を $ua=av$ の成立つ Ω の元であるとする. ベクトル a_k に写像 u を施した結果のベクトル b_k の座標は, $b_{ik}=\sum_{j=1}^{m}u_{ij}a_{jk}$, $i=1,\cdots,m$. $ua=av$ を用いると, これは $b_{ik}=\sum_{j=1}^{n}a_{ij}v_{jk}$, $i=1,\cdots,m$, と書ける. 従って, ベクトル b_k の座標は, ベクトル $a_1,\cdots,a_n$ の座標により1次的に表わされ, b_k は $a_1,\cdots,a_n$ の1次結合, 即ち $b_k\in S$. これで, Σ の線型写像は S を不変にすることが証明された.

さて Σ は既約であるから, 不変部分空間 S の次元数は0か m かのどちらかでなければならない. まず第一の場合には, 空間 S を張るベクトル a_k はすべて零であり, 従って行列 a の全要素は零となる. 第二の場合には, ベクトル $a_1,\cdots,a_n$ の中に丁度 m 箇の1次独立なものがあり, 行列 a でいえば, 互に1次独立な m 列が存在する. このことから,

$$n\geqq m. \tag{11}$$

次に, Σ の行列を転置して得られる行列の集合を Σ^* とし, 同じく Ω から転置により Ω^* をつくる. D) に示したことにより, 集合 Σ^* および Ω^* は共に既約である. a を転置した行列を a^* で表わす. (9) の両辺を転置して $\Omega^*a^*=a^*\Sigma^*$ を得る. この関係に対して, (9) に行ったと全く同じ議論を用いると, 次の二つの可能性だけが残される. 即ち, a^* のすべての要素が零であるか, あるいは行列 a^* に互に1次独立な n 列が存在する. 第一の可能性は既に上で数え上げた. 第二の場合には, 行列 a は互に1次独立な n 行をもち, 故に $n\leqq m$. このことと (11) とを併せると, a は正方行列であり, その行列式は零でない

ことを示している．これで，Schur の補助定理が証明された．

Schur の補題から直ちに得られる結果として次に証明することは，これまで本§で述べたことが任意の体 P につき成立つのに反して，P が代数的閉体（任意の代数方程式がその体の中に根をもつとき，体は代数的閉体であるという）であるときにのみ正しい．簡単のため，P が複素数体 D^2 である場合に限る．

E)　Ω は，複素数の範囲で既約な r 次正方行列の集合，b も r 次の正方行列であって，Ω に属する任意の行列と可換であるとする．このとき，b は，β を複素数，e を単位行列として，βe の形の行列である．

この証明のため，$a=b-\beta e$ なる行列を考え，複素数 β を，a の行列式が零になるように選ぶ．$b-\beta e$ の行列式は β を変数とする複素係数の多項式であるから，その値を零にするような β の複素数値は必ず存在する．また，b が Ω のすべての行列と可換であるから，a なる行列もそれらと可換である．即ち，$\Omega a=a\Omega$．従って，Schur の補助定理により，a の行列式が 0 であることを用いると，a の要素はすべて 0 でなければならない．故に，$b=\beta e$．

F)　Ω は複素数の範囲で既約な行列の集合であって，その任意の二つの元は互に可換であるとする．このとき，Ω の行列の次数はすべて 1 に等しい．

E)によって，Ω のすべての行列は βe と書ける．ここに，β は複素数，e は単位行列である．ところが，この形の行列ばかりからなる集合は，すべての行列の次数が 1 であるときに限り既約であり得る．

次に，**ユニタリ**行列の性質を少し詳しく調べてみる．

G)　R を有限次元数 r のユニタリ空間とする（§30, A）参照）．R の 1 次変換 f が内積を保存するとき，即ち，R の任意の 2 元 x, y につき $(f(x), f(y))=(x, y)$ であるとき，f は**ユニタリ変換**であるという．R の正規直交座標系に関して，ユニタリ変換に対応する行列を，**ユニタリ行列**とよぶ．簡単な計算により知れるように，行列 d がユニタリであるための必要十分条件は $\bar{d}^*d=e$，ここに $\bar{d}^*$ は d の要素をすべてその共役複素数に替えて更に転置して得られる行列，e は単位行列である．この条件はまた，$\bar{d}^*=d^{-1}$，$d\bar{d}^*=e$ のいずれとも同等である．ユニタリ行列の要素がすべて実数であるときには，ユニタリの条件は直交行列の条件と同じになる(例3参照). ユニタリ変換は, その定義から明らかなように, 群を作り, 従ってまた与えられた次数rのユニタリ行列全体は, 乗法に関して群を作る. この群は, 行列式が零でないr次の全行列が作る位相群の部分群であるから, それ自身位相群であって, 可算の完全近傍系を有する. ユニタリ行列の各要素は, 条件$\bar{d}^*d = e$によって, 絶対値が1を越えないことから, この群は可算コンパクトで, 従ってまたコンパクトである. r次の直交行列の全体はユニタリ行列の群の部分群である.

H) Rを複素ベクトル空間とする. Rの二つのベクトルx, yの複素数値函数$\varphi(x, y)$が, 任意の複素数λ, μにつき$\varphi(\lambda x+\mu y, z) = \lambda\varphi(x, z)+\mu\varphi(y, z)$, および$\varphi(y, x) = \overline{\varphi(x, y)}$をみたすとき, $\varphi(x, y)$を**Hermite 双1次形式**という. さらに, $x \neq 0$ ならば$\varphi(x, x) > 0$であるような Hermite 形式$\varphi(x, y)$は, **正値定符号**であるという. 明らかに, 任意の正値定符号 Hermite 双1次形式はRにおける内積として採用することができ, それによってRをユニタリ空間とすることができる.

I) Σを, r次のユニタリ行列の可約な集合とする. このとき, 適当なr次のユニタリ行列tが存在して, 任意の$d\in\Sigma$につき行列$d' = tdt^{-1}$は特別な形

$$d' = \begin{Vmatrix} a & 0 \\ 0 & b \end{Vmatrix} \tag{12}$$

をとる. ここに, a, bは共にユニタリ行列である. このことを, ユニタリ行列の任意な可約集合は**完全可約**であるといい表わす.

r次元ユニタリ空間Rに一つの正規直交座標系を固定して考えると, Σに属する行列はRのユニタリ変換を表わす行列と見てよい. Σは可約であるから, Σの行列に対応するすべての変換は, ある一つの部分空間Sを不変にし, Sの次元数sは, $0 < s < r$をみたす. Rに新しい正規直交系を導入して, 始めのs箇の基底ベクトルがSに属するようにする. この新しい座標系への座標変換を表わす行列tはユニタリであり, かつ行列$d' = tdt^{-1}(d\in\Sigma)$は明らかに(12)の形となる.

§32. 直交関係

§30と同じく本§でも，G はコンパクト位相群を表わす．

定義34. 位相群 G からある次数の実あるいは複素行列の作る位相群（§31, A）参照）の中への準同型写像 g のことを，位相群 G の**線型表現**とよぶ．必要な場合には，上の二つの場合を区別して，それぞれ G の**実表現**あるいは**複素表現**という．線型表現 g により，各元 $x \in G$ には行列 $g(x)$ が対応するが，その要素を $g_{ij}(x)$ で表わすことにして，$g(x) = \| g_{ij}(x) \|$．行列 $g(x)$ の次数をもって，表現 g の**次数**と定義する．同じ次数をもつ二つの線型表現 g および h が**同値**であるとは，定（x に依存しない）行列 t が存在して，任意の $x \in G$ につき，

$$h(x) = tg(x)t^{-1} \tag{1}$$

が成立つことをいう．

g が位相群 G の線型表現で，$g(x) = \| g_{ij}(x) \|$ とすると，函数 g_{ij} は連続である．g は位相群から位相群への準同型写像，従ってまた連続写像だからである．逆に，群 G から行列群への代数的な準同型写像 g があって $g(x) = \| g_{ij}(x) \|$ とし，函数 g_{ij} が位相群 G 上で連続であるならば，g は位相群 G から行列の位相群への準同型写像であり，従って位相群 G の線型表現である．

定理28. g をコンパクト群 G の複素線型表現とする．g と同値であって，かつ G のすべての元をユニタリ行列に写像する表現 g' が存在する（§31, G）参照）．すなわち，任意の線型表現には，それと同値な**ユニタリ表現**が存在する．

証明. 表現 g の次数を r とする．R を r 次元複素ベクトル空間として，その中にある定った座標系を考える．R の二つの元 u, v の座標をそれぞれ $u_1, \cdots, u_r$; $v_1, \cdots, v_r$ として，

$$\psi(u, v) = \sum_{i=1}^{r} u_i \bar{v}_i \tag{2}$$

を考えれば，明らかにこれは正値定符号 Hermite 形式である．各行列 $g(x)$ には空間 R のある1次変換が対応するが，この1次変換を g_x と書く．Hermite 形式（2）においてベクトル u, v の代りに $g_x(u), g_x(v)$ を代入すると，u, v の函数

$$\psi_x(u,v) = \psi(g_x(u), g_x(v)) \qquad (3)$$

を得るが，これもまた直ちに知れるように正値定符号の Hermite 形式である．これから更に新しい Hermite 形式

$$\varphi(u,v) = \int \psi_x(u,v)\,dx \qquad (4)$$

を作ると，$\varphi(u,v)$ はまた正値定符号となる．$\varphi(u,v)$ の値は，u, v をそれぞれ $g_y(u)$, $g_y(v)$ $(y \in G)$ でおきかえても変らない．何故ならば，$g_x g_y = g_{xy}$ であることに注意し，積分の不変性を用いると，

$$\varphi(g_y(u), g_y(v)) = \int \psi(g_{xy}(u), g_{xy}(v))\,dx = \int \psi_{xy}(u,v)\,dx$$

$$= \int \psi_x(u,v)\,dx = \varphi(u,v).$$

この形式 $\varphi(u,v)$ を R における内積として採用し（§31, H）参照)，ユニタリ空間 R に正規直交座標系を一つ定める．この座標系において変換 g_y に対応する行列を $g'(y)$ と書けば，g_y は内積 $\varphi(u,v)$ を保存するから，$g'(y)$ はユニタリ行列となる．即ち，g' は群 G のユニタリ表現である．もとの座標系から今定めた新しい座標系への変換を表わす行列を t とすれば，$g'(x) = tg(x)t^{-1}$ を得る．これで，定理 28 の証明が終った．

定義 35. 群 G の線型表現を g として，行列 $g(x)$ のシュプールのことを表現 g の**指標** $\chi(x)$ という（§31, B）参照)．即ち，表現の指標は群 G 上に与えられた数値函数であり，$\chi(x) = \mathrm{Sp}(g(x))$．行列 $g(x)$ および $tg(x)t^{-1}$ のシュプールが相等しいことから明らかに，二つの同値な表現は等しい指標をもつ．指標 $\chi(x)$ は，G の任意の元 a につき，

$$\chi(a^{-1}xa) = \chi(x) \qquad (5)$$

をみたす（指標の**不変性**)．実際に

$$\chi(a^{-1}xa) = \mathrm{Sp}(g(a^{-1}xa)) = \mathrm{Sp}\,((g(a))^{-1}g(x)\,g(a)) = \mathrm{Sp}(g(x)) = \chi(x).$$

A) g は群 G の可約な複素表現であるとする．定理 28 および §31 の I）により，定行列 t を見出だして，$h(x) = tg(x)t^{-1}$ が特別な形

$$h(x) = \begin{Vmatrix} g'(x) & 0 \\ 0 & g''(x) \end{Vmatrix}$$

になるようにすることができる．ここに，$g'(x)$ および $g''(x)$ はユニタリ行列である．このとき，表現 g が二つの表現 g' と g'' とに**分解**したという．g', g'' がまた可約であるならば，それを更に分解することができる．このようにすると，任意の表現 g は，有限箇の既約な表現 $g_1, \cdots, g_n$ に分解される．g の指標を χ，g_i の指標を χ_i で表わせば，明らかに

$$\chi = \chi_1 + \cdots + \chi_n.$$

定理 29.　群 G の二つの既約なユニタリ表現 g, h をとり：$g(x) = \|g_{ij}(x)\|$，$h(x) = \|h_{ij}(x)\|$，それらが互に同値ではないものとする．g, h の指標をそれぞれ χ, χ' で表わす．このとき，次の直交関係が成立する：

$$\int g_{ij}(x)\bar{h}_{kl}(x)\,dx = 0, \tag{6}$$

$$\int \chi(x)\bar{\chi}'(x)\,dx = 0. \tag{7}$$

証明.　表現 g, h の次数をそれぞれ m, n とする．b を m 行 n 列の任意の定行列として，$a(x) = g(x)bh(x^{-1})$ とおく．そして，$a = \int a(x)\,dx$，即ち行列 $a(x)$ の各要素の積分を対応する要素としてもつ行列を，行列 $a(x)$ の**積分**として，これを a とおく．

まず，$g(y)ah(y^{-1}) = a$ が成立つ．何故ならば，

$$g(y)ah(y^{-1}) = \int g(y)g(x)bh(x^{-1})h(y^{-1})\,dx$$

$$= \int g(yx)bh((yx)^{-1})\,dx = a$$

(定義 33, 7) 参照)．従って，$g(x)a = ah(x)$．Schur の補助定理 (§31 参照) により，二つの場合が可能である．その二つの中で，もし $m = n$ であってかつ a の行列式が零でない場合であるとすれば，$h(x) = a^{-1}g(x)a$，即ち g と h とは同値な表現となって，定理の仮定に反する．故に，行列 a の要素はすべて零でなければならないから，

$$\int g(x)bh(x^{-1})\,dx = a = 0$$

となる.

ここで b は任意であったから，いま特別なものとして，第 j 行第 l 列の要素が 1 で他の要素はすべて零である行列を b にとる．そして，$h(x^{-1}) = \overline{(h(x))^*}$ であることに注意すれば（§31, G）参照），

$$\int g_{ij}(x)\,\bar{h}_{kl}(x)\,dx = 0$$

を得る.

$\chi(x), \chi'(x)$ はそれぞれ $g_{ii}(x), h_{ii}(x)$ の 1 次式であるから，指標 χ, χ' のみたす関係（7）は（6）から直ちに導かれる.

定理 30. 群 G の r 次の既約ユニタリ表現を g, $g(x) = \|g_{ij}(x)\|$ とし，g の指標を χ,

$$\chi(x) = \sum_{i=1}^{r} g_{ii}(x) \tag{8}$$

とする．このとき，

$$\int g_{ij}(x)\,\bar{g}_{ij}(x)\,dx = \frac{1}{r}; \tag{9}$$

$i \neq k$ あるいは $j \neq l$ ならば，

$$\int g_{ij}(x)\,\bar{g}_{kl}(x)\,dx = 0\,; \tag{10}$$

そして，

$$\int \chi(x)\,\bar{\chi}(x)\,dx = 1 \tag{11}$$

の諸関係が成立つ.

証明. $b = \|b_{ij}\|$ を r 次の定正方行列とし，$a(x) = g(x)\,b\,g(x^{-1})$, $a = \int a(x)\,dx$ とおく．この行列 a が不変性

$$g(y)\,a\,g(y^{-1}) = a \tag{12}$$

を有することを示そう．実際に，

$$g(y)ag(y^{-1}) = \int g(y)g(x)bg(x^{-1})g(y^{-1})dx$$

$$= \int g(yx)bg((yx)^{-1})dx = a$$

(定義 33, 7) 参照). (12) から，任意の x につき $g(x)a = ag(x)$. 従って，§31 の E) により，a は $\alpha e'$ の形の行列でなければならない．ただし，e' は単位行列，α は複素数であって行列 b のとり方に依存する：

$$\int g(x)bg(x^{-1})dx = \alpha e'. \tag{13}$$

この α を実際に定めるために，(13) の両辺のシュプールをとる．左辺から，

$$\mathrm{Sp}\left(\int g(x)bg(x^{-1})dx\right) = \int \mathrm{Sp}(g(x)bg(x^{-1}))dx = \int \mathrm{Sp}(b)dx = \mathrm{Sp}(b)$$

(§31, B) 参照). 一方，右辺のシュプールは αr. 従って，$\alpha = \frac{1}{r}\mathrm{Sp}(b)$.

次に，b を特殊な行列にとる．即ち，b の第 j 行第 l 列の要素が 1 で，他の要素はすべて零であると考える．すると，$\mathrm{Sp}(b) = \delta_{jl}$. これらとあわせて $g(x^{-1}) = \overline{(g(x))}^*$ であることに注意すれば (§31, G) 参照), (13) から，

$$\int g_{ij}(x)\bar{g}_{kl}(x)dx = \frac{1}{r}\delta_{ik}\delta_{jl}. \tag{14}$$

この関係 (14) は (9), (10) と同等である．そしてこれからまた (11) が出る．証明終り．

続いて，表現の指標をもっと詳しく調べてみる．

B)　G の互に同値でないすべての既約複素表現の指標からなる集合を Δ で表わす．(7) および (11) が示すように，Δ は G 上の正規直交函数系である．g を G の任意の表現，χ をその指標とする．A) により，g は既約表現に分解され，指標については，

$$\chi(x) = \sum_{i=1}^{n} m_i\chi_i(x), \tag{15}$$

ただし χ_i は既約表現 g_i の指標，m_i は負でない整数で，g が g_i を含む重複度を表わす．(15) に $\bar{\chi}_k(x)$ を乗じて積分すると，

$$m_k = \int \chi(x)\bar{\chi}_k(x)\,dx.$$

即ち，m_k は函数系 $\varDelta$ に関する χ の Fourier 係数であって，χ なる函数により一意的に定まる．従って，指標 χ はその表現 g を同値を除き一意的に定める．

また，(15) にその複素共役を乗じて積分すると，

$$\sum_{i=1}^{n} m_i^2 = \int \chi(x)\bar{\chi}(x)\,dx. \tag{16}$$

この関係は，表現 g の既約性の判定法を与えるものである．即ち，表現 g が既約であるための必要十分条件は，その指標 χ が

$$\int \chi(x)\bar{\chi}(x)\,dx = 1 \tag{17}$$

をみたしていることである．もし g が可約であるならば，

$$\int \chi(x)\bar{\chi}(x)\,dx > 1.$$

定理 31. G が可換群ならば，その既約表現はすべて 1 次の表現である．この場合，既約表現 g の行列 $g(x)$ は単なる数であって，g はその指標 χ と一致する，即ち $g(x) = \|\chi(x)\|$.

定理は §31, F) から直ちに導かれる．

例 55. G, H を二つのコンパクト位相群とし，それらの直積を F で表わす．元 $z \in F$ は G, H の元の組 (x, y), $x \in G$, $y \in H$, である．g を G の m 次の既約表現，h を H の n 次の既約表現，$g(x) = \|g_{ij}(x)\|$, $h(y) = \|h_{kl}(y)\|$ とする．

G, H の既約表現 g, h から出発して，F の一つの既約表現 f を作ることを考える．このために，二つの添数の組 (i, k) を考え，i には $1, \cdots, m$, k には $1, \cdots, n$ の値をとらせる．これらの組 (i, k) を全部ならべて，$1, \cdots, mn$ の番号で数えることもできるが，今の場合これを採らないことにする．次に，$f_{(i,k)(j,l)}(z) = g_{ij}(x)h_{kl}(y)$, $z = (x, y)$, とおいて得る mn 次の正方行列 $f(z) = \|f_{(i,k)(j,l)}(z)\|$ を考えよう．行列 $f(z)$ が群 F の表現を与えることは容易に確かめられる．そこで，この表現が既約であることを示す．そのため，表現 f の指標 χ を計算するが，g, h の指標をそれぞれ χ', χ'' としておく．直接の計算で，$\chi(z) = \chi'(x)\chi''(y)$

$(z=(x,y))$ を得る．表現 f に既約の判定法 (17) を適用すると，

$$\int \chi(z)\bar{\chi}(z)\,dz = \int\int \chi'(x)\chi''(y)\bar{\chi}'(x)\bar{\chi}''(y)\,dxdy = 1$$

(定理 25 参照)．故に，f は既約表現である．次§において，F のあらゆる (ただし同値を除き) 既約表現はこの方法で構成されることを示す (例 59 参照)．

例 56. G は例 52 および 54 において考察した位相群，φ_n, $n=0, \pm 1, \pm 2, \cdots$, は例 54 で G 上に定義した函数系：$\varphi_n(x)=e^{2\pi inx}$ であるとする．1 次の行列として $g_n(x)=\|\varphi_n(x)\|$ を考える．すると，g_n は群 G の 1 次の線型表現であり，さらにユニタリ表現にもなっている．g_n の指標は函数 $\varphi_n(x)$ である．解析学から知られることとして，$e^{2\pi inx}$ なるすべての函数に直交する正規化された函数は G 上に存在しない．このことから，かかる表現 g_n で G のあらゆる既約表現はつくされていることがわかる．

§33. 既約表現系の完備性

この§では，群の既約表現に現われる函数系の完備性に関する Peter–Weyl の定理 (〔33〕参照) を証明する．証明の方法は〔38〕に依る．これまでと同じく，G はコンパクト位相群を表わし，考える函数はすべて連続であるとする．

A) G 上の実数値あるいは複素数値函数の集合 Δ が**一様に完備**であるとは，G 上の任意な (それぞれ実数値あるいは複素数値) 函数 f および任意の正数 ε に対して，Δ から適当に函数 $f_1, \cdots, f_n$ を選び，それぞれ実数あるいは複素数 $\alpha_1, \cdots, \alpha_n$ を見出だして，

$$\left|f(x)-\sum_{i=1}^{n}\alpha_i f_i(x)\right|<\varepsilon \qquad (1)$$

が成立つようにできることをいう．明らかに，実数値函数の集合が一様に完備であれば，これはまた複素数値函数の集合としても一様に完備である．

定理 32. G のあらゆる既約ユニタリ表現のうち互に同値なもので作る類のおのおのから一つずつ表現を選びだし，それらを全部あつめて得られる集合を Ω とする．この集合の表現 $g\in\Omega$, $\|g_{ij}(x)\|=g(x)$ に行列要素として現われる函

数 g_{ij} のすべてからなる集合を $\varDelta$ とする．このとき，$\varDelta$ は複素数値函数の集合として一様に完備である（A）参照）．

証明. k は G 上の実数値連続函数であって，対称の条件

$$k(z^{-1})=k(z) \tag{2}$$

をみたすものとする．積分方程式

$$\varphi(x)=\lambda\int k(x^{-1}y)\varphi(y)\,dy \tag{3}$$

を考える．(2) より，積分方程式 (3) の核は対称である，即ち

$$k(x^{-1}y)=k(y^{-1}x).$$

このような形の核をもつすべての積分方程式の固有函数全体の集合を $\varDelta'$ とする（§30, C)参照）．$\varDelta'$ は実数値函数集合として一様に完備であることを示そう．

G 上の任意の実数値函数を f とする．f は連続であるから，また一様連続である（§28, C) 参照），即ち，任意の正数 ε に対して，G に単位元 e の適当な近傍 U が存在して，$x^{-1}y\in U$ ならば，

$$|f(x)-f(y)|<\frac{\varepsilon}{2} \tag{4}$$

が成立する．この際さらに，$U^{-1}=U$ と取ったものとする．V をこの U に対して，$\bar{V}\subset U$ の成立する単位元 e の近傍とする．Urysohn の補助定理（§12 参照）により，G 上の函数 q で，任意の $z\in G$ につき $0\leqq q(z)\leqq 1$, $z\in G\setminus U$ につき $q(z)=0$, $z\in\bar{V}$ につき $q(z)=1$ であるものが存在する．この函数 q により，$k'(z)=\alpha(q(z)+q(z^{-1}))$ とおき，正数 α を $\int k'(z)\,dz=1$ となるようにとる．函数 k' は U 上でのみ零でない値をとり，さらに対称の条件 (2) をみたす．

$$f'(x)=\int k'(x^{-1}y)f(y)\,dy$$

とおく．k' のつくり方と不等式 (4) とによって，

$$|f(x)-f'(x)|<\frac{\varepsilon}{2} \tag{5}$$

が成立っている．何故ならば，

$$|f'(x)-f(x)|=\left|\int k'(x^{-1}y)\,(f(y)-f(x))\,dy\right|<\int k'(x^{-1}y)\frac{\varepsilon}{2}dy=\frac{\varepsilon}{2}.$$

§30, D) により，函数 f' は，核 $k'(x^{-1}y)$ の固有函数 $\varphi_i, i=1, 2, \cdots$ の一様収束級数として

$$f'(x) = \varphi_1(x) + \cdots + \varphi_n(x) + \cdots \tag{6}$$

と展開される．従って，十分大きな整数 n に対して，実数値函数

$$f''(x) = \sum_{i=1}^{n} \varphi_i(x) \tag{7}$$

は，不等式

$$|f'(x) - f''(x)| < \frac{\varepsilon}{2} \tag{8}$$

をみたす．(5) と (8) をあわせて，

$$|f(x) - f''(x)| < \varepsilon. \tag{9}$$

ところが，函数 $\varphi_i, i=1, \cdots, n,$ はすべて Δ' に属し，ε は任意に小さくてよいから，(9) と (7) は Δ' が一様に完備であることを示している．

次に，G の (既約，可約を問わず) あらゆる表現 $g, \| g_{ij}(x) \| = g(x)$ に現われる函数 g_{ij} 全体の集合 Δ'' をとり，この複素函数の集合 Δ'' が一様に完備であることを示そう．

このことを証明するためには，Δ' の一様完備性が既に証明されているのであるから，Δ' に属する任意の函数が，Δ'' の函数の定数を係数とする，有限1次結合として表わされることを示せば十分である．

φ' を Δ' に属する函数とする．即ち，φ' はある核 $k(x^{-1}y)$ につき方程式 (3) をみたすものとする．φ' が固有函数として属している固有値を λ' として，この λ' に属する $k(x^{-1}y)$ の固有空間に正規直交基底

$$\varphi_1(x), \cdots, \varphi_n(x) \tag{10}$$

を選ぶ (§30, C) 参照)．すると，φ' は (10) の函数の1次結合で表わされるから，結局 (10) の函数がすべて Δ'' の函数の1次結合として表わせることを示せばよいことになる．

$\varphi(x)$ が方程式 (3) の解であるならば，$\varphi(ax)$ も x の函数として，同じ λ の値につき (3) の解である．何故ならば，(3) において x は勝手な変数であるから，これを ax でおきかえ，同時に積分の不変性を用いて y を ay でおきか

えると，

$$\varphi(ax)=\lambda\int k(x^{-1}a^{-1}ay)\varphi(ay)\,dy=\lambda\int k(x^{-1}y)\varphi(ay)\,dy.$$

故に，函数

$$\varphi_1(ax),\cdots,\varphi_n(ax) \tag{11}$$

は $\lambda=\lambda'$ に対する（3）の解であり，従っておのおの (10) の函数の1次結合で表わされ，

$$\varphi_i(ax)=\sum_{j=1}^{n}g_{ij}(a)\varphi_j(x) \tag{12}$$

とおくことができる．さらに，

$$\int\varphi_i(ax)\varphi_j(ax)\,dx=\int\varphi_i(x)\varphi_j(x)\,dx=\delta_{ij}$$

であるから，(11) は正規直交系である．特に，(11) の函数は互に1次独立であり，その1次結合として (10) の函数も表わされることになる．即ち，行列 $\|g_{ij}(x)\|=g(x)$ は逆をもつ．その上 $g(x)$ は直交行列でもあるが，このことはいまは必要でない．(12) の両辺に $\varphi_k(x)$ を乗じて積分すると，

$$g_{ik}(a)=\int\varphi_i(ax)\varphi_k(x)\,dx$$

を得るが，これは g_{ij} が連続函数であることを示している（§29, J）参照）．次に，$g(ab)$ を計算する．(12) より，

$$\varphi_i(abx)=\sum_{j=1}^{n}g_{ij}(ab)\varphi_j(x). \tag{13}$$

また，やはり (12) から，

$$\varphi_i(abx)=\sum_{k=1}^{n}g_{ik}(a)\varphi_k(bx)=\sum_{k,j=1}^{n}g_{ik}(a)g_{kj}(b)\varphi_j(x). \tag{14}$$

(13), (14) の右辺における $\varphi_j(x)$ の係数を等置して，

$$g_{ij}(ab)=\sum_{k=1}^{n}g_{ik}(a)g_{kj}(b),$$

これは行列の間の関係として，

$$g(ab)=g(a)g(b) \tag{15}$$

と書ける．(15) と，g_{ij} が連続函数であることとによって，g は G の線型表現になる．従って，

$$g_{ij} \tag{16}$$

なる函数はすべて $\varDelta''$ に属する．

今度は，(12) において x として単位元 e をとってみる．すると，

$$\varphi_i(a) = \sum_{j=1}^{n} g_{ij}(a)\varphi_j(e).$$

ところがこれは，(10) の函数が (16) の函数，即ち $\varDelta''$ に属する函数の1次結合であることを示している．従ってこれで，函数集合 $\varDelta''$ が一様に完備であることが証明された．

$\varDelta$ の任意の函数は $\varDelta''$ に属する：$\varDelta \subset \varDelta''$．そこで，$\varDelta''$ の各函数が，$\varDelta$ の函数の1次結合として表わされることを示そう．すると，$\varDelta''$ の一様完備性はいま証明したから，これで $\varDelta$ の一様に完備であることが証明されるわけである．

$\varDelta''$ に属する任意の函数を p とする．$\varDelta''$ の定義から，G の適当な複素表現 $g;g(x) = \|g_{ij}(x)\|$，をとれば，p は函数

$$g_{ij} \tag{17}$$

の中の一つになっている．§31, I) および定理28により，適当な定行列 t をもって

$$g(x) = th(x)t^{-1} \tag{18}$$

として，行列 $h(x)$ を

$$h(x) = \left\| \begin{matrix} g_1(x) & 0 & \cdots & 0 \\ 0 & g_2(x) & \cdots & 0 \\ \cdots & \cdots & \cdots & \cdots \\ 0 & 0 & \cdots & g_n(x) \end{matrix} \right\|$$

なる特別な形にすることができる．ただし，

$$g_i,\ i = 1, \cdots, n, \tag{19}$$

は G の既約ユニタリ表現である．さらに，Ω の中には任意の既約表現に同値な既約表現が入っているから，このときの t のとり方によって，(19) の表現がすべて Ω に属しているようにすることができる．そこで，t をそのようにとって

あったとすれば，(18) は，(17) の函数を Δ の函数の1次結合として表わすものに他ならない．特に，函数 p も Δ の函数の1次結合となって，これで Δ の一様完備性の証明は終った．

定理32から直ちに導かれる次の定理は，コンパクト位相群の研究に当って特に重要な役割を演ずるものである．

定理33. コンパクト群 G の単位元 e と異なる任意の元 a に対して，$g(a)$ が単位行列にならないような G の既約表現 g が存在する．

証明. $a \neq e$ であるから，Urysohn の補助定理 (§12参照) により，$f(a) \neq f(e)$ であるような G 上の連続函数 f が存在する．今もし定理でいうところに反して，G の任意の既約表現 g につき $g(a) = g(e)$ であったと仮定しよう．すると，Δ のすべての函数 (定理32参照) につき $g_{ij}(a) = g_{ij}(e)$ であるから，$f(a) \neq f(e)$ なる函数 f を Δ の函数の1次結合で近似することは不可能である．これで，定理は証明された．

次に，指標の考察に移る．

定理34. G の既約複素表現の指標全体からなる集合を Σ とする．G 上の複素函数 f が，任意の $a \in G$ につき，

$$f(a^{-1}xa) = f(x) \tag{20}$$

をみたすとき，f は**不変** [又は類函数] であるということにする．§32, (5) により，Σ の函数はすべて不変であるが，さらに，Σ は，G 上のあらゆる不変な複素函数の集合の中で一様に完備である．即ち，G 上の任意の不変な複素函数 f および任意の正数 ε に対して，複素数を係数とする指標の適当な1次結合 $f'(x) = \sum_{i=1}^{n} c_i \chi_i(x)$，$\chi_i \in \Sigma$, $i = 1, \cdots, n$, を見いだして，

$$|f(x) - f'(x)| < \varepsilon \tag{21}$$

とすることができる．

証明. g は G の r 次既約ユニタリ表現，$g(x) = \| g_{ij}(x) \|$ とする．このとき，もし函数

$$p(x) = \sum_{i,j=1}^{r} b_{ji} g_{ij}(x) \tag{22}$$

が不変であるならば，$p(x)$ は g の指標 χ と複素数 α の積に帰着し，

$$p(x) = \alpha\chi(x) \tag{23}$$

である．

何故ならば，$p(x)$ が不変であることから，

$$p(a^{-1}xa) = \sum_{i,j=1}^{r} b_{ji}g_{ij}(a^{-1}xa)$$

$$= \sum_{i,j,k,l=1}^{r} b_{ji}g_{ik}(a^{-1})g_{kl}(x)g_{lj}(a) = p(x). \tag{24}$$

函数 g_{ij} はすべて互に1次独立であるから (定理30参照)，(22) と (24) における其の係数はそれぞれ相等しくなければならず，

$$b_{lk} = \sum_{i,j=1}^{r} g_{lj}(a)b_{ji}g_{ik}(a^{-1})$$

を得るが，$b = \|b_{ij}\|$ としてこれを行列の形に書けば $b = g(a)bg(a^{-1})$，あるいは $g(a)b = bg(a)$．従って，§31, E) により，b は $\alpha e'$ の形の行列でなければならない．ただし，e' は単位行列，α は複素数である．ところがこのときには，(22) は (23) に帰着する．

次に，q として G 上の不変な函数であって，Δ の有限箇の函数の1次結合の形に表わされるものをとる (定理32参照)．ここに Δ は，既約ユニタリ表現ばかりからなる集合 Ω により作ったものと仮定してある．$q(x)$ を Δ の函数の1次結合に表わし，その各項をいくつかの部分和 $p_i(x)$ にまとめて $q(x) = \sum_{i=1}^{n} p_i(x)$ と書き，$p_i(x)$ が (22) の形の函数になるようにすることはできる．即ち，同じ既約表現 $g^{(i)}$ から起る Δ の函数に関する項を一つにまとめて，その部分和を $p_i(x)$ とすればよい．函数 q が不変であるためには，p_i がおのおの不変でなければならない．何故ならば，$p_i(a^{-1}xa)$ は x の函数として，表現 $g^{(i)}$ に現われる函数 $g_{kl}{}^{(i)}(x)$ の1次結合になるが ((24)参照)，このことと Δ の函数が互に1次独立であることとから，等式

$$\sum_{i=1}^{n} p_i(a^{-1}xa) = \sum_{i=1}^{n} p_i(x)$$

の各項がそれぞれ別々に等しく，$p_i(a^{-1}xa) = p_i(x)$, $i = 1, \cdots, n$, でなければ

ならないから．故に，既に示した (23) により $p_i(x) = \alpha_i\chi_i(x)$，即ち，

$$q(x) = \sum_{i=1}^{n} \alpha_i\chi_i(x). \tag{25}$$

終りに，f として G 上の任意の不変な函数をとる．定理 32 により，$\varDelta$ の有限箇の函数の 1 次結合 $f'(x)$ が存在して，

$$|f(x) - f'(x)| < \varepsilon, \tag{26}$$

ここに ε は先に与えられた正数である．(26) から，

$$\left|\int f(a^{-1}xa)\,da - \int f'(a^{-1}xa)\,da\right| < \varepsilon. \tag{27}$$

函数 f は不変であるから，$\int f(a^{-1}xa)\,da = f(x)$．そこで，$\int f'(a^{-1}xa)\,da = q(x)$ とおけば，(27) は

$$|f(x) - q(x)| < \varepsilon$$

と書ける．$f'(x)$ は $\varDelta$ の有限箇の函数の 1 次結合であるから，$f'(a^{-1}xa)$ も x の函数としてはやはりその通り（(24) 参照），従ってまた q なる函数も $\varDelta$ の有限箇の函数の 1 次結合である．さらに，積分の不変性（定義 33 参照）から容易に確かめられるように，q は不変な函数である．故に，既に示した (25) によって，$q(x) = \sum_{i=1}^{n} \alpha_i\chi_i(x)$．即ち，$|f(x) - \sum_{i=1}^{n} \alpha_i\chi_i(x)| < \varepsilon$ であって，定理 34 の証明が終った．

定理 32 から定理 33 が導かれたのと同じく，定理 34 からは次に述べる定理 35 が直ちに出るが，この定理はこれから先のためには，そう重要ではない．

定理 35. a, b を，群 G の互に共役でない 2 元とする．即ち，$b = c^{-1}ac$ を満足する元 $c \in G$ が存在しないとする．このとき，G の適当な既約表現の指標 χ をとれば，$\chi(a) \neq \chi(b)$．

証明. b に共役なすべての元からなる集合 B を考えると，B はコンパクトである．何故ならば，B は連続写像 $y \to y^{-1}by$ によるコンパクト空間 G の像であるから（§13, D）参照）．従って，Urysohn の補助定理（§12 参照）により，B 上で零となり，点 a で零と異なって，G 全体では負の値をとらない函数 f が存在する．さらに，函数 $\varphi(x) = \int f(y^{-1}xy)\,dy$ は不変であり，かつ $\varphi(b) = 0$，$\varphi(a) \neq 0$

なることは容易に確かめられる．定理34により，函数$\varphi(x)$をΣの函数の1次結合で一様に近似することができるから，このためには，Σの中に，点a, bにおいて相異なる値をとる函数が存在しなければならない．

例57. RをコンパクトHausdorff空間として，その上で与えられた（簡単のため実数値をとる）函数の一様完備な集合を$\varDelta$とする（A）参照）．集合$\varDelta$の濃度は，空間Rの位相濃度より小とはならないことを証明しよう．

Rのr箇の点からなる有限部分集合をMとする．R上の各実数値函数fに，$f'(x)=f(x)$, $x \in M$, とおいて得られるM上の函数f'を対応させる．Urysohnの補助定理（§12参照）からすぐ知れるように，Mの各点で任意に与えた値をとるような，R上の連続函数が必ず存在する．従って，R上の函数fに対応づけられたM上の函数f'全体の集合は，実はM上のあらゆる函数の集合と一致し，それ自身r次元ベクトル空間を作っている．$\varDelta$に属するφに対応づけられるφ'ばかりからなる部分集合を$\varDelta'$とする．$\varDelta$がR上で一様完備であることから明らかに，$\varDelta'$はM上で一様完備である．ところが，M上のあらゆる函数の集合はr次元ベクトル空間であるから，集合$\varDelta'$，従ってまた$\varDelta$は少くともr箇の元を含まねばならない．このことによって，もしRがr箇の点からなる有限集合であるならば，$\varDelta$の含む函数の数は，r即ち空間Rの位相濃度より小でない．そしてまた，もしRが無限集合であるならば，$\varDelta$もやはり無限集合であることが同時に知られる．

有限集合の場合の証明は終ったから，いまRは無限集合であると考える．$\varDelta$に属する有限箇の函数から有理数を係数として作った1次結合全体の集合を$\varDelta^*$とする．$\varDelta$が無限集合であるから，$\varDelta^*$は$\varDelta$と同じ濃度をもつ．おのおのの$f \in \varDelta^*$に，$f(x) > \dfrac{1}{2}$をみたす点$x \in R$からなる集合U_fを対応させる．このようなU_fはRの開集合を与えるが，すべての$U_f (f \in \varDelta^*)$の集合Σは，空間Rの完全近傍系であることを示そう．すると，このことと，Σの濃度が$\varDelta^*$の濃度を越えないこととから，証明は完成したことになる．Rの任意の点をaとし，その任意の近傍をVとする．Urysohnの補助定理により，$R \setminus V$上で0に，点aで1に等しく，R上で負値をとらない函数gが存在する．$\varDelta$の一様完備性か

ら，適当な1次結合 $f\in\varDelta^*$ が存在して，$|g(x)-f(x)|<\dfrac{1}{4}$．このfについては，明らかに $a\in U_f\subset V$．従って，Σ は空間 R の完全近傍系である．

例 58. 定理29および32と，例53および57の結果とから，既約表現の同値類の濃度に関する次の結論を得る．即ち，G が無限コンパクト群であるとき，互に同値な G の既約表現の作る類からなる集合の濃度は，空間 G の位相濃度に等しい．

例 59. 例55で行った考察に結末をつける．群 G の既約表現の指標の全体を Σ'，群 H の既約表現の指標の全体を Σ'' とする．任意の $\chi'\in\Sigma'$ と $\chi''\in\Sigma''$ とから，群 $F=G\times H$ 上の函数 $\chi(z)=\chi'(x)\chi''(y)$, $z=(x,y)$, を得るが，このような函数 $\chi(z)$ の全体を Σ で表わす．例55で示したところによれば，Σ の函数はすべて，群 F の既約表現の指標になっている．そこで逆に，Σ は群 F のあらゆる既約表現の指標を含んでいることを，ここで証明しよう．

まず，Σ は F 上の不変な函数全体の中で一様に完備であることを示す．F 上の任意の不変な函数を f とする．定理7から，$\varphi(x,y)=g_1(x)h_1(y)+\cdots+g_n(x)h_n(y)$ の形の函数により，任意に与えた正数 ε に対し，$|f(x,y)-\varphi(x,y)|<\varepsilon$ をみたすようにすることができる．そこで，

$$g_i'(x)=\int g_i(a^{-1}xa)\,da,\ h_i'(y)=\int h_i(b^{-1}yb)\,db,\ i=1,\cdots,n,$$

$$\varphi'(x,y)=\int\int\varphi(a^{-1}xa,\ b^{-1}yb)\,dadb$$

とおく．明らかに，$\varphi'(x,y)=g_1'(x)h_1'(y)+\cdots+g_n'(x)h_n'(y)$ であり，かつ $|f(x,y)-\varphi'(x,y)|<\varepsilon$．また容易に知れるように，函数 $g_1',\cdots,g_n'$ および $h_1',\cdots,h_n'$ はすべてそれぞれ G および H の上で不変であり，従ってそれぞれ Σ' および Σ'' の函数の1次結合による任意の精度の近似が可能である．このことと不等式 $|f(x,y)-\varphi'(x,y)|<\varepsilon$ とから，f もまた Σ の函数の1次結合により，任意の精度に近似することができる．

次に，Σ が F のあらゆる既約表現の指標を含むことを示そう．帰謬法により，ある既約表現の指標 χ を Σ は含んでいないと仮定する．このとき，χ は

Σのすべての函数と直交することになるが，一方上で示したことから，Σの函数の適当な1次結合$\psi(z)=\alpha_1\chi_1(z)+\cdots+\alpha_m\chi_m(z)$が存在して，$|\chi(z)-\psi(z)|<1$をみたす．即ち，$(\chi-\psi,\chi-\psi)=1+\alpha_1\bar{\alpha}_1+\cdots+\alpha_m\bar{\alpha}_m<1$でなければならないが，これは不可能である．

このようにして，例55の方法によれば，直積因子GおよびHの既約表現から出発して，直積Fのあらゆる既約表現が残らず得られることがわかった．

例60. 線型表現の理論の応用例として，**概周期函数**論への応用を掲げる．

実変数$t\,(-\infty<t<\infty)$の連続な複素数値函数fが**概周期**函数であるとは，$f_a(t)=f(t+a)$なる形の函数よりなる任意の列：$f_{a_1},\cdots,f_{a_n}\cdots$（$a_i$は任意の実数）から一様収束する部分列を選びだせることをいう．

概周期函数の最も簡単な例は，周期函数$e^{i\lambda t}$である．ただしλは任意の実数で，$i=\sqrt{-1}$. $e^{i\lambda t}$なる函数全体の集合を$\varDelta$で表わす．$\varDelta$はあらゆる概周期函数がつくる集合の中で一様に完備であることを示そう．この主張は，概周期函数論における基本定理である．

一つの概周期函数fを固定して考え，aを任意の実数として函数$f(t+a)$の全体をHで表わす．Hに属する函数から一様収束列の極限として得られる函数の全体をGとする．このとき，Gは一様収束の意味において可算コンパクトで，さらに可算の基をもつ可算コンパクト位相空間になる．集合HはGにおいて到るところ稠密である．Hの中に，$f_a+f_b=f_{a+b}$とおいて加法の演算を定義する．Hにおけるこの加法は，連続性を保ってGのすべての元の上に一意的に拡張される．これにより，Gは可算の基をもつ可換な可算コンパクト位相群になる．従って，この群Gに，線型表現論のすべての結果を適用してよい．Gのすべての既約表現を適当に並べて$g_1,\cdots,g_n,\cdots$とする．定理31により，群Gの既約表現はすべて次数1をもつから，g_nは単にGから絶対値1の複素数の乗法群Kの中への準同型写像に過ぎない．従って，$g_n(f_a)$は絶対値1の複素数であり，

$$g_n(f_{a+b})=g_n(f_a)g_n(f_b)$$

をみたしている．そして，$g_n(f_a)$を助変数aの函数とみるならば，$g_n(f_a)$は実数の加法群から群Kの中への準同型写像を与えている．容易に知れるように，

このような準同型写像の型は一意的に定まり（§36, F）参照），$g_n(f_a)=e^{i\lambda_n a}$ でなければならない．

変数 t の函数 $x\in G$ のおのおのに，それが $t=0$ においてとる値 $x(0)$ を対応させる．そして，$\varphi(x)=x(0)$ とおいて得られる G 上の連続函数 φ は，定理32により，g_n の1次結合を用いて一様に近似することができる．この近似を H 上に局限して考え，$\varphi(f_a)=f(a)$ および $g_n(f_a)=e^{i\lambda_n a}$ であることに注意すれば，$e^{i\lambda_n t}$ なる形の函数の1次結合による，概周期函数 $f(t)$ の近似が得られるが，これが始めに証明しようとしたことに他ならない．

第6章　局所コンパクト・アーベル群

この章では局所コンパクト・アーベル群の性質を詳しく述べよう．このような群に関し，ここで扱う問題は完全に解決されるか，少なくともアーベル群に関する純代数的な問題に還元される．

この章での研究の主な手段は与えられた群と，その**指標群**との間の関係（**双対性**）である．任意の局所コンパクト・アーベル群Gには一つの局所コンパクト・アーベル群X，即ちGの**指標群**が対応する．このようなGとXの対応は相互的である．即ちGは自然な仕方でXの**指標群**と見なすことができる．この事実は決して当り前のことではなく，この章の中心となる結果であって．双対性の基本定理と呼ばれる．この基本定理から群Gと群Xの双対性に関する他の諸関係は比較的容易に導かれる．

Gの任意の部分群Hに対してこの基本定理から群Xの一つの部分群Φ，即ちHの**零化群**が対応する．この部分群HとΦの対応は相互的である．更にΦは群G/Hの指標群，Hは群X/Φの指標群である．群Gと群Xの間には同様な一連の双対定理が成立つ．

特にGがコンパクトならばXはディスクリートとなり，逆も成立つ．これから任意のコンパクト・アーベル群Gはあるディスクリートなアーベル群Xの指標群と考えることができ，GとXの間の双対性を利用して，コンパクト・アーベル群の研究を完全にディスクリート・アーベル群のそれに帰着させることが可能になる．この事実は位相アーベル群の構造を解明するという立場からすると，最も本質的な結果であるといえる．コンパクト群とディスクリート群の間の双対定理は最も本質的なものであり，重要な応用をもつものであるから，一般の双対定理より前に独立して述べることにする．

このような述べ方をしたのは一般の局所コンパクト・アーベル群の双対定理に深く立入らない読者も，コンパクト群とディスクリート群の双対定理に触れ得るようにするためである．コンパクトおよびディスクリート・アーベル群の間の双対性の基本定理を用いて局所コンパクト・アーベル群の構造が追求され，その後でそれに対する双対定理が証明される．

前章でアーベル群の任意の既約表現は一次元であり，従ってその指標と一致することが証明された．群Gのすべての指標の集合は自然な仕方で群を作る．これがGの**指標群**である．もう少しその定義を詳しく述べて見よう．アーベル群Gの既約ユニタリ表現gは1次元だから，$g(x)$は絶対値1の複素数である．従ってgは群Gから絶対値1の複素数の作る乗法群の中への準同型写像である．gおよびhをこのような群Gの二つの準同型写像とするとき，$f(x)=g(x)h(x)$で定義される写像fはまたgから絶対値1の複素数の中への準同型写像である．このようにして指標の集合には乗法が定義される．同様に自然な仕方で指標の集合に位相が入れられる．

この章の主要な結果は著者の論文〔36, 37〕で発表されたものであるが，Kampen〔14, 15〕による一連の重要な一般化と改良もとり入れた．さらにWeil〔46〕による証明の改良の一部も利用した．

この章で考察する位相群はすべて局所コンパクトなアーベル群である．この章ではこの条件は常に仮定しているから一々繰返して断らないことがある．また考える群はすべてアーベル群であるから群の演算を加法で表わすことにする．そのため絶対値1の複素数の作る乗法群の代りにそれと同型な加法群Kを用いることにする．この群はこの章では常に主要な役割を果すものであるから文字Kはこの章ではいつもこの群を表わすのに用いることにする．

§34. 指 標 群

この§では局所コンパクト・アーベル群Gに対し，その**指標群**Xを定義し，位相群Xは常に局所コンパクトであることを証明する．またGが特にコンパクトであればXはディスクリートであり，逆にGがディスクリートであるならばXがコンパクトであることも証明される．更に群Gから群Xの指標群G'の中への**自然準同型写像**ωを定義するが，この写像ωの意義は後の§§で明らかになるであろう．即ち実際にはこの ω は群 G から群 G' の上への同型写像であることが証明されるのである．

この§では，またこの章の初めに言及した双対定理を明確な形で言表わしておく．

A)　D を通常の位相を有する実数の加法群とし，N を整数全体の作る D の部分群，K を剰余群 D/N とし，κ を群 D から群 K の上への自然な準同型写像(§20, B) 参照) とする．位相群 K はコンパクトでかつ可算箇より成る開集合の基をもつ．

群 K の元 $\kappa(d)$ で $|d|<\dfrac{1}{3k}$ (k は正の整数) をみたすものの作る集合を Λ_k とする．$\Lambda_1, \Lambda_2, \cdots$ は開集合であって，群 K における単位元 0 の近傍系を作る．容易にわかるように，K の元 γ が $\gamma\in\Lambda_1, 2\gamma\in\Lambda_1, \cdots, k\gamma\in\Lambda_1$ という条件をみたせば $\gamma\in\Lambda_k$ である．このことから一つの群 G から K の中への準同型写像 α が $\alpha(G)\subset\Lambda_1$ という条件をみたしているならば α は 0-準同型写像である，即ち $\alpha(G)=\{0\}$ となることが導かれる．何故かといえば，任意の $x\in G$ に対して $k\alpha(x)=\alpha(kx)\in\Lambda_1$ であるから $\alpha(x)\in\Lambda_k$ が任意の整数 k に対して成立ち，従って $\alpha(x)=0$ でなければならないからである．

定義 36.　いま G を一つの局所コンパクト・アーベル群とする．G から群 K の中への準同型写像を G の**指標**という．G の指標の全体を X で表わすことにする．集合 X は次のようにして位相アーベル群となる．この位相アーベル群 X を群 G の**指標群**という．G の二つの指標 α 及び β の和は $(\alpha+\beta)(x)=\alpha(x)+\beta(x)$ で定義する．このようにして定義された G から K の中への写像 $\alpha+\beta$ がまた一つの指標，即ち群 G から群 K の中への準同型写像となっていることは直ちに確かめられる．群 X の単位元は 0-準同型写像であり，また $\alpha\in X$ の逆元 $-\alpha$ は $(-\alpha)(x)=-(\alpha(x))$ で定義される．

次に群 X の単位元 0 の近傍系を定義しよう．$A\subset G, M\subset K$ に対して $\alpha(A)\subset M$ をみたす指標 $\alpha\in X$ の全体を $W(A, M)$ で表わすとき，G の任意のコンパクト部分集合 F に対する $W(F, \Lambda_k)$, $k=1, 2, 3, \cdots$ の全体 Σ^* は定理 9 の条件をみたし，従って群 X の単位元の近傍系となる．

定理 36. G を局所コンパクト・アーベル群とすれば，その指標群 X は局所コンパクトである．即ち，その閉苞がコンパクトである G の単位元 0 の近傍 U に対し，$W(\bar{U}, \Lambda_4)$ は X の単位元の近傍でその閉苞はコンパクトである．更に，G がコンパクトならば X はディスクリートであり，G がディスクリートならば X はコンパクトである．

G がコンパクトまたはディスクリートの場合は証明は非常に簡単であるから，この場合を一般の場合より前に別に考えよう．

証明. G がコンパクトの場合には X の単位元の近傍系 Σ^* には $W(G, \Lambda_1)$ が含まれるが，A) により $W(G, \Lambda_1)$ は 0 だけから成る集合であるから X はディスクリートである．

次に G がディスクリートであるとしよう．G の各元 x に対し K と同型な群 K_x を対応させ，すべての $x \in G$ に対する K_x の直和（乗法的にいえば直積である．定義 29 参照）を T とする．T の元 α は G で定義され K の値をとる函数［即ち G から K の中への写像］と見なすことができる．$\alpha \in T$ が G の指標となるための条件は $\alpha(x+y) = \alpha(x)+\alpha(y)$ がすべての $x \in G, y \in G$ に対して成立つことである．x, y を定めたときこの条件をみたす α の作る集合は T の閉集合である．従って，それらの共通部分である G の指標群 X は，コンパクト集合 T の閉集合となり，従ってコンパクトである．後はただ，定義 36 で定義された X の位相と上のような T の部分集合としての位相とが一致することさえ確かめればよい．これはディスクリート集合 G のコンパクト部分集合は有限集合であることから容易に検証される．

次に G を任意の局所コンパクト・アーベル群としよう．このとき群 X の単位元 0 の近傍 $W(\bar{U}, \Lambda_4)$ の閉苞 $\bar{W}(\bar{U}, \Lambda_4)$ がコンパクトであることを証明しよう．容易に確かめられるように $\bar{W}(\bar{U}, \Lambda_4) \subset W(\bar{U}, \bar{\Lambda}_4)$ であるから，それには $W(\bar{U}, \bar{\Lambda}_4)$ がコンパクトであることを証明すればよい．

群 G にディスクリートな位相を与えたものを G' とし，この G' の指標群を X' とする．更に群 G' の指標 α' で $\alpha'(\bar{U}) \subset \bar{\Lambda}_k$ をみたすものの全体を $W'(\bar{U}, \bar{\Lambda}_k)$ で表わすことにする．このとき $W(\bar{U}, \bar{\Lambda}_4) = W'(\bar{U}, \bar{\Lambda}_4)$ であることを証明しよう．

その為には群 G' の指標 α' で $\alpha'(\bar{U})\subset\bar{\Lambda}_4$ をみたすものは群 G の指標である，即ち G 上で連続であることを示せば十分である．いま与えられた正整数 k に対し，$kV\subset U$ となるような0の近傍 V をとれば，V の任意の元 x に対して $\alpha'(x), 2\alpha'(x), \cdots, k\alpha'(x)$ はいずれも $\bar{\Lambda}_4\subset\Lambda_1$ の中に含まれ，従って $\alpha'(x)\in\Lambda_k$ である（A）参照）．従って K における0の近傍 Λ_k が与えられたとき G における0の近傍 V が存在して $\alpha'(V)\subset\Lambda_k$ となるのであるから α' は G 上で連続である．

次に $W'(\bar{U}, \bar{\Lambda}_4)$ が X' の閉集合であることを証明しよう．$\bar{\Lambda}_4$ が閉集合であるから，x を固定したとき $\alpha'(x)\in\bar{\Lambda}_4$ をみたす α' の集合は閉集合である．従って各 $x\in\bar{U}$ に対するかかる集合の共通部分である $W'(\bar{U}, \bar{\Lambda}_4)$ は，X' の閉集合，従ってコンパクト集合である．

そこで定理の証明をする為には［$X\frown X'$ の部分］集合 $W'(\bar{U}, \bar{\Lambda}_4)$ の X および X' の部分空間としての位相が一致することを示せばよい．$\alpha\in W'(\bar{U}, \bar{\Lambda}_4)$ の X からの位相による近傍系として G のコンパクト集合 F と正整数 k に対し $\xi\in W(F, \Lambda_k), \alpha+\xi\in W'(\bar{U}, \bar{\Lambda}_4)$ という条件をみたす ξ の集合の，F および k を種々に変えて得られる全体をとることができる．一方 $\alpha\in W'(\bar{U}, \bar{\Lambda}_4)$ の X' からの位相による近傍としては A を G の有限集合，k' を正整数として，$\xi'\in W'(A, \Lambda_{k'}), \alpha+\xi'\in W'(\bar{U}, \bar{\Lambda}_4)$ をみたす ξ' の集合の A および k' を種々に変えて得られる全体をとることができる．有限集合はコンパクトであるから，後の形の近傍は前の形の近傍の特別なものである．従って任意に第2の形の近傍を与えたときそれに含まれる［実は一致する］第1の形の近傍が存在する．そこで逆に第1の形の任意の近傍を与えたときある第2の形の近傍がこれに含まれることをいえばよい．いま定まった F, k に対する第1の形の近傍が与えられたとしよう．$\alpha\in W'(\bar{U}, \bar{\Lambda}_4)$ でかつ $\alpha+\xi'\in W'(\bar{U}, \bar{\Lambda}_4)$ ならば $\xi'\in W'(\bar{U}, \bar{\Lambda}_2)$ である．次に G における0の近傍 V' を $2kV'\subset U$ となるように選ぶ．この包含関係と $\xi'\in W'(\bar{U}, \bar{\Lambda}_2)$ から $\xi'(V')\subset\Lambda_{2k}$ が得られる．何故かといえば $x\in V'$ ならば $\xi'(x), 2\xi'(x), \cdots, 2k\xi'(x)$ はすべて $\bar{\Lambda}_2\subset\Lambda_1$ に含まれるから，$\xi'(x)\in\Lambda_{2k}$ でなければならないからである（A）参照）．さてコンパクトな F の開被覆を作る $a+V'$ $(a\in F)$

の中から有限箇を選んで F を覆うことができる．即ち，有限集合 $A\subset F$ が存在して $A+V'\supset F$ となる．ここで $\xi'\in W'(A, \Lambda_{2k})$ 即ち $\xi'(A)\subset\Lambda_{2k}$ という条件をみたす $\xi'\in G'$ をとれば $\xi'(F)\subset\xi'(A+V')\subset\Lambda_{2k}+\Lambda_{2k}\subset\Lambda_k$, 即ち $\xi'\in W'(F, \Lambda_k)$ である．それのみならず α および $\alpha+\xi'$ は $W'(\bar{U}, \bar{\Lambda}_4) = W(\bar{U}, \bar{\Lambda}_4)$ に含まれ，従って G 上で連続であるから，その差 $\xi' = (\alpha+\xi')-\alpha$ も G 上で連続である．従って上のような ξ' は $W(F, \Lambda_k)$ に含まれる．これで二つの位相の一致が証明され従って定理 36 の証明が完成した．

定理 36 の自然な続きとして位相空間 X の位相濃度は位相空間 G の位相濃度に等しいという命題が成立つ．この定理の証明には双対定理を用いる部分があるので，完全な証明は§40 で与えることにして，ここでただ次の命題を証明しておこう．

B)　X を群 G の指標群とする．位相空間 G の位相濃度（定義 14 参照）が無限ならば位相空間 X の位相濃度は G のそれを越えない．

これを証明しよう．τ を G の位相濃度とし，Σ を位相空間 G の基とする．Σ は濃度が τ で，Σ に属する各開集合の閉苞はすべてコンパクトであるとしてよい．一方 Δ を可算箇の開集合からなる群 K の基とする．いま $U_1, \cdots, U_n$ および $M_1, \cdots, M_n$ をそれぞれ Σ および Δ に属する有限箇の開集合の組とする．$\xi(\bar{U}_i)\subset M_i$ $(i = 1, 2, \cdots, n)$ という条件をみたす $\xi\in X$ の全体を $W(\bar{U}_1, \cdots, \bar{U}_n;$ $M_1, \cdots, M_n)$ で表わすことにしよう．$W(\bar{U}_1, \cdots, \bar{U}_n; M_1, \cdots, M_n)$ のような形の空でない集合の全体を Σ^* とする．濃度の一般論によれば Σ^* の濃度は τ を越えない．次に Σ^* が位相空間 X の基であることを証明しよう．それができれば B) は証明されたことになる．

まず第一に $W(\bar{U}_1, \cdots, \bar{U}_n; M_1, \cdots, M_n)$ は X の開集合であることを示そう．

$W(\bar{U}_1, \cdots, \bar{U}_n; M_1, \cdots, M_n) = W(\bar{U}_1; M_1)\cap\cdots\cap W(\bar{U}_n; M_n)$ であるから，$W(\bar{U}_i; M_i)$ が開集合ならばよい．そこで F が G のコンパクト集合，M が K の開集合であるとき $W(F, M)$ が X の開集合であることを証明しよう．$\alpha\in W(F, M)$ とすれば，$\alpha(F)$ は開集合 M に含まれるコンパクト集合だから群 K における単位元 0 のある近傍 Λ_k が存在して $\alpha(F)+\Lambda_k\subset M$ となる．従って $\alpha+W(F, \Lambda_k)$

$\subset W(F, M)$ となるから，$W(F, M)$ は開集合である．

次に Σ^* は位相空間 X の基であることを証明しよう．$W(F, \Lambda_k)$ の形の開集合が位相群 X の単位元0の近傍系を作っているから，$\alpha+W(F, \Lambda_k)$；$\alpha\in X$，の形の開集合の全体が X の基となっている．そこで Σ^* が基になることを証明するには，$\beta\in\alpha+W(F, \Lambda_k)$ ならば $W\in\Sigma^*$ が存在して $\beta\in W\subset\alpha+W(F, \Lambda_k)$ となることを示せばよい．さて，$\beta\in\alpha+W(F, \Lambda_k)$ ならば，十分大きな自然数 h をとれば $\beta+W(F, \Lambda_h)\subset\alpha+W(F, \Lambda_k)$ となる．また F の任意の元 x に対して開集合 $M_x\in\Delta$ が存在して $\beta(x)\in M_x\subset\beta(x)+\Lambda_{2h}$ となり，更に準同型写像 β は連続であるから，点 x の近傍 $U_x\in\Sigma$ が存在して $\beta(\bar{U}_x)\subset M_x$ となる．コンパクト集合 F の開被覆 U_x；$x\in F$，の中から有限箇の開集合 $U_{x1}, \cdots, U_{xn}$ を選んで F を覆うことができる．このとき容易に確かめられるように

$$\beta\in W(\bar{U}_{x1}, \cdots, \bar{U}_{xn}; M_{x1}, \cdots, M_{xn})\subset\beta+W(F, \Lambda_h)$$

である．

定義 37. X を群 G の指標群，G' を群 X の指標群とする．G の各元 x に対して群 X から群 K の中への写像，x' を $x'(\xi)=\xi(x)$；$(\xi\in X)$ により定義する．このとき $x'\in G'$ となるから $\omega(x)=x'$ により G から G' の中への写像 ω が定義されるが，これは群 G から群 G' の中への準同型写像である．この写像 ω を群 G から，その第二指標群 G' の中への**自然準同型写像**という．

$x'\in G'$ であることを証明しよう．

$$x'(\xi+\eta)=(\xi+\eta)(x)=\xi(x)+\eta(x)=x'(\xi)+x'(\eta)$$

であるから x' は群 X から群 K の中への代数的な準同型写像を与える．いま群 K における単位元0の近傍 Λ_k を与えたとしよう．このとき $x'(W(x, \Lambda_k))\subset\Lambda_k$ であるから，与えられた K における0の近傍 Λ_k の中へ x' により写像される X における0の近傍 $W(x, \Lambda_k)$ が存在することになり，従って x' は連続で位相群 X の指標となる．

次に ω が群 G から群 G' の中への準同型写像であることを証明しよう．

$$\omega(x+y)\xi=\xi(x+y)=\xi(x)+\xi(y)=\omega(x)\xi+\omega(y)\xi=(\omega(x)+\omega(y))\xi$$

であるから ω は群 G から群 G' の中への代数的な準同型写像である．次に ω が

連続であることを示そう．$U' = W(\Phi, \Lambda_k)$ を G' における 0 の与えられた近傍とする．但しここで Φ は X のコンパクト集合である．群 G の単位元の近傍 U_0 でその閉苞 $\bar{U}_0$ がコンパクトであるものを一つ勝手にとり $W = W(\bar{U}_0, \Lambda_{2k})$ とする．コンパクト集合 Φ の開被覆 $\xi + W$; $\xi \in \Phi$, の中から有限箇の開集合 $\xi_1 + W, \cdots, \xi_r + W$ を選びこの r 箇の開集合で Φ を覆うことができる．いま U_i を $\xi_i(U_i) \subset \Lambda_{2k}$ $(i = 1, \cdots, r)$ となるような G における 0 の近傍とし，$U = U_0 \frown U_1 \frown \cdots \frown U_r$ とする．いま $\xi \in \Phi$ とすれば $\xi = \xi_i + \xi_0$, $\xi_0 \in W$ なる ξ_i, ξ_0 が存在する．そこで $\xi(U) \subset \xi_i(U) + \xi_0(U) \subset \Lambda_{2k} + \Lambda_{2k} = \Lambda_k$ となるから，$x \in U$ ならば $\omega(x)\xi = \xi(x) \in \Lambda_k$, 即ち $\omega(U) \subset U'$ となる．これで写像 ω が連続であることが証明された．

次の命題 C) はコンパクト群の表現論の基本定理の corollary であって，§37 に於て大切な役割を果す．

C)　コンパクト・アーベル群 G の 0 でない任意の元 a に対して G の指標 α が存在して $\alpha(a) \neq 0$ となる．

これを証明しよう．G はアーベル群だから定理 31 によりその既約表現はすべて 1 次元の表現である．定理 33 により G の既約表現 g で $g(a) \neq 1$ となるものが存在する．$\alpha(x) = \dfrac{1}{2\pi i}\log g(x)$ とおけば $\alpha(x)$ は実数で整数を加えることを除き定まるから K の元である．従って α は群 G の指標であって $g(a) \neq 1$ だから $\alpha(a) \neq 0$ である．

例 61. G_p を p 進整数全体の作る加法群としよう（§26, C) 参照）．G_p の各元 x は $x = x_0 + x_1 p + \cdots + x_k p^k + \cdots$ という形式的巾級数の形で表わすことができる．ここで係数 x_i は $0 \leqq x_i < p$ をみたす整数である．$x_0 = x_1 = \cdots = x_{k-1} = 0$ という条件をみたす x の全体が作る G_p の部分群を U_k とする．部分群 $G_p = U_0, U_1, \cdots$ はすべて開集合で，かつコンパクトであり，これらの全体が 0 の近傍系を作っている．いま $g = 1 + 0 \cdot p + \cdots + 0 \cdot p^k + \cdots$ とおけば $\{ng\,;\, n = 0, 1, 2, \cdots\}$ は G_p で稠密である．群 G_p の指標群 X_p は階数 p の**半巡回群**，即ちディスクリート位相を与えられた群 K の $\kappa\left(\dfrac{m}{p^k}\right)$，($m, k$ は整数）の形の元全体の作る部分群であることを証明しよう．$\alpha \in X_p$ とすれば α は G_p から K の中への連続写

像故 G_p における 0 の近傍 U_k が存在して $\alpha(U_k) \subset \Lambda_1$ となる．従って $\alpha(U_k) = 0$ でなくてはならぬ（A)参照)．G_p から剰余群 G_p/U_k の上への自然準同型写像（§20, B) 参照)を f で表わせば $\alpha(U_k) = 0$ 故群 G_p/U_k から K の中への準同型写像 β が存在して $\alpha = \beta f$ となる．群 G_p/U_k は位数 p^k の巡回群で $f(g)$ がその生成元である．一方群 K の元 γ で $p^k\gamma = 0$ という条件をみたすものは必らず $\kappa\left(\dfrac{m}{p^k}\right)$ という形に書けるから，$\alpha(g) = \beta f(g) = \kappa\left(\dfrac{m}{p^k}\right)$ となり，$\alpha \to \alpha(g)$ は群 X_p から群 K_p の上への自然な同型写像である．

§35. 剰余群及び開部分群の指標群

群論では部分群及び剰余群の研究が重要な役割をはたす．この観点から与えられた群 G の各部分群 H と剰余群 G/H の指標群を明らかにすることが望ましい．

そこでこの章では群 G の任意の部分群に対して群 G の指標群 X の部分群 $\Phi = (X, H)$ (即ち部分群 H の**零化群**) を対応させる．このとき群 G/H の指標群が群 Φ であり，群 H の指標群は X/Φ となるのである．この最後の関係はこの§では H が G の開部分群であるときにだけ証明される．一般の場合は後の§で証明する．

A) X を群 G の指標群とし，H を群 G の一つの部分集合とする．すべての $x \in H$ に対して $\xi(x) = 0$ をみたす $\xi \in X$ の全体，即ち H の各元に対する値が 0 であるような指標の全体の集合は勿論群 X の部分群である．この部分群を集合 H の**零化群**とよび (X, H) で表わす．以下に述べる場合にはたいてい集合 H は G の部分群である．

B) X_1 および X_2 をそれぞれ群 G_1, G_2 の指標群とし，f を群 G_1 から G_2 の中への準同型写像とする．群 G_2 の各指標 ξ_2 に対し群 G_1 の指標 ξ_1 を $\xi_1 = \xi_2 f$ という関係によって対応させる．$\xi_1 = \varphi(\xi_2)$ で定義される写像 φ は群 X_2 から群 X_1 の中への準同型写像である．準同型写像 φ は準同型写像 f の**共役写像**とよばれるものである．準同型写像 φ の核は部分群 $(X_2, f(G_1))$（A)参照）である．従って f が G_1 から G_2 の上への同型写像ならば φ は X_2 から X_1 の上への同型写像となる.

さてまず φ が群 X_2 から群 X_1 の中への代数的な準同型写像であることを証明しよう. 確かに

$$\varphi(\xi_2+\eta_2) = (\xi_2+\eta_2)f = \xi_2 f+\eta_2 f = \varphi(\xi_2)+\varphi(\eta_2)$$

であるから φ は代数的な準同型写像である.

次に写像 φ が連続であることを示そう. 群 X_1 の 0 の近傍 $W(F_1, \Lambda_k)$ (ここで F_1 は G_1 のコンパクト集合, 定義 36 参照) が与えられたとしよう. 集合 $F_2 = f(F_1)$ はコンパクトで X_2 における 0 の近傍 $W(F_2, \Lambda_k)$ は $\varphi(W(F_2, \Lambda_k))\subset W(F_1, \Lambda_k)$ をみたすから φ は連続である.

最後に準同型写像 φ の核は $(X_2, f(G_1))$ であることを証明しよう. $\xi_2\in(X_2, f(G_1))$ ならば, $x_1\in G_1$ に対しては $\varphi(\xi_2)x_1 = \xi_2 f(x_1) = 0$, 即ち $\varphi(\xi_2) = 0$ となる. 逆に $\varphi(\xi_2) = 0$ ならばすべての $x_1\in G_1$ に対して $\xi_2 f(x_1) = \varphi(\xi_2)x_1 = 0$ だから $\xi_2\in(X_2, f(G_1))$ である.

定理 37. X を群 G の指標群, H を G の部分群とし, $\Phi = (X, H)$ (A) 参照) とおく. $\xi\in\Phi$, $x^*\in G/H$ に対して $\xi(x^*) = \xi(x)$ (いま $x\in x^*$ とする), とおく. 直ちに知られるように群 K の元 $\xi(x^*)$ はその定義に用いた剰余類 x^* の代表元 x の選び方に関係しない. 従ってこれによって群 G/H から K の中への準同型写像 ξ が定義されるが, この ξ は群 G/H の指標であることが証明される. そしてこの意味で Φ が群 G/H の指標群となる.

証明. X^* を $G^* = G/H$ の指標群とし, 群 G から G^* への自然準同型写像 (§20, B) 参照) を f で表わすことにする. φ を f と共役な (B) 参照) 群 X^* から群 X の中への準同型写像とすれば上の定理は結局 φ が群 X^* から群 X の部分群 Φ の上への同型写像であることを主張しているのである. そこでこれを証明しよう.

$\xi\in\Phi$ とすれば $\xi(H) = 0$ であるから指標 ξ は群 G の部分群 H による各剰余類の上では一定の値をとるから群 G^* から, 群 K の中への準同型写像 η が存在して $\xi = \eta f$ となる. この η が G^* から K の中への連続写像であることを証明しよう. いま K における 0 の近傍 Λ_k を与えたとき G における 0 の近傍 U で

$\xi(U) \subset \Lambda_k$ となるものが存在する．G^* における0の近傍 $f(U)$ は $\eta f(U) = \xi(U) \subset \Lambda_k$ をみたすから η は連続である．従って Φ の任意の元 ξ に対して $\eta \in X^*$ が存在して $\xi = \eta f = \varphi(\eta)$ となる．従って $\Phi = \varphi(X^*)$ である．$(X^*, f(G)) = (X^*, G^*) = \{0\}$ だから準同型写像 φ の核は $\{0\}$ である(B)参照)．そこで後は φ が開写像であることを示しさえすればよい．群 X^* における0の近傍 $W(F^*, \Lambda_k)$ が与えられたとしよう．いま G のコンパクト集合 F で $f(F) \supset F^*$ となるものを構成するために，群 G における0の近傍 U で閉苞 $\bar{U}$ はコンパクトなるものを一つとる．コンパクト集合 F^* は $f(x_i + U)$, $x_i \in G$, の形の有限箇の集合の和に含まれるから，その有限箇の x_i に対する $x_i + \bar{U}$ の和集合を F とすれば $f(F) \supset F^*$ となる．次に $\xi \in \Phi \frown W(F, \Lambda_k)$ とすると上述のように $\xi = \eta f$ をみたす $\eta \in X^*$ が存在する．$\eta(F^*) \subset \eta(f(F)) = \xi(F) \subset \Lambda_k$ であるから $\eta \in W(F^*, \Lambda_k)$ で $\varphi(W(F^*, \Lambda_k)) \supset \Phi \frown W(F, \Lambda_k)$ となる．これで φ が X^* から Φ の上への開写像であることが証明された．

以上で定理37は完全に証明されたことになる．

定理37は剰余群の指標群を定める原理であるが，次の補助定理は開部分群の指標群を定める原理である．開部分群とは限らない一般の部分群についての同様の定理は後の§40で述べる．

補助定理 X を群 G の指標群，H を G の開部分群とし，$\Phi = (X, H)$ とおく．$\xi^* \in X/\Phi$, $x \in H$ に対して $\xi^*(x) = \xi(x)$ (但し $\xi \in \xi^*$) とおく．直ちに確かめられるように群 K の元 $\xi^*(x)$ は定義に用いた ξ^* の代表元 ξ のとり方に関せず，(x を定めたとき) 剰余類 ξ^* により一定した値をもつ．このようにして定義された H から K の中への写像 ξ^* は H の指標であって，この意味で群 H の指標群は X/Φ となる．

証明. Ψ を群 H の指標群，f を H から G の中への恒等写像 [*injection*] とし，φ を f と共役な(B)参照) X から Ψ の中への写像とする．補助定理は結局 φ が X から Ψ の上への開準同型写像で Φ がその核であることを主張しているのである．Φ が φ の核となることは $(X, f(H)) = (X, H) = \Phi$ となることからわかる(B)参照)．そこで我々は $\varphi(X) = \Psi$ と φ が開写像であることの二つを証明すればよい．まず $\varphi(X)=\Psi$ を証明しよう．そのためには群 H の任意の一つの指標 η は群 G の指標 ξ に拡張できることを示せばよい．部分群 H は G の中の開集合だから群 G から群 K の中への代数的な準同型写像で H 上では η と一致するものは必らず G 上で連続となる．従って H の指標 η が G から K の中への代数的準同型写像に拡張できることを証明すればよい．これを実行しよう．

G/H の 0 でない各剰余類の中から一つずつ G の元を選び，これらの元を a_1, $a_2, \cdots$ と整列させる．そして θ をここで添字として現われるすべての順序数の上端たる順序数とする．そして $\lambda\leqq\theta$ なる順序数 λ に対し H_λ を部分群 H 及び $\mu<\lambda$ なるすべての a_μ を含む G の最小の代数的部分群とする．この記号では $H_1=H$, $H_\theta=G$ である．超限帰納法によって各 $\lambda\leqq\theta$ に対し群 H_λ から K の中への代数的な準同型写像 η_λ を $\mu<\lambda\leqq\theta$ なる μ に対しては既に定義された η_μ の拡張となっており，かつ $\eta_1=\eta$ となるように定義しよう．η_1 は $\eta_1=\eta$ によって定義すればよい．次にすべての $\mu<\lambda$ に対し η_μ が既に定義されたと仮定しよう．順序数 λ が直前順序数を有しないときには，H_λ は $\mu<\lambda$ に対する H_μ の和集合であるから，写像 η_λ を H_μ 上では η_μ と一致するように定義すればこれが H_λ から K の中への代数的準同型写像である．λ が直前順序数 $\lambda-1$ を有するときは，H_λ の任意の元 y は $y=x+pa_{\lambda-1}$ (但し $x\in H_{\lambda-1}$; p は整数) という形に書表わされる．このときに次の二つの場合が生ずる．

1) 元 $pa_{\lambda-1}$ が $H_{\lambda-1}$ に属するのは $p=0$ の場合に限るとき．

この場合 $H_\lambda\ni y$ の $y=x+pa_{\lambda-1}$ と表わす仕方は一通りしかないから，K の任意の元 γ を一つ取って $\eta_\lambda(y)=\eta_{\lambda-1}(x)+p\gamma$ とすれば，これによって $H_\lambda\to K$ の準同型写像 η_λ が定義される．

2) 整数 $p\neq 0$ が存在して $pa_{\lambda-1}\in H_{\lambda-1}$ となる場合．

この条件をみたす最小の正整数を r とする．このとき H_λ の任意の元 y は一意的に $y=x+pa_{\lambda-1}$, $0\leqq p<r$, とかける．群 K の元は整数 $r\neq 0$ で割ることができるから $r\gamma=\eta_{\lambda-1}(ra_{\lambda-1})$ となる $\gamma\in K$ が存在する．この γ を使って $\eta_\lambda(y)=\eta_{\lambda-1}(x)+p\gamma$ とおけば η_λ は $H_\lambda\to K$ の準同型写像である．

このようにして求める $G \to K$ の準同型写像 ξ が $\xi = \eta_\theta$ として得られる．これで $\varphi(X) = \Phi$ は証明された．

次に準同型写像 φ が開写像であることを証明しよう．U を H における 0 の近傍で，その閉苞 $\bar{U}$ はコンパクトであるものとしよう．X における 0 の近傍 $W(\bar{U}, \Lambda_4)$ を W で表わすことにし，Ψ における 0 の近傍 $W(\bar{U}, \Lambda_4)$ を W' で表わすことにする．W, W' の閉苞は共にコンパクトである(定理 36 参照)．明らかに W, W' は対称な 0 の近傍で $\varphi(W) = W'$ である．$X_1 = W \cup 2W \cup \cdots$, $\Psi_1 = W' \cup 2W' \cup \cdots$ とおけば $\varphi(W) = W'$ から $\varphi(X_1) = \Psi_1$ である．集合 X_1 及び Ψ_1 はそれぞれ X 及び Ψ の開部分群で，共にコンパクト生成芽（§20, F）参照）を有する．従って準同型写像 φ を X_1 上に制限した準同型写像 $\varphi_1 : X_1 \to \Psi_1$, には定理 12 が適用されるから，$\varphi_1$ は開写像であり，X_1, Ψ_1 が共に開部分群であることから φ も開写像である．

これで補助定理は完全に証明された．

C) X を群 G の指標群，G' を群 X の指標とする．いま H が G の開部分群，$\Phi = (X, H)$, $H' = (G', \Phi)$ とする．このとき上の補助定理から H の指標群は X/Φ で，定理 37 から X/Φ の指標群は H' である．即ち H' は H の第 2 次指標群である．このとき群 G から G' の中への自然準同型写像 ω を H 上に制限したものが，群 H からその第 2 次指標群 H' の中への自然準同型写像である．

これを証明しよう．$y \in H, \xi \in X$ に対して

$$\omega(y)\xi^* = \omega(y)\xi = \xi(y) = \xi^*(y)$$

であるから ω を H 上に制限したものは $H \to H'$ の自然準同型写像である．

例 62. H を群 G の開部分群で a は H に含まれない G の元とする．このとき H の指標 η に対して G の指標 ξ で，H 上では η と一致し，a での値が 0 でないものが存在する．

この証明は上の補助定理の証明の中で既にできている．

即ち $a = a_1$ として準同型写像 η_2 を γ として 0 でない元を選んで構成すればよい．後でこの命題は G の任意の，即ち，必ずしも開でない，部分群 H に対して成立つことが示される(定理 55 参照)．

G がディスクリートならば $H=\{0\}$ ととることができるから，ディスクリート・アーベル群の 0 でない元 a を任意に与えたとき，a における値が 0 でない指標が存在するという定理が，例 62 の特別な場合として得られる．

§36. 基本アーベル群の指標群

この§では**基本的な**いくつかのアーベル群，即ちディスクリート巡回群，［1 次元トーラス］群 K，実数の加法群，及びこれらの群の有限箇の直和，の指標群を求めよう．

更にこれらの群では G から第 2 次指標群 G' の中への自然準同型写像 ω（定義 37 参照）が G' の上への同型写像であることも証明する．この事実は後で任意の局所コンパクト・アーベル群に対する双対定理を証明するのに用いられる．

まず最初に群 K の二三の性質を証明しておこう．

A) 群 K の部分群 N は有限群であるか，もしくは K と一致する．

前の場合には N は巡回群で，N の位数を r とすれば

$$\kappa\left(\frac{p}{r}\right),\quad p=0,1,\cdots,r-1$$

という形の元から成る．このとき部分群 N は K の元で位数が r の約数であるものをすべて含んでいる．

さて N が無限群であると仮定すれば，N は K の中に集積点を有するから，N の二元 a, b でいくらでも近いものが存在する．従ってその差 $c=a-b$ はいくらでも 0 に近くとれる．c の倍数 nc; $n=0, \pm1, \pm2, \cdots$, はすべて N の元であるから N は K で稠密となるが，一方 N は閉集合だから $N=K$ となる．

次に N が位数 r の有限部分群であるとしよう．任意の $a\in N$ は $ra=0$ だから $\kappa\left(\frac{p'}{r}\right)$; p' は整数，という形に表わすことができる．勿論 $\kappa\left(\frac{p'}{r}\right)$ の形の元は $\kappa\left(\frac{p}{r}\right)$; $0\leqq p<r$, と書直すことができる．従ってこの r 箇の元以外の元は N の元ではあり得ない．そして一方 $\kappa\left(\frac{p}{r}\right)$; $p=0, 1, \cdots, r-1$, なる r 箇の元は位数 r の部分群を作るから丁度上の r 箇の元から N はできている．

B) 群 K にはただ二つの自己同型写像しか存在しない．一つは恒等写像

$\alpha(x) = x$ であり，他の一つは［裏返し写像］$\beta(x) = -x$ である．

γ を群 K の任意の一つの自己同型写像とする．群 K において位数2の元は $\kappa\left(\frac{1}{2}\right)$ だけである（A)参照）から，$\gamma\left(\kappa\left(\frac{1}{2}\right)\right) = \kappa\left(\frac{1}{2}\right)$ である．更に K の元で位数4なるものは $\kappa\left(\frac{1}{4}\right)$ と $\kappa\left(-\frac{1}{4}\right)$ の二つだけであるから二つの場合が生ずる．即ち $\gamma\left(\kappa\left(\frac{1}{4}\right)\right) = \kappa\left(\frac{1}{4}\right)$ であるか $\gamma\left(\kappa\left(\frac{1}{4}\right)\right) = \kappa\left(-\frac{1}{4}\right)$ であるかのどちらかである．この二つの場合はそれぞれ上述の α 及び β において実現されている．次に α, β 以外の自己同型写像が存在しないことを証明しよう．いま $\gamma\left(\kappa\left(\frac{1}{4}\right)\right) = \kappa\left(\frac{1}{4}\right)$ の場合を考えると，$\kappa\left(\frac{1}{8}\right)$ は γ により $\kappa\left(\frac{1}{8}\right)$, $\kappa\left(\frac{3}{8}\right)$, $\kappa\left(\frac{5}{8}\right)$, $\kappa\left(\frac{7}{8}\right)$ のどれか一つに移るけれども一方 γ は同相写像だから K における *cyclic order* を変えないから $\gamma\left(\kappa\left(\frac{1}{8}\right)\right) = \kappa\left(\frac{1}{8}\right)$ となる[1]．全く同様の理由で $\gamma\left(\kappa\left(\frac{1}{2^n}\right)\right) = \kappa\left(\frac{1}{2^n}\right)$ が得られる．この最後の関係式と γ の連続性から γ が恒等写像であることが導かれる．$\gamma\left(\kappa\left(\frac{1}{4}\right)\right) = \kappa\left(-\frac{1}{4}\right)$ となる場合には全く同様な手順で γ が［裏返し］写像 β に一致することが証明される．

C)　群 K の指標 α は皆 $\alpha(x) = mx$ という形をしている．ここで m は整数であって，この m により準同型写像 α は定まる．そこで $\alpha = \alpha_m$ とおけば $\alpha_m + \alpha_n = \alpha_{m+n}$ が成立つ．従って $m \to \alpha_m$ という対応によって群 K の指標群は整数の加法群と同型となる．

次に K の指標 α 即ち $K \to K$ の準同型写像 α の核を N とする．A) によって群 N は K と一致するか，位数 r で定まる有限部分群である．$N = K$ ならば $\alpha = \alpha_0$ である．次に N が有限とすれば，剰余群 $K' = K/N$ は容易にわかるように K と同型である．$K \to K'$ の自然準同型写像を f とすれば $K' \to K$ の同型写像 α' が $\alpha = \alpha' f$ により定まる．A) により群 K' が群 K の真部分群に同型となることはあり得ないから α' は K' から K の上への同型写像である．この α' がどんな写像であるかが問題なのであるが，B) を用いれば $\alpha'(\kappa'(x)) = \kappa(x)$ または $\alpha'(\kappa'(x)) = \kappa(-x)$ である（但し κ' は実数の加法群から K' への自然準

訳註 1)　実数区間の上の連続函数の中間値の定理を適当に修正して適用すればよい．

同型写像である). 従って $\alpha = \alpha' f$ は $\alpha = \alpha_r$ または $\alpha = \alpha_{-r}$ でなければならない. これで命題 C) は証明された.

D) C を無限巡回群とする. 群 C の任意の指標 β は $\beta(ng) = na$ という式で定まる. 但しここで g は G の生成元で a は K の勝手な一つの元である. 元 a により指標 β は定まるから, これを $\beta = \beta_a$ とかくことにする. このとき二つの指標の和に対して $\beta_a + \beta_b = \beta_{a+b}$ が成立つ. 従って $a \to \beta_a$ という対応によって群 C の指標群は K と同型である.

この命題は明らかである.

E) 次に Z_r を位数 r の有限巡回群としよう. Z_r の任意の指標 α は $\alpha(ng) = na$ で定まる. ここで g は Z_r の生成元で a は $\kappa\left(\dfrac{p}{r}\right)$ という形の K の元である. 指標 α はこの a で定まるから $\alpha = \alpha_a$ とかくことにする. このとき $\alpha_a + \alpha_b = \alpha_{a+b}$ が成立つ. 従って Z_r の指標群は Z_r 自身と同型である.

E) の正しいことは A) から直ちに知られる.

F) D を実数全体の加法位相群とする. 群 D の任意の指標 α は $\alpha(x) = \kappa(dx)$ という形に書ける. ここで d は一つの実数で, d により指標 α は定まる. そこで $\alpha = \alpha_d$ とかくことにしよう. このとき二つの指標の和に対して $\alpha_c + \alpha_d = \alpha_{c+d}$ が成立つ. 従って $d \to \alpha_d$ という対応に依って D の指標群は D と同型である.

これを示すために N を準同型写像 α の核とする. $N = D$ ならば $\alpha = \alpha_0$ である. $N \neq D$ ならば容易に知られるように, N に含まれる最小の正の実数 t が存在して N は t から生成される無限巡回群となる. 従って $K' = D/N$ は群 K と同型となる. 従って B) により $\alpha = \alpha_{\frac{1}{t}}$ となるか, $\alpha = \alpha_{-\frac{1}{t}}$ となる.

これで F) は証明された.

次に有限箇の位相アーベル群の直和の指標群を構成することを考えよう.

定理 38. X_i を群 G_i の指標群とし, G は $G_1, \cdots, G_n$ の直和 (定義 28 参照), X は $X_1, \cdots, X_n$ の直和とする. X の各元 $\xi = (\xi_1, \cdots, \xi_n)$; $\xi_i \in X_i$, は自然な仕方で群 G の指標と考えることができる. 即ち G の元 $x = (x_1, \cdots, x_n)$; $x_i \in G_i$, に対して $\xi(x) = \xi_1(x_1) + \cdots + \xi_n(x_n)$ とおけば, このようにして定義された群 G から群 K

の中への写像 ξ は群 G の指標である．更に G_i' を X_i の指標群とし G' を $G_1', \cdots, G_n'$ の直和とする（即ち G' は X の指標群である）．このとき $G_i \to G_i'$ の自然準同型写像を ω_i とすれば，$G \to G'$ の自然準同型写像 ω は

$$\omega(x) = (\omega_1(x_1), \cdots, \omega_n(x_n))$$

なる関係をみたす．従って $\omega_1, \cdots, \omega_n$ がすべて上への同型写像ならば ω もまた上への同型写像である．

証明. 群 X の元は上のようにして G の指標を与え，しかも X の相異なる元は相異なる指標を与えることは直ちに確かめられる．

そこで G の指標はすべて群 X の元によって与えられることを証明しよう．いま f_i を G_i から G の中への自然同型写像 [*injection*]（§21, A）参照）とする．G の任意の元 $x = (x_1, \cdots, x_n)$ は $x = f_1(x_1) + \cdots + f_n(x_n)$ と表わすことができる．いま ξ' を群 G の勝手な一つの指標としよう．このとき $\xi_i = \xi' f_i$ は群 G_i の一つの指標で $\xi'(x) = \xi' f_1(x_1) + \cdots + \xi' f_n(x_n) = \xi_1(x_1) + \cdots + \xi_n(x_n)$ となる．一方群 X の元 $\xi = (\xi_1, \cdots, \xi_n)$ に対しても $\xi(x) = \xi_1(x_1) + \cdots + \xi_n(x_n)$ となるから，G の勝手に与えられた指標 ξ' は G の指標と考えた群 X の元 ξ と一致する．

$\xi = (\xi_1, \cdots, \xi_n), \eta = (\eta_1, \cdots, \eta_n)$ を群 X の二つの元とし，$x = (x_1, \cdots, x_n)$ を群 G の任意の元とする．ξ と η を G の指標と考えて加えた $\xi + \eta$ は

$$\begin{aligned}(\xi+\eta)(x) &= \xi(x) + \eta(x) = \xi_1(x_1) + \cdots + \xi_n(x_n) + \eta_1(x_1) + \cdots + \eta_n(x_n) \\ &= (\xi_1+\eta_1)(x_1) + \cdots + (\xi_n+\eta_n)(x_n)\end{aligned}$$

となる．この式の右辺は群 X の元の和としての $\xi + \eta$ を x に施したものであるから，指標としての和と群 X の元としての和とが一致する．

次に F_i を群 G_i の一つのコンパクト集合としよう．このとき $W(F_i, \Lambda_k)$（定義36参照）は群 X_i における0の近傍で，$\xi_i \in W(F_i, \Lambda_k)$ 即ち $\xi_i(F_i) \subset \Lambda_k$ となる群 X の元 $\xi = (\xi_1, \cdots, \xi_n)$ の全体が作る集合 $W(F_1, \cdots, F_n; \Lambda_k)$ は，群 $X_1, \cdots, X_n$ の直和としての群 X における0の近傍である．容易に確かめられるように $W(F_1, \cdots, F_n; \Lambda_k)$ の形の近傍の全体 Σ は群 $X_1, \cdots, X_n$ の直和としての群 X における0の完全近傍系を作っている．群 G の指標群としての群 X における0の完全近傍系は F を G のコンパクト集合としたときの $W(F, \Lambda_k)$ の形の近傍

の全体 Σ^* で与えられる. そこで近傍系 Σ^* が Σ に同値なこと, 即ち, Σ に属する任意の一つの近傍は Σ^* に属するある近傍を含み, 逆に Σ^* に属する任意の一つの近傍には Σ に属するある近傍が含まれることを証明しよう. 初めに Σ に属する一つの近傍 $W(F_1, \cdots, F_n; \Lambda_k)$ が与えられたとしよう. f_i を前と同様に $G_i \to G$ の自然同型写像 [*injection*] だとし, $F = f_1(F_1) \cup \cdots \cup f_n(F_n)$ とする. $\xi \in W(F, \Lambda_k)$ ならば $\xi_i(F_i) = \xi f_i(F_i) \subset \xi(F) \subset \Lambda_k$ であるから, $\xi \in W(F_1, \cdots, F_n; \Lambda_k)$ となる. 逆に Σ^* に属する近傍 $W(F, \Lambda_k)$ が与えられたとしよう. このとき φ_i を群 G から群 G_i の上への自然準同型写像 [*projection*] (即ち $x = (x_1, \cdots, x_n)$ ならば $\varphi_i(x) = x_i$) とする. $F_i = \varphi_i(F)$ とすれば, $\xi \in W(F_1, \cdots, F_n; \Lambda_{nk})$ ならば $\xi \in W(F, \Lambda_k)$ となる. 何故ならば任意の $x \in F$ に対して $\xi(x) = \xi_1(x_1) + \cdots + \xi_n(x_n) = \xi_1\varphi_1(x) + \cdots + \xi_n\varphi_n(x) \in \xi_1(F_1) + \cdots + \xi_n(F_n) \subset n\Lambda_{nk} = \Lambda_k$ である.

最後に $x = (x_1, \cdots, x_n)$ を G の任意の元とし, $\xi = (\xi_1, \cdots, \xi_n)$ を X の任意の元とすれば, $\boldsymbol{\omega}(x)\xi = \xi(x) = \xi_1(x_1) + \cdots + \xi_n(x_n) = \boldsymbol{\omega}_1(x_1)\xi_1 + \cdots + \boldsymbol{\omega}_n(x_n)\xi_n$ となるから $\boldsymbol{\omega}(x) = (\boldsymbol{\omega}_1(x_1), \cdots, \boldsymbol{\omega}_n(x_n))$ である.

これで定理 38 は完全に証明された.

G) a 箇の群 K と b 箇の無限巡回群 C と c 箇の実数の加法群 D と一つの有限アーベル群 Z の直和を $K^a C^b D^c Z$ で表わす. このような形の群を**基本アーベル群**ということにしよう. 定理 2 と定理 38 および命題 C), D), E), F) によって群 $K^a C^b D^c Z$ の指標群は $K^b C^a D^c Z$ と同型である. [a, b, c は有限である.]

H) G が基本アーベル群であれば, G からその第 2 次指標群 G' の中への自然準同型写像は G' の上への同型写像である.

定理 2 および定理 38 によって, H) を証明するためには, G が群 K, C, D, および有限巡回群 Z_r のときにそれぞれ H) が成立つことを証明すればよい. 所がこれらの群に対し H) が成立つことは C), D), E), F) から直ちに知られる.

次の命題 I) は任意のディスクリート・アーベル群の指標群はある意味では基本アーベル群で近似できることを示すものである.

I) ディスクリート群 G の指標群を X, X における 0 の任意の一つの近傍を W としよう. このとき G の部分群 H で有限箇の生成元を有し, $\Phi = (X, H)$

$\subset W$ をみたすものが存在する．従って群 X/Φ は H 即ち C^pZ の型（G)参照）の基本アーベル群の指標群だから K^pZ という形である[1)].

このような部分群 H の存在を証明しよう．群 G の有限箇の生成元をもつ部分群 H に対する (X, H) の形の X の部分群の全体を Δ としよう．(X, H_1), (X, H_2) を Δ に含まれる二つの部分群とする．このとき $(X, H_1)\frown(X, H_2) = (X, H_1+H_2)$ で H_1+H_2 はまた有限箇の生成元を有するから $(X, H_1)\frown(X, H_2) \in\Delta$ である．即ち集合族 Δ は乗法的である．G の各元は勿論有限箇の元から生成された部分群に含まれるから，Δ に含まれる部分群の全体に共通な元は 0 だけである．そこで§13の命題 H) により有限箇の生成元をもつ G の部分群 H で $(X, H)\subset W$ となるものが存在する．

例 63. G をコンパクト・アーベル群とする．群 G の一次元の表現を g とすれば，$x\in G$ に対し $g(x)$ は絶対値 1 の複素数である．このとき $\alpha(x) = \log g(x)/2\pi i$ とおけば，α は群 G の指標となる．逆に群 G の一つの指標 β に対して $h(x) = e^{2\pi i\beta(x)}$ は群 G の一つの一次元の表現を与える．

特に $G=K$ とすれば，$g_n(x) = e^{2\pi inx}$ は群 K の一つの表現で，指標 $\alpha_n(x) = \log g_n(x)/2\pi i = nx$ に対応する．所が α_n ; $n = 0, \pm1, \pm2, \cdots$ で群 K の指標はつくされるから（C)参照），g_n ; $0, \pm1, \pm2, \cdots$ が群 K の既約表現の完全系を作る．従って定理 31, 32 により函数系 $g_n, n=0, \pm1, \cdots$ は完全直交系を作る．逆にこの函数系が完備であるという解析学の定理から命題 C) を証明することもできる．

§ 37.　コンパクト群及びディスクリート群に対する双対定理

定理 36 によりコンパクト群の指標群はディスクリートであり，ディスクリート群の指標群はコンパクトである．

このようにコンパクト群及びディスクリート群はアーベル群の双対性に関する理論の中で特別な地位を占めている．そしてこれらの群に対する理論は一般論とは別にして論ずることができる．この§ではこれを扱う．

訳註 1)　I) は X が K^pZ の形の群の projective limit (〔46〕参照) なることを示す．

基本双対定理

定理 39. 群 G をコンパクトまたはディスクリートなアーベル群，X を G の指標群，G' を X の指標群とする．群 G から G' の中への自然準同型写像 $\boldsymbol{\omega}$ (定義 37 参照) は G' の上への同型写像である．この同型写像 $\boldsymbol{\omega}$ により群 G と G' を同一視すれば，G は X の指標群となる．この場合 G の元 x は，$x(\xi) = \xi(x)$；$\xi \in X$，で定義される群 X の指標となる．

証明. G をディスクリート群，H を有限箇の生成元を有する G の部分群，$\Phi = (X, H)$, $H' = (G', \Phi)$ とする．§35, C) により H' は H の第 2 次指標群であり，$\boldsymbol{\omega}$ を H 上に制限した写像 $\boldsymbol{\omega}'$ は H から H' の中への自然準同型写像である．群 H は有限箇の巡回群の直積である (定理 2 参照) から基本アーベル群(§36, G)参照) であり，従って $\boldsymbol{\omega}'$ は H から H' の上への同型写像である(§36, H)参照)．従って $\boldsymbol{\omega}$ が群 G から G' の上への同型写像であることを証明するには，任意の *pair* (a, b')；$a \in G, b' \in G'$ に対して有限箇の生成元を有する G の部分群 H が存在して $a \in H$, $b' \in H'$ となることを証明すれば十分である．そこでこれを証明しよう．$b'(W) \subset \Lambda_1$ となる X における 0 の近傍 W をとり，H_1 を有限箇の元から生成される G の部分群で $(X, H_1) \subset W$ をみたすものとする (このような H_1 が存在することは §36, I) で証明した)．いま a と H_1 を含む G の最小の部分群を H とすれば，$\Phi = (X, H) \subset W$ であり，また $b'(\Phi) \subset \Lambda_1$ 故 $b'(\Phi) = 0$ である (§34, A) 参照) から $b' \in H'$ である．このようにして有限箇の元から生成される部分群 H で $a \in H, b' \in H'$ となるものが存在することが確かめられたから，$\boldsymbol{\omega}$ は群 G から G' の上への同型写像である．

次に G をコンパクト群としよう．§34, C) により G の 0 でない任意の元 a に対し指標 α で $\alpha(a) \neq 0$ となるものが存在する．従って $\boldsymbol{\omega}(a)\alpha = \alpha(a) \neq 0$ だから自然準同型写像 $\boldsymbol{\omega}$ の核は 0 のみより成り，$\boldsymbol{\omega}$ は群 G から群 G' の部分群 $\boldsymbol{\omega}(G)$ の上への同型写像となる．次に $\boldsymbol{\omega}(G) = G'$ を証明しよう．X はディスクリート群であるから，既に証明された定理の前半により群 G' の指標群である．群 X の元 ξ は G' の指標と見なしたとき $\xi(\boldsymbol{\omega}(x)) = \boldsymbol{\omega}(x)(\xi) = \xi(x)$ という関係にあるから，群 G' の指標と見なした ξ が $\boldsymbol{\omega}(x)$ の上でとる値と群 G の指標と

見なした ξ が x の上で取る値は一致する．従って $(X, \boldsymbol{\omega}(G)) = (X, G) = \{0\}$ となる．所が定理 37 により $(X, \boldsymbol{\omega}(G))$ は群 $G'/\boldsymbol{\omega}(G)$ の指標群である．そこで，もし $G'/\boldsymbol{\omega}(G)$ が 0 以外の元を含めば，$G'/\boldsymbol{\omega}(G)$ は $\{0\}$ でないコンパクト群であるから § 34, C) により 0 でない指標が存在する故，$(X, \boldsymbol{\omega}(G)) \neq \{0\}$ となる．そこで $G'/\boldsymbol{\omega}(G) = \{0\}, G' = \boldsymbol{\omega}(G)$ でなければならぬ．

定理 39 はこれで完全に証明された．

コンパクト群及びディスクリート群に対する基本双対定理から，これらの群の双対性に関する他の諸定理（部分的には既に証明されている）が直接に導かれる．これを次に示そう．

零化群の相互律

A)　コンパクトまたはディスクリートなアーベル群の 0 でない任意の元 a に対して $\alpha(a) \neq 0$ となる指標 α が存在する．

この命題はコンパクト群に対しては § 34, C) でまたディスクリート群に対しては例 62 で証明された．ここではこれを定理 39 から導いて見よう．X を G の指標群とすれば a は群 X の 0 でない指標であるから，X の元 α が存在して，$a(\alpha) \neq 0$ となる．従って $\alpha(a) = a(\alpha) \neq 0$ である．

定理 40.　G をコンパクトまたはディスクリートなアーベル群，X をその指標群とする．G の部分群 H に対し $\Phi = (X, H)$（§ 35, A) 参照），$H' = (G, \Phi)$ とする．（G は定理 39 により X の指標群だから零化群 (G, Φ) が定義される．）このとき $H' = H$ が成立つ．

証明.　直ちに知られるように $H \subset H'$ である．そこで $H \neq H'$ と仮定して見よう．そうすれば H' の元 a で H に含まれないものが存在する．定理 37 から Φ は群 G/H の指標群で，a を含む G/H の剰余類 a^* は 0 でないから，群 G/H の指標 $\alpha \in \Phi$ が存在して $\alpha(a^*) \neq 0$ となる（A) 参照）．所が $\alpha(a^*) = \alpha(a)$ だから $\alpha(a) \neq 0$ であって，これは $a \in H' = (G, \Phi)$ に矛盾する．

これで定理 40 は証明された．

部分群の指標群

次の定理 41 は定理 37 の自然な拡張であり，定理 37 と基本双対定理から直ちに導かれる.

定理 41. Gをコンパクトまたはディスクリートなアーベル群, XをGの指標群とする. Gの任意の部分群Hに対して$\Phi=(X, H)$とする. $\xi^* \in X/\Phi$, $x \in H$に対し$\xi^*(x)=\xi(x)$ (但し$\xi \in \xi^*$) とおけば, すぐわかるように群Kの元$\xi^*(x)$は代表元ξのとり方に関せずξ^*とxだけで定まる.

そして群Hから群Kの中への写像ξ^*は群Hの指標であり, X/Φはこの意味でHの指標群となる.

証明. Gを群Xの指標群と考えよう (定理 39 参照). このとき$H=(G, \Phi)$である (定理 40 参照). 従ってHは群X/Φの指標群である (定理 37 参照). しかも群X/Φの指標としてのxと群Xの指標としてのxの間には$x(\xi^*)=x(\xi)$という関係がある. X/ΦをHの指標群と考えれば (定理 39 参照), この最後の等式から$\xi^*(x)=\xi(x)$が得られる.

これで定理 41 が証明された.

指標の拡張定理

定理 42. Gをコンパクトまたはディスクリートなアーベル群, HをGの部分群, aをHに含まれないGの元, βを群Hの指標とすれば, 群Gの指標αでH上ではβと一致し, しかも$\alpha(a) \neq 0$となるものが存在する.

Xを群Gの指標群とし$\Phi=(X, H)$とおく. 定理 41 によりX/Φは群Hの指標群であるから, Hの指標としてβと一致するX/Φの元γ^*が存在する. $\gamma \in \gamma^*$とすればγはH上ではβと値が一致するGの指標である. $\gamma(a) \neq 0$ならば$\alpha=\gamma$とすればよい. $\gamma(a)=0$ならばαを更に構成する必要がある. G/Hの剰余類でaを含むものをa^*とすれば, $a^* \neq 0$であるから群G/Hの指標$\delta \in \Phi$が存在して$\delta(a^*) \neq 0$となる (A) 及び定理 37 参照). このとき$\delta(a)=\delta(a^*) \neq 0$だから$\alpha=\gamma+\delta$とすればよい.

これで定理 42 は証明された.

コンパクト群の位相濃度

定理 43. コンパクトなアーベル群Gの位相濃度はGの指標群Xの濃度と等しい.

証明. G 及び X が有限群であるときは G と X は同型（§36, G）参照）だから定理は勿論成立つ. G 及び X が無限群のときの定理 43 は §34, B）と定理 39 とから直ちに得られる. それはディスクリート群の位相濃度は群の濃度に等しいからである.

直交 *pair*

ここではディスクリート群とコンパクトなその指標群の間の関係を異なった形に言表わして見よう.

定義 38. コンパクト・アーベル群 X とディスクリート・アーベル群 G は, $X\times G$ から K の中への連続で, かつ分配律をみたす写像が定義されているとき, ***pair*** を作るという. これは詳しくいえば任意の $\xi\in X$, $x\in G$ に対して $\xi x\in K$ が対応して次の二つの条件をみたすことに他ならない.

1)　$\xi(x+y)=\xi x+\xi y$,　　$(\xi+\eta)x=\xi x+\eta x$,

2)　G の任意の元 a と群 K における 0 の近傍 Λ_k に対して, 群 X における 0 の近傍 W が存在して $\xi\in W$ ならば $\xi a\in\Lambda_k$ となる.

さて X, G が *pair* を作っている場合に, G の部分集合 H の任意の元 x に対し $\xi x=0$ となる $\xi\in X$ の全体を (X, H) で表わすことにしよう. 勿論 (X, H) は群 X の部分群である. 同様に Φ が X の部分集合であるとき, すべての $\xi\in\Phi$ に対して $\xi x=0$ となる $x\in G$ の全体を (G, Φ) で表わす. *pair* G, X が $(X, G)=0$, $(G, X)=0$ という 2 条件をみたすとき, これらを**直交 *pair*** ということにする.

定理 44. X, G を直交 *pair* とする (定義 38 参照). X の各元 ξ は $\xi(x)=\xi x$ という関係に依って群 G の指標と考えることができる. 全く同様にして G の各元 x は $x(\xi)=\xi x$ により群 X の指標と見なすことができる. この意味において群 X と群 G は互に他の指標群となっている.

証明. G' を群 X の指標群としよう. 群 G の各元 x に対し群 X の指標 x'; $x'(\xi)=\xi x$ を対応させる写像を $\boldsymbol{\omega}$ としよう. *pair* の乗法が分配律をみたすから $\boldsymbol{\omega}$ は G から G' の中への準同型写像であり, $(G, X)=0$ だからこの準同型写像 $\boldsymbol{\omega}$ の核は 0 のみから成る. 従って $\boldsymbol{\omega}$ は群 G から群 G' の部分群 $\boldsymbol{\omega}(G)$ の上への同型写像であるが, $(X, \boldsymbol{\omega}(G))=(X, G)=0$ だから $\boldsymbol{\omega}(G)=(G', \{0\})=G'$

(定理40参照) となる．故に ω は群 G から G' の上への同型写像である．即ち G は群 X の指標群であり，従ってまた (定理39により) X は群 G の指標群である．

これで定理44は証明された．

双対直和分解

B)　G をコンパクト群またはディスクリート群とし，M を，G の部分群を元とする一つの集合としよう．M に属するすべての部分群の共通部分を $\varDelta(M)$ とし，M に属するすべての部分群を含む最小の部分群を $\varPi(M)$ とする．(§21では一般のコンパクト群 G に対して $\varPi(M)$ の代りに $\bar{\varPi}(M)$ という記号を用いたが，ここでは $\varDelta$ の方と記号を合わせるために，$\varPi(M)$ で位相群としての G の部分群で M に属するすべての部分群を含むものの中で最小のものを意味することにする．従って，$\varPi(M)$ は閉集合である．) X を G の指標群とし，$H \in M$ に対する零化群 (X, H) の全体が作る集合を $\varOmega$ とする．このとき $\varDelta(\varOmega) = (X, \varPi(M))$ となることを証明しよう．この関係において G と X を取り換えて零化群の相互律を使えば $\varPi(\varOmega) = (X, \varDelta(M))$ という関係が得られる．

最初の関係を証明しよう．$\xi \in \varDelta(\varOmega)$ は指標 ξ が集合 M に属するすべての部分群の上で0という値をとることを意味するから，準同型写像 ξ の核は M に含まれるすべての部分群を含み，従って $\varPi(M)$ を含む．故に $\xi \in (X, \varPi(M))$ である．逆に $\xi \in (X, \varPi(M))$ ならば指標 ξ は M に含まれる各部分群の上で0となるから $\xi \in \varDelta(\varOmega)$ である．これで $\varDelta(\varOmega) = (X, \varPi(M))$ が証明された．

定理 45.　G をコンパクトまたはディスクリートなアーベル群で，その部分群の集合 M に直和分解しているものとする (§5及び§21参照)．$H \in M$ に対して，$K_H = \varPi(M \setminus H)$，$\sigma(H) = (X, K_H)$ とおく．$x \in H$, $\xi \in \sigma(H)$ に対して，H の指標と考えたときの ξ が x で取る値を $\xi(x)$ で定義する．ここで $\xi(x)$ は G の指標としての ξ が G の元 x でとる値である．この意味で $\sigma(H)$ は H の指標群となる．

更にこのとき X は部分群 $\sigma(H)$ の集合 $\sigma(M)$ の直和に分解する．群 X のこの直和分解を初めの G の直和分解に対する**双対直和分解**という．初めの G の直和分解はこの定義による X の $\sigma(M)$ への直和分解の双対直和分解となっている．即ち双対直和分解という概念は相互的である．

証明. すべての $H \in M$ に対する K_H の全体を $\hat{M}$ とする．直和分解の定義から $\Pi(M)=G,\ \Delta(\hat{M})=\{0\}$ である．$H'=\Delta(\hat{M}\setminus K_H)$ とおくと勿論 $H \subset H'$ であるが，実は $H=H'$ となることをまず証明しよう．$H' \cap K_H=\{0\},\ H'+K_H=G$ であるから G は部分群 H' と K_H の直和である．一方 G は部分群 H と K_H の直和であり，しかも $H \subset H'$ だから $H=H'$ でなければならぬ．

次に $K_{\sigma(H)}=\Pi(\sigma(M)\setminus\sigma(H))$ とし，また $K_{\sigma(H)}$ の形の部分群の全体を $\hat{\sigma}(M)$ とする．$H=H'=\Delta(\hat{M}\setminus K_H)$ であるから，B) により $K_{\sigma(H)}=(X,H)$ である．この式と $\Pi(M)=G$ という関係から $\Delta(\hat{\sigma}(M))=\{0\}$ となる．更に $\sigma(H)=(X,K_H)$ 及び $\Delta(\hat{M})=\{0\}$ から $\Pi(\sigma(M))=X$ である．従って群 X はその部分群 $\sigma(H)$ の集合 $\sigma(M)$ の直和に分解する．

上に証明した $K_{\sigma(H)}=(X,H)$ と零化群の相互律により，$H=(G,K_{\sigma(H)})$ となる．従って X の $\sigma(M)$ による直和分解に双対的な G の直和分解は，最初の G の M による直和分解と一致する．

最後に $\sigma(H)$ が群 H の指標群であることを証明しよう．$\xi x=\xi(x)$ とすれば群 H と $\sigma(H)$ は *pair* をなす．これが直交 *pair*（定義38参照）であることを証明しよう．$(\sigma(H),H)=\sigma(H)\cap(X,H)=\sigma(H)\cap K_{\sigma(H)}=\{0\}$ で，全く同様にして $(H,\sigma(H))=\{0\}$ であるから，定理44により $\sigma(H)$ は H の指標群である．

これで定理45は完全に証明された．

例 64. 1) コンパクト群 X の元 α で α の整数倍の全体 $n\alpha;n=0,\pm1,\cdots$ が X で稠密となるものが存在するとき，X の位相濃度 τ は連続の濃度を越えない．2) 連続の濃度を越えない任意の濃度 τ に対して，位相濃度が τ のコンパクト群 X でその一つの元の整数倍が X で稠密となるようなものが存在する．

まず1) を証明しよう．X をディスクリート群 G の指標群と考えよう．このとき α は G から K の中への準同型写像であるが，α の整数倍が X で稠密だから α の核は0だけから成る．従って α は群 G から，群 K の代数的な意味での部分群の上への同型写像である．従って G の濃度は連続の濃度を越えない．従って定理43により空間Xの位相濃度は連続の濃度を越えない.

次に2)を証明しよう. τが有限であればXとして,位数τの巡回群をとればよい. 次にτが無限の場合を考えよう. 容易にわかるように, 群Kには(整係数の1次結合に関して)1次独立な元の, 濃度がτの集合Mが存在する. Mの各元γに対して記号x_γを対応させ,有限箇のx_γの整係数1次結合の全体をGとする. Gは加法によって群を作り, 元x_γを生成元とする無限巡回群の直和に分解する. 群Gをディスクリート位相群と考えたとき, その指標群Xは群Kと同型な群の濃度τの集合の直和に分解される. $\alpha(x_\gamma)=\gamma$によって定義される群Xの元αの整数倍の全体はXで稠密である. 勿論αの核は0だけから成るから, αの整数倍の全体はXで稠密にならなければならぬからである.

例65. $\alpha_1, \cdots, \alpha_r$を1次独立な有限箇の無理数とする(即ち整数$n_i$に対して和$n_1\alpha_1+\cdots+n_r\alpha_r$が整数となるのは$n_1=n_2=\cdots=n_r=0$となるときに限るものとする). このとき, どのように小さな実数$\varepsilon>0$を与えても, 任意に与えられたr箇の実数の組$d_1, \cdots, dr$に対してr箇の整数の組$n_1, \cdots, n_r$と整数mが存在して

$$|m\alpha_i-d_i-n_i|<\varepsilon, \qquad (i=1, \cdots, r)$$

が成立つ.

この定理は実数を無理数の整数倍で近似する基本的な定理である. ここではこの定理を指標の理論の結果を応用して証明しよう.

Gをr箇の1次独立な生成元$a_1, \cdots, a_r$から生成されたディスクリート・アーベル群としよう. 任意の整数mに対して群Gの指標β_mを$\beta_m(n_1a_1+\cdots+n_ra_r)=\kappa(m(n_1\alpha_1+\cdots+n_r\alpha_r))$で定義すれば, 直ちに知られるように$\beta_m+\beta_n=\beta_{m+n}$が成立つ. 従って$\beta_m$という形の$G$の指標の全体$B$は一つの群を作る. BはGの指標群Xの代数的な意味での部分群である.

いまΦをXにおけるBの閉苞としよう. α_iが1次独立であることから, すべてのmに対し$\beta_m(x)=0$となるならば$x=0$であることが知られる. 従って$(G, \Phi)=\{0\}$であるから, 零化群の相互律により$\Phi=X$である. 従ってBはXで稠密であるから, 群Gの任意の指標βはβ_mの形の指標でいくらでも正確

に近似し得る．これから上の命題は直ちに導かれる．実際 $d_1, \cdots, d_r$ を与えられた r 箇の実数とするとき，群 G の指標 β を $\beta(a_i)=\kappa(d_i)$，$(i=1, \cdots, r)$ で定義し，この指標 β を指標 β_m で近似すれば求める不等式が得られる．

§38.　コンパクト・アーベル群の次元，連結性，局所連結性

コンパクト・アーベル群とディスクリート・アーベル群に関する前節の双対定理により，コンパクト・アーベル群 X のすべての性質は原理的にはディスクリートなその指標群 G の性質即ち純粋に代数的な言葉で言表わされる．特に X の位相的な性質についてもこのことは成立つ．前節において証明した空間 X の位相濃度が群 G の濃度に等しいという定理43は，この一つの例である．この§では空間 X の連結性，完全不連結性，次元及び局所連結性に対応する群 G の代数的性質を見出だそう．

この§の結果は後では使用しない．

定理46.　X をコンパクト・アーベル群，G をその指標群とし，P を群 G の有限位数の元の全体から成る G の部分群とする．このとき零化群 (X, P)（§35, A）参照）は群 X の0を含む連結成分である．特に，群 X が連結であるための必要かつ十分なる条件は，群 G が0以外の有限位数の元を有しないことであり，群 X が完全不連結であるためには，群 G のすべての元が有限位数であることが必要かつ十分である（§22 参照）．

証明.　a を群 G の0でない一つの元とし，H を a から生成される巡回部分群とする．更に $\Phi=(X, H)$ とおく．まず，元 a が有限位数ならば，群 X は連結でない．何故かといえば，そのとき X/Φ は有限群 H の指標群であるから，それ自身が有限群であり，従って X は連結でない．次に元 a の位数が有限でないときは，群 X は完全不連結ではあり得ない．いま X が完全不連結であると仮定しよう．元 a を群 X の指標と考え，群 X における0の近傍 W を $a(W)\subset\Lambda_1$ となるようにとれば，X は完全不連結であると仮定しているから W は群 X の一つの開部分群 Ψ を含む（定理16参照）．剰余群 X/Ψ はコンパクトかつディスクリート故有限群である．$H'=(G, \Psi)$ とおけば，$a(\Psi)\subset a(W)\subset\Lambda_1$ で

あるから $a(\Psi)=0$ である（§34, A）参照）．従って $a\in H'$ である．所が群 H' の指標群 X/Ψ が有限群故 H' 自身も有限群であり，従って a は有限位数となる．従って a が有限位数でなければ X は完全不連結でない．

最後に群 X における 0 の連結成分 X' が (X, P) と一致することを証明しよう．$Q=(G, X')$ とすれば，X' は連結だから群 X' の指標群 G/Q は 0 以外の有限位数の元を含まない．従って $Q\supset P$ である．群 X/X' は完全不連結（§22, C）参照）であるから，X/X' の指標群である群 Q は無限位数の元を有しない．従って $Q\subset P$ である．従って $P=Q=(G, X')$ となり，従ってまた $X'=(X, P)$ である．

これで定理 46 は完全に証明された．

定理 47. X をコンパクト・アーベル群，G をその指標群とする．位相空間 X の次元（定義 21 参照）はアーベル群 G の階数（§6, F）参照）に等しい．

証明. まず初めに空間 X の次元は群 G の階数を越えないことを証明しよう．Ω を空間 X の任意の有限開被覆とする．X の任意の元 ξ に対して X における 0 の近傍 W_ξ で $\xi+2W_\xi$ が Ω に属する一つの開集合に含まれるものが存在する．次に $\xi+W_\xi$, $\xi\in X$ の形の開集合から成る X の被覆から有限箇の $\xi_1+W_{\xi_1}, \cdots, \xi_k+W_{\xi_k}$ を選び出して，この k 箇の開集合が X を覆うようにすることができる．このとき $W=W_{\xi_1}\frown W_{\xi_2}\frown\cdots\frown W_{\xi_k}$ とおく．また H を有限箇の生成元をもつ G の部分群で $\Phi=(X, H)\subset W$ となるものとする（§36, I）参照）．群 X から X/Φ の上への自然準同型写像による X/Φ の 1 点の完全原像は Ω に属する一つの開集合に含まれる．X/Φ は K^pZ, $p\leqq r$ という形の群である．所がこのとき群 X/Φ の次元は p であるから，群 X の次元は r を越えない（§16, E）参照）．

次に r を越えない任意の自然数 n に対して，空間 X の次元が n より小でないことを証明しよう．S を G の 1 次独立な元の集合で極大であるもの，即ち S を真部分集合として含む 1 次独立な G の元の集合が存在しないとする．（G の階数が無限である場合にはこのような S の存在は超限帰納法で証明される．）S には n 箇以上の元が含まれるから，その中から n 箇の 1 次独立な元 $x_1, \cdots, x_n$ を選ぶことができる．S から $x_1, \cdots, x_n$ を除いた残りの集合を S' とし，$x\smile S'$ が 1 次従属となるような G の元 x の全体が作る部分群を H とする．x_i を含む G

の H による剰余類を x_i^* とすれば，容易に知られるように，剰余群 $G^*=G/H$ は 0 以外の有限位数の元を含まず，$x_1^*, \cdots, x_n^*$ は G^* の極大な1次独立な元の集合である．$X^*=(X, H)$ は G^* の指標群である．X^* の次元が n より小ではないことを証明しよう．そうすれば X の次元も n より小でないことになる．n 次元 Euclid 空間の点 $d=(d_1, \cdots, d_n)$ で $|d_i|<\dfrac{1}{3}\ (1\leqq i\leqq n)$ をみたすものの全体が作る集合 (n 次元の立方体) を Q^n としよう．Q^n の点 d に対して群 G^* の指標 ξ_d を次のように定義する．$x^*\in G^*$ に対して $ax^*=a_1x_1^*+\cdots+a_nx_n^*$ となる整数，$a, a_1, \cdots, a_n$，但し $a\neq 0$，が存在するから，これに対して $\xi_d(x^*)=\kappa\left(\dfrac{a_1}{a}d_1+\cdots+\dfrac{a_n}{a}d_n\right)$ とおく（§34，A）参照）．容易に知られるように $d\to\xi_d$ は Q^n から X^* の中への同相写像であるから，X^* の次元は n より小でない．

これで定理 47 は完全に証明された．

A）　ディスクリート・アーベル群 G の部分群 H は，自然数 a と G の元 x に対し $ax\in H$ ならば必ず $x\in H$ となるとき**可除部分群**という．容易に知られるように，部分群 H が可除部分群であるためには剰余群 G/H が 0 以外の有限位数の元を含まないことが必要かつ十分である．ディスクリート・アーベル群 G の任意の有限部分集合が有限箇の生成元をもつ G のある可除部分群に含まれるとき，G は**性質 L** をもつということにしよう．

定理 48.　コンパクト・アーベル群 X が局所連結となる為には，X の指標群 G が性質 L をもつことが必要かつ十分である（A）参照）．

この定理を証明するためにまず次の命題 B) を証明しよう．これはことの本質をかなり明らかにする，それ自身興味のある定理である．

B）　G を階数 r が有限なディスクリート・アーベル群で，0 以外の有限位数の元を有しないものとする．G の指標群 X が局所連結となるためには群 G が有限箇の生成元をもつことが必要かつ十分である．

これを証明しよう．まず群 G が有限箇の生成元をもつならば，定理 2 により G は C^r（§36, G）参照）と同型だから，群 X は K^r と同型で従って局所連結である．

次に群 G が有限箇の元からは生成されないとしよう．$F=\{x_1, \cdots, x_r\}$ を群 G の一つの極大な1次独立な元の集合とし，群 X における 0 の近傍 W を $W=$

$W(F, \Lambda_1)$ (定義36参照)で定義する．$x_1, \cdots, x_r$ から生成される G の部分群を H とし，$\Phi=(X, H)$ とおく．このとき W が r 次元 Euclid 空間 E^r と空間 Φ との直積と同相であることを証明しよう．$d=(d_1, \cdots, d_r)$ を $|d_i|<\frac{1}{3}$ となる実数 d_i の組としよう．この d に対して群 G の指標 α_d を次のように定義する．$x \in G$ ならば整数 $a, a_1, \cdots a_r, a \neq 0$, が存在して $ax=a_1x_1+\cdots+a_rx_r$ となるから，これに対して $\alpha_d(x)=\kappa(s_1d_1+\cdots+s_rd_r)$, $s_i=\frac{a_i}{a}, i=1, \cdots, r$ とする．このとき α_d の形の指標の全体 E^r は r 次元の開いた立方体と同相であるから，r 次元 Euclid 空間と同相になる．次に W の任意の元 ξ に対して $d_i=\xi(x_i)$ とおけば，指標 $\xi-\alpha_d$ は $x_1, \cdots, x_r$ の上で値が0となるから部分群 Φ に属する．即ち $\xi=\alpha_d+\eta$, $\eta \in \Phi$, $\alpha_d \in E^r$ となる．しかも ξ をこのように E^r の元と Φ の元との和に分解する仕方は一通りしかない．実際 $\xi=\alpha_d+\eta$ から $\xi(x_i)=\alpha_d(x_i)+\eta(x_i)=\alpha_d(x_i)$ 故指標 α_d は ξ により一意的に定まる．従って近傍 W は空間 E^r と空間 Φ の直積と同相である．次に空間 Φ の位相的構造を調べよう．群 G は有限箇の元からは生成されないが部分群 H は有限箇の生成元をもつ故，剰余群 G/H は有限箇の元からは生成されないから群 G/H は無限群でなければならない．一方 G/H の元はすべて有限位数である．従って G/H の指標群 Φ はコンパクトな無限群で完全不連結である(定理46参照)．特に空間 Φ は局所連結ではない．W の各点 $\xi=\alpha_d+\eta$ に $\eta \in \Phi$ を対応させれば，空間 W から局所連結でない空間 Φ の上への開連続写像となるから，空間 W はまた局所連結でない(§15, H)参照)．これで群 X が局所連結でないことが証明された．

定理48の証明． まず群 G が性質 L をもつとすれば群 X が局所連結であることを証明しよう．群 X における0の任意の近傍を W とすれば，§36, I) により有限箇の元から生成される G の部分群 H_1 で $(X, H_1) \subset W$ となるものが存在する．G は性質 L をもつから，H_1 を生成する有限箇の元は有限箇の生成元をもつ一つの可除部分群 H に含まれる．$H_1 \subset H$ だから，$\Phi=(X, H) \subset (X, H_1) \subset W$ であり，一方 G/H は0以外の有限位数の元をもたないから，群 Φ は連結である(定理46参照)．群 $X^*=X/\Phi$ は K^rZ と同型故，0の決定近傍系 Σ^* を連結な近傍だけから成るようにとることができる．群 X から $X^*=X/\Phi$ の上への自然準同型写像を φ とし, $\varphi^{-1}(\bar{U}), U\in\Sigma^*$ という形の集合の全体を $\varDelta$ とする. $\varDelta$ に属する集合はすべてコンパクトでそれらの全体の共通部分は $\varPhi$ と一致する故, $V=\varphi^{-1}(U)\subset W$ という条件をみたす近傍 $U\in\Sigma^*$ が存在する(§13, H)参照). この V が連結であることを示そう. これがいえれば群 X が局所連結であることが証明されたことになる. いま開集合 V が二つの空でない開集合 V_1, V_2 の直和に分かれたと仮定しよう. [V は群 X の $\varPhi$ による剰余類の和集合であるが] 部分群 $\varPhi$ は連結だから, 二つの開集合 V_1, V_2 の両方に交わる剰余類は存在しない. 故に開集合 $\varphi(V_1)$ と $\varphi(V_2)$ とは交わらず, 従って X^* の開集合 U が二つの空でない開集合 $\varphi(V_1), \varphi(V_2)$ の直和となり, U の連結性と矛盾する. 従って V は連結であり, 従ってまた空間 X は局所連結でなければならぬ.

次に定理の後の半分を証明しよう. そのためまず二三の注意をしておこう. G の有限位数の元の全体が作る部分群を P とし, X' を群 X における 0 の連結成分とすれば, $X'=(X, P)$ である (定理46参照). 群 P が無限群ならば群 X は局所連結でない. 実際このとき群 X/X' は完全不連結なコンパクト無限群であるから局所連結であり得ない. 所が群 X から X/X' の上への自然準同型写像は開連続写像故, 群 X がまた局所連結でない (§15, H) 参照). また群 P が有限群ならば X' は X の開部分群であるから, この場合には群 X が局所連結であるためには群 X' が局所連結であることが必要かつ十分である.

さてこれで注意を終りにして, 群 G が性質 L を有しないときは群 X は局所連結ではないことを証明しよう. 部分群 P が無限群ならば上に注意したように群 X は局所連結でないから, 群 P が有限群であるとしよう. G は性質 L をもたないから, G の有限部分集合 M で有限生成元を有する G の如何なる可除部分群にも含まれないものが存在する.

P は可除部分群だから M の元で P に含まれないものが存在する. 従って剰余群 $G^*=G/P$ の元で M の元を含むものの全体を M^* とすれば, M^* は 0 以外の元を含む. 従って M^* を含む G^* 最小の可除部分群 H^* は 0 でない階数有限の部分群である. もし H^* が有限箇の元から生成されるならば, G における H^* の完全原像 H はまた有限箇の元から生成されることになり, M に関する仮定に反する．従って部分群 H^* は階数が有限でしかも有限箇の元からは生成されない．いま $\Phi^*=(X', H^*)$ とおけば，群 X'/Φ^* は群 H^* の指標群だから B) により局所連結ではない．この事実と X' から X'/Φ^* の上への自然準同型写像が開連続写像であることから群 X' も局所連結ではないことがわかる．

これで定理 48 は完全に証明された．

可算箇の基が存在するという条件があれば，局所連結なコンパクト・アーベル群の構造は次のように完全に決定される．

定理 49. 局所連結なコンパクト・アーベル群 X が可算箇の基を有するならば，X は有限部分群と群 K と同型な部分群の有限または可算箇の直和に分解される．換言すれば，群 X は群 K^rZ と同型である．ここで r は有限であるか可算無限である．逆に K^rZ と同型な群はすべて局所連結なコンパクト・アーベル群である．

定理 49 を証明するために，それと双対的な次の命題 C) を証明しよう．

C) 可算ディスクリート・アーベル群 G で性質 L をもつものは，有限部分群と有限または可算箇の無限巡回部分群の直和に分解する．換言すれば群 G は C^rZ と同型である．ここで r は有限または可算無限である．また逆に C^rZ の形の群はすべて性質 L をもつ．これを証明しよう．

群 G の有限位数の元の全体が作る部分群を P とすれば，P は有限群であり，剰余群 $G^*=G/P$ は 0 以外の有限位数の元を有せず，性質 L をもつ．群 G^* の 0 以外の元に番号をつけて $y_1^*, y_2^*, \cdots$ のように並べる．群 G^* の 1 次独立な元の列 $x_1^*, x_2^*, \cdots$ を $x_1^*, \cdots, x_s^*$ から生成される部分群 H_s^* が可除部分群であり，しかも $y_1^*, \cdots, y_s^*$ を含むように帰納法によって構成しよう．まず H_1^* を元 y_1^* を含む最小の可除部分群とする．群 G^* は性質 L をもつから群 H_1^* は有限箇の元から生成される．また H_1^* は y_1^* を含む最小の可除部分群であるから無限巡回群である．そこで元 x_1^* としては巡回群 H_1^* の生成元をとる．次に帰納法の仮定をみたす $x_1^*, \cdots, x_i^*$ 迄が既に得られたと仮定しよう．H_i^* を $x_1^*, \cdots, x_i^*$ から生成される部分群とする．$H_i^*=G^*$ ならば，点列 $x_1^*, x_2^*, \cdots$ の構成は完成した訳である．$H_i^*\neq G$ ならば，H_i^* に含まれないような y_j^* があるから，この

ような元 y_j^* の添字 j の最も小さなものを k とする．$y_1^*, \cdots, y_i^* \in H_i^*$ だから $k \geqq i+1$ である．いま $y_1^*, \cdots, y_i^*, y_k^*$ から生成される部分群を H_{i+1}^* とすれば，H_i^* が可除部分群故元 $x_1^*, \cdots, x_i^*, y_k^*$ は1次独立であり，H_{i+1}^* の階数は $i+1$ である．性質 L により部分群 H_{i+1}^* は有限箇の元から生成されるから，剰余群 H_{i+1}^*/H_i^* も有限箇の元から生成される．一方 G^*/H_i^* は0以外の位数有限の元をもたないから，H_{i+1}^*/H_i^* も0以外の位数有限の元をもたない．従って H_{i+1}^*/H_i^* は無限巡回群である．そこでその生成元を x_{i+1}^{**} とし，剰余類 x_{i+1}^{**} の中から任意に一つの元 x_{i+1}^* をとれば，容易に知られるように $x_1^*, \cdots, x_{i+1}^*$ は帰納法の仮定をみたす．さて次に G の部分群 P による各剰余類 x_i^* の中から任意に一つの元 x_i をとり，x_i から生成される部分群を G_i とすれば，G は部分群 $P, G_1, G_2, \cdots$ の直和に分解する．

逆に群 G が C^rZ と同型ならば，G は有限部分群 P と無限巡回群 $G_1, G_2, \cdots$ の直和に分解する．G_i の生成元を x_i とすれば，群 G の任意の元は有限箇の部分群の直和 $P+G_1+\cdots+G_i$ に含まれる．従って，群 G の有限部分集合はまたこの形の部分群の有限箇の直和に含まれるが，この形の部分群は明らかに可除部分群だから群 G は性質 L をもつ．

定理49の証明． 定理49が成立つことは命題C）と定理45，定理48から直ちに知られる．

例66． 定理49は可算箇の基をもつ局所連結コンパクト・アーベル群の構造を完全に決定しているが，可算基を有しない群については同様の結論を下すことができない．これを次の例で示そう．

群 G を整数 x_i から成る数列 $x=(x_1, x_2, \cdots)$ の全体とし，$x=(x_1, x_2, \cdots)$，$y=(y_1, y_2, \cdots)$ の和を $x+y=(x_1+y_1, x_2+y_2, \cdots)$ で定義する．これによって G はアーベル群となる．いま G をディスクリートな位相アーベル群と考える（群 G は無限巡回群の可算箇の完全直和である；定義10参照）．Kurosch の本〔20〕で証明されているように，群 G は性質 L をもつ．しかし G は巡回群の直積には分解しない．

直ちに知られるように G は0以外の有限位数の元をもたないから，G の指標

群 X は連結な局所連結コンパクト・アーベル群であるが，群 K と同型な部分群の直和には分解しない．

例 67. X を連結コンパクト・アーベル群でその位相濃度は連続の濃度を越えないものとすれば，実数の加法位相群 D から X の中への準同型写像 φ で，$\varphi(D)$ が X で稠密となるものが存在する．即ち群 X には稠密な 1 径数部分群が存在する．

G を群 X の指標群とすれば，定理 46，定理 43 により G は 0 以外の有限位数の元をもたない．また G の濃度は連続の濃度を越えない．これらの性質から群 G から D の中への代数的な同型写像 f が存在する．f を構成しよう．M を G の 1 次独立な元の集合で極大なものとしよう．M の濃度は連続の濃度を越えないから，M の各元 x に対して実数 $f(x)$ を $f(x); x\in M,$ が 1 次独立となるように対応させることができる．このとき G の任意の元 x は整数 $a, a_1, \cdots, a_r,\ a \neq 0$ と $x_1\in M, \cdots, x_r\in M$ に依って，$ax = a_1x_1 + \cdots + a_rx_r$ の形に表わされるから，$f(x) = \frac{a_1}{a}f(x_1) + \cdots + \frac{a_r}{a}f(x_r)$ とおけば容易に知られるように f は同型写像である．即ち f は群 G から位相群 D の中への準同型写像で核が 0 のみからなるものである．位相群 D の指標群はまた D だから，準同型写像 f の共役写像（§35, B) 参照）を φ とすれば，φ は D から X の中への準同型写像で，f の核が 0 だけから成る故 $\varphi(D)$ は X で稠密である（これは定理 39 により容易に証明される）．

例 68. 例 15 で構成された 0 以外の位数有限の元をもたない階数 2 のディスクリート・アーベル群 G は，その真の部分群の直和に分解しない．従って G の指標群 X は連結な 2 次元のコンパクト・アーベル群であって部分群の直和に分解しない．

§39. 局所コンパクト・アーベル群の構造

この§ではコンパクト生成芽を有する (§20, F) 参照) アーベル群の構造を決定する．即ちこのような群はすべて，コンパクト群と C^pD^q (§36, G) 参照) の形の基本アーベル群の直和となるのである．任意のコンパクト・アーベル群はディスクリート群の指標群と考えることができる(定理9参照)から，コンパクト生成芽を有するアーベル群の研究は，アーベル群の代数的な性質に帰着する．ここで注意すべきはすべての局所コンパクト群がコンパクト生成芽を有する訳ではないことである(例71参照)．しかし一方次の命題A)が示すように，任意の局所コンパクト群はコンパクト生成芽を有する群でいわば《内から》近似されるのである．特に，この近似を用いて我々は次の§で一般の局所コンパクト群に対する双対定理をコンパクト生成芽を有する群の場合に帰着させて証明する．

A) 局所コンパクト群Gにおいて，Gのコンパクトな部分集合Fを任意に一つ与えたとき，Fを含みコンパクト生成芽を持つGの開部分群Hが存在する．

これを証明しよう．Gにおける0の近傍Wで閉苞$\bar{W}$がコンパクトなものを一つとり，$V=W\cup(W+F)$, $U=V\cup(-V)$とおく．明らかにUは0の対称な近傍で$\bar{U}$はコンパクトである．$H=U\cup 2U\cup\cdots$が求める開部分群である．

以下コンパクト生成芽をもつ群の構造を調べよう．

補助定理 1. Gを局所コンパクト・アーベル群，aをGの一つの元，Aをaから生成される巡回群とする(Aは閉集合とは限らない．即ちAは代数的な意味ではGの部分群であるが位相群としてのGの部分群とは限らない)．

このとき次の二つの場合のどちらか一つが成立つ．

1) 集合AはGの一つのコンパクト部分集合に含まれる．

2) AはGの閉集合であり，位相群としてのGのディスクリートな巡回部分群である．

証明. これを証明するためには，2)の場合でないとすれば局所コンパクト群$H=\bar{A}$がコンパクトであることを示せば十分である．

まずUを群Hにおける対称な(即ち$-U=U$)任意の一つの0の近傍とすれば，自然数pを勝手にとったとき自然数$n>p$で$na\in U$となるものが存在することを証明しよう．もしこのようなnが存在しないときは，Aは無限巡回群で，0の近傍Uに含まれ得るAの元は，$0, \pm a, \cdots, \pm pa$のみである．従ってHにおける0の近傍でAの元は0しか含まないものが存在する．これは2)の場合であることを示す．

次に位相空間 H の任意の開集合 W に対して自然数 k が存在して $ka\in W$ となることを証明しよう．A は H で稠密であるから，整数 m が存在して $ma\in W$ となる．H における 0 の対称な近傍 U を $ma+U\subset W$ となるように取れば，上に証明したことから自然数 $n>|m|$ が存在して $na\in U$ となる．そこで $k=n+m$ とすれば $ka=ma+na\in W$ となる．

さて H における 0 の対称な近傍 V で，$\bar{V}$ がコンパクトなるものを一つ定めたとき，$ia+V$ (i は自然数) の形の集合の有限箇で H が覆われることをいえば，H はコンパクトとなり補助定理は証明される．群 H の任意の元 x に対し，上に証明したことから，自然数 k が存在して $ka\in x+V$ となる．V が対称だからこれは $x\in ka+V$ といっても同じことである．そこで $ka+V$; k は自然数，という形の開集合で H は覆われる．特にこの形の開集合でコンパクト集合 $\bar{V}$ が覆われるから，有限箇の $ka+V$ の形の集合で $\bar{V}$ が覆われる．従って開集合 V は開集合 $a+V, 2a+V, \cdots, qa+V$ で覆われる．群 H はこの q 箇の開集合で覆われることを証明しよう．そのために H の元 y に対して $ka\in y+V$ となる最小の自然数を k_y とおき，任意の $y\in H$ に対して $k_y\leqq q$ であることを証明しよう．$k_ya-y\in V$ で V は $ia+V$, $(1\leqq i\leqq q)$ で覆われるから $k_ya-y\in ia+V$, 即ち $(k_y-i)a\in y+V$ となる i が存在する．k_y は $ka\in y+V$ をみたす最小の自然数であり $i\geqq 1$ であるから，$k_y-i\leqq 0$, 即ち $k_y\leqq i\leqq q$ となる，従って開集合 $ia+V$; $i=1, \cdots, q$, が H を覆い，H はコンパクトとなる．これで補助定理 1 は証明された．

次の補助定理 2 はコンパクト生成芽を有する群とコンパクト群の関係を明らかにするものである．

補助定理 2. 任意のコンパクト生成芽を有する (§20, F)参照) アーベル群 G に対して，有限箇の 1 次独立な生成元を有するディスクリート部分群 N が存在して，剰余群 G/N がコンパクトとなる．

証明. G における 0 の対称な近傍 U で，G を生成し，かつ閉苞 $\bar{U}$ がコンパクトなものを一つとる．このとき $G=U\cup 2U\cup\cdots\cup nU\cup\cdots$ である (§20, F)参照)．$x+U$, $x\in G$ の形の開集合で G は覆われるから，コンパクト集合 $2\bar{U}$ は有限箇の G の元，$a_1, \cdots, a_s$ に対する $a_i+U (1\leqq i\leqq s)$ で覆われる．$a_1, \cdots, a_s$ から生

成される G の代数的な意味での部分群を A とする．このとき勿論 $2U \subset A+U$ であるが実は $G=A+U$ であることを証明しよう．まず $3U=2U+U \subset A+U+U \subset A+U$，同様に $4U \subset A+U$，一般に $nU \subset A+U$ だから $G=A+U$ となる．

いま元 a_i から生成される G の代数的な意味での部分群を A_i とする．すべての $\bar{A}_i$ がコンパクトならば，$G=\bar{A}_1+\cdots+\bar{A}_s+\bar{U}$ であるから G 自身がコンパクトである（§17, G）参照）．そこでこの場合には部分群 N を $\{0\}$ として補助定理2が成立つ．少なくとも一つの $\bar{A}_i$ がコンパクトでなければ，補助定理1により，$a_1, \cdots, a_s$ の中の少なくとも一つの元は位相群 G のディスクリートな無限巡回部分群を生成する．この元を b_1 としよう．そして補助定理2を帰納的に証明するために $a_1, \cdots, a_s$ の中から1次独立な i 箇の元 $b_1, \cdots, b_i$ を選び，この i 箇の元が位相群 G のディスクリートな部分群 N_i を生成すると仮定すれば，剰余群 G/N_i はコンパクトであるか，$b_1, \cdots, b_i$ に更に一つの元 b_{i+1} を追加してやはり同じ仮定をみたすようにできることを証明しよう．いま G/N_i がコンパクトでないとし，f を G から G/N_i の上への自然準同型写像とする．$f(G)=f(A)+f(U)$ と補助定理1により，（$f(G)=G/N_i$ がコンパクトでないから）$f(a_1), \cdots, f(a_s)$ の中には少なくとも一つの元 $f(a_j)$ が存在して，$f(a_j)$ は位相群 $f(G)$ のディスクリート部分群を生成する．この a_j を b_{j+1} とすれば，$f(b_{i+1})$ が G/N_i のディスクリートな無限巡回群を生成することから $b_1, \cdots, b_i, b_{i+1}$ が1次独立で，しかもこの $i+1$ 箇の元が G のディスクリートな部分群を生成することが容易に確かめられる．$a_1, \cdots a_s$ は有限集合であるから，b_1 から出発して有限回の後には G/N_k がコンパクトとなるディスクリート部分群 N_k を見出だすことができる．

これで補助定理2は証明された．

補助定理3.　G を局所コンパクト・アーベル群，N を有限箇の生成元を有する G のディスクリート部分群とする．このとき剰余群 G/N がコンパクトな基本アーベル群（§36, G）参照）ならば G 自身が基本アーベル群である．

証明.　最初に群 G が連結であるときこの補助定理が成立つことを証明しよう．この場合には G/N も連結であるから，G/N は K^r という形の群である．定義により K は実数の加法群 D の整数の作る部分群による剰余群であるから，

群 K^r は r 次元のベクトル群 $A=D^r$ の，座標がすべて整数であるベクトルの作る部分群 B による剰余群である．いま群 G から G/N の上への自然準同型写像を f, 群 A から群 $A/B=G/N$ の上への自然準同型写像を g とする．この二つの準同型写像の核は共にディスクリートであるから，f も g も局所同型写像を与える．即ち群 A における十分小さい 0 の近傍 U の上では，$f^{-1}g$ は群 A から群 G への局所同型写像となる(§23 参照)．A はベクトル群であるから，A の任意の元 x に対して $y \in U$ と自然数 n が存在して $ny=x$ となる．$h(x)=nf^{-1}g(y)$ とおけば，この $h(x)$ は上の性質をみたす自然数 n の選び方に関せず一定の値をとることが容易に確かめられる．このようにして定義された写像 h は群 A から群 G の上への準同型写像である (定理 14 参照)．更に近傍 U の上では $h=f^{-1}g$, 即ち $g=fh$ が成立つ．所が近傍 U は群 A を生成するから $g=fh$ という関係は群 A 全体で成立つ．従って準同型写像 h の核 C は B に含まれる．群 B は有限箇の 1 次独立な生成元をもつから，B の基底 $e_1, \cdots, e_r$ を，C の基底が $\tau_1 e_1, \cdots, \tau_r e_r$ となるように選ぶことができる (§6, E)参照)．$e_1, \cdots, e_r$ はベクトル空間 A の基底でもある．いま de_i ; $d \in D$ の形の A の 1 次元部分群を D_i とし，$\tau_i e_i$ によって生成される D_i の部分群を C_i とする．直ちに知られるように D_i/C_i は $\tau_i \neq 0$ ならば群 K と同型であり，$\tau_i=0$ ならば群 D に同型である．故に群 A/C 従ってまた群 G は $K^p D^q$ の形の基本アーベル群となる．

次に群 G を補助定理の仮定をみたす任意の一つの群としよう．群 G/N はコンパクトな基本アーベル群であるから，$K^r Z$ という形をしている．Z を群 G/N の部分群と考え，$G \to G/N$ の自然準同型写像 f により Z の元に写像される G の元の全体を M とする．このとき M は有限箇の生成元を有する G のディスクリートな部分群で，G/M は K^r の形の基本アーベル群である．そこで初めから G/N が K^r となる場合に証明をすれば十分である．そこで以下この仮定の下に進むことにする．部分群 N はディスクリートであるから，群 G から G/N の上への自然準同型写像 f は局所同型写像である．従って群 G/N における 0 の近傍 U^* を十分小さくとれば，群 G における 0 の近傍 U が存在して f は U を U^* の上へ写す同相写像となる．群 G/N は K^r と同型であるから U^* を連結でかつ対称な近傍とすることができる．このときUもまた連結でかつ対称である．群$G'=U\cup 2U\cup\cdots$は群Gの開部分群であり，Uが連結だからG'も連結である．従って群G'は群Gの0を含む連結成分と一致する．連結な群G/Nは0の近傍U^*から生成されるから，$f(U)=U^*$という関係により$f(G')=G/N$となる．$N'=G'\cap N$とおけば群G'と群G/Nは局所コンパクトな連結位相群であるから，群Gから群G/Nの上への準同型写像fのG'上への限定には定理12（§20, F）参照）が適用される．従って群G'/N'は群G/Nと同型となる(定理11参照)．そこで連結群G'の有限箇の生成元を有するディスクリート部分群N'による剰余群G'/N'はK^rの形の基本アーベル群となる．従って証明の前半を適用すればG'はK^pD^qの形の基本アーベル群となる．$f(G')=f(G)=G/N$であるから$G=G'+N$であり，群G'は開部分群故，群G/G'はディスクリート群である．従ってG/G'はN/N'と同型となるから有限箇の生成元を有する．そこでx_1^*, $\cdots$, x_m^*, y_1^*, $\cdots$, y_n^*を群G/G'の基底でx_1^*は自由生成元，y_j^*は位数が$\tau_j>0$であるとする(定理2参照)．群GのG'による剰余類x_i^*, y_j^*の中から任意に一つずつGの元x_i, y_j'を選んでおく．y_j^*の位数がτ_jだから$\tau_j y'_j \in G'$である．G'はK^pD^qと同型だからG'の各元を任意の自然数で割ることができる．従って$\tau_j z_j=\tau_j y'_j$となる$z_j \in G'$が存在する．このとき$y_j=y'_j-z_j$は剰余類y_j^*に属するGの元であって，$\tau_j y_j=0$という条件をみたす．いま元$x_1,\cdots,x_m,y_1,\cdots,y_n$から生成される群$G$の部分群を$H$とする．直ちにわかるように群$G$はその部分群$G'$と$H$の直和となり（定義28′参照)，$G'$及び$H$が共に基本アーベル群だから$G$も基本アーベル群である．

これで補助定理3は完全に証明された．

次の定理はコンパクト生成芽を有する任意のアーベル群はある意味で基本アーベル群によって近似できることを示すものである．

定理50.　コンパクト生成芽を有するアーベル群Gにおける0の任意の近傍Vを一つ定めたとき，Vに含まれるコンパクト部分群Hが存在してG/Hが基本アーベル群となる．

証明.　補助定理2により，有限箇の生成元を有するGのディスクリート部分

群 N が存在して，剰余群 $G^* = G/N$ がコンパクトとなる．いま f を G から G/N の上への自然準同型写像とし，W を G における 0 の対称近傍で閉苞 $\bar{W}$ がコンパクトでかつ $W \subset V$ であり，しかも $3W$ は 0 以外の N の元を含まぬものとする．§36, I) により群 G^* の部分群 $H^* \subset f(W)$ が存在して G^*/H^* は基本アーベル群となる．$H' = f^{-1}(H^*)$, $H = H' \frown W$ とする．f は集合 $\bar{W}$ を集合 $f(\bar{W})$ の上へ 1 対 1 かつ双連続に写像するから f は集合 H を集合 H^* の上へ 1 対 1 双連続に写像することになる．H^* がコンパクトだから従って H はコンパクトである．このとき H が G の部分群であることをいうために $H+(-H) \subset H$ であることを証明しよう．$x, y \in H$ とすれば $x-y \in H'$ であるから，$z \in H$ が存在して $f(z) = f(x-y)$ となる．従って $x-y-z \in N$ であり，しかも $3W$ は 0 以外の N の元を含まないことから $x-y-z=0$, 従って $x-y=z \in H$ が導かれる．これで H が G の部分群となることが証明された．次に $H' = H+N$ となることを証明しよう．H' の任意の元 z に対しては H の元 x で $f(z) = f(x)$ となるものが存在する．このとき $y = z-x \in N$ となるから $H' = H+N$ である．また $H \subset W$ だから $H \frown N = \{0\}$ である．

さて $G \to G/H = \hat{G}$ の自然準同型写像による N の像 $N+H/H$ を $\hat{N}$ で表わせば，$\hat{N}$ は上に述べたことから N と同型となり，従って有限箇の生成元を有する $\hat{G} = G/H$ のディスクリート部分群であり，群 $\hat{G}/\hat{N}$ は群 G/H' 従ってまた G^*/H^* と同型である．所が G^*/H^* はコンパクトな基本アーベル群だから，補助定理 3 により群 $\hat{G} = G/H$ 自身がまた基本アーベル群である．

これで定理 50 は証明された．

次にこの § の主要な結果を述べよう．

定理 51. コンパクト生成芽を有するアーベル群はコンパクト・アーベル群と基本アーベル群の直和に分解される．

証明. 群 G における 0 の近傍系の元を整列したものを $U_0, U_1, \cdots$ とする．このとき添数として現われるすべての順序数の上端である順序数を ϑ とする．$\lambda \leqq \vartheta$ なる順序数 λ に対して λ が直前順序数を有しないときは $V_\lambda = G$, そうでないときは $V_\lambda = U_{\lambda-1}$ とする．このようにして得られた 0 の近傍の超限列 V_1,

$V_2, \cdots, V_\vartheta$ はまた0の完全近傍系を作る.

定理50により V_1 に含まれる G の部分群 H_1 で G/H_1 が基本アーベル群となるものが存在する．そこで G/H_1 は $K^aC^bD^nZ$ の形の群であるとし，いま D^n 及び K^aZ を群 G/H_1 の部分群と考える．このとき群 G から G/H_1 の上への自然準同型写像 f により部分群 K^aZ の中へ写像される G の元の全体を H とする．H は G の部分群で群 H_1 と K^aZ がコンパクト群だから H もまたコンパクトである(§19, I) 参照). 次に f により G/H_1 の部分群 D^n の中に写像される G の元の全体を G_1 とすれば $G_1 \frown H = H_1 \subset V_1$ である. いま $G' = G_1 + H$ とおけば剰余群 G'/H は G_1/H_1 に同型であり（§20, F), G) 参照），従って D^n と同型である．一方群 G/G' は群 C^b と同型だから b 箇の1次独立な自由生成元 $x_1^*, \cdots, x_b^*$ をもつ. 群 G の G' による剰余類 x_i^* の中から任意に一つの G の元 x_i を選び, $x_1, \cdots, x_b$ から生成される G の部分群を N とすれば，N はディスクリートでその生成元 $x_1, \cdots, x_b$ は1次独立である．このとき群 G はその部分群 G' と N の直和に分解する.

超限帰納法により任意の $\lambda \leqq \vartheta$ に対して G の部分群 G_λ を $H_\lambda = G_\lambda \frown H \subset V_\lambda$, $G_\lambda + H = G'$ で $\lambda < \mu$ ならば $G_\lambda \supset G_\mu$ となるように定義しよう．部分群 G_1 は既に定義されている. そこで $\mu < \lambda \leqq \vartheta$ となる μ に対しては G_μ が定義されていると仮定して, G_λ を定義する.

まず λ が直前順序数 $\lambda-1$ を有する場合を考えよう．このとき帰納法の仮定により $H_{\lambda-1} = G_{\lambda-1} \frown H \subset V_{\lambda-1}, G_{\lambda-1} + H = G'$ が成立っている．群 G はコンパクト生成芽をもつから，コンパクト集合の可算箇の和として表わされる (§20, F)参照). §20, G) によって剰余群 $G_{\lambda-1}/H_{\lambda-1}$ は G'/H と同型であり，後者は D^n と同型であるから，$G_{\lambda-1}/H_{\lambda-1}$ も D^n と同型である．D^n は勿論コンパクト生成芽を有する群であり, 部分群 $H_{\lambda-1}$ はコンパクトであるから, 群 $G_{\lambda-1}$ がコンパクト生成芽を有することになる（§20, F) 参照). 従って定理50により群 $G_{\lambda-1}$ のコンパクト部分群 $H_\lambda \subset V_\lambda$ が存在して剰余群 $G_{\lambda-1}/H_\lambda$ は基本アーベル群となる. 群 $G_{\lambda-1}/H_\lambda$ のコンパクト部分群 $H_{\lambda-1}/H_\lambda$ による剰余群は $G_{\lambda-1}/H_{\lambda-1}$ に同型だから，D^n と同型であり，従って $G_{\lambda-1}/H_\lambda$ は $K^{a'}Z'D^n$ の型の基本アーベル群である.

いま直和因子 $K^{\alpha\prime}Z'$ 及び D^n を群 $G_{\lambda-1}/H_\lambda$ の部分群と見なすと，群 $G_{\lambda-1}$ から群 $G_{\lambda-1}/H_\lambda$ への自然準同型写像による $K^{\alpha\prime}Z'$ の完全原像は $H_{\lambda-1}$ と一致する．またこの自然準同型写像による D^n の完全原像を G_λ とすれば，$G_\lambda\frown H=G_\lambda\frown H_{\lambda-1}=H_\lambda\subset V_\lambda$ でかつ $G_\lambda+H=G_\lambda+H_{\lambda-1}+H=G_{\lambda-1}+H=G'$ であるから，このようにして定義された部分群 G_λ は帰納法の仮定を満足する．

次に λ が直前順序数を有しない場合を考えよう．この場合に G_λ を $\mu<\lambda$ となるすべての μ に関する G_μ の共通部分として定義する．また H_λ を $\mu<\lambda$ なるすべての μ に対する H_μ の共通部分とすれば，$G_\lambda\frown H=H_\lambda$ であるから $G_\lambda\frown H=H_\lambda\subset G=V_\lambda$ である．また $G_\lambda+H=G'$ も成立つ．これを証明するために $z\in G'$ とし，z を含む G' の H_μ による剰余類を $z_\mu{}^*$ で表わすことにする．$G'=G_\mu+H$ であるから x_μ を含む群 G_μ の部分群 H_μ による剰余類 $x_\mu{}^*$ と y_μ を含む H の H_μ による剰余類 $y_\mu{}^*$ で $x_\mu{}^*+y_\mu{}^*=z_\mu{}^*$ となるものが一意的に定まる．$\mu<\nu<\lambda$ ならば $z_\mu{}^*\supset z_\nu{}^*$ であるから $x_\mu{}^*\supset x_\nu{}^*$, $y_\mu{}^*\supset y_\nu{}^*$ が成立つ．いま $\mu<\lambda$ なるすべての μ に関する $x_\mu{}^*, y_\mu{}^*$ の交わりをそれぞれ $x_\lambda{}^*, y_\lambda{}^*$ とする（これらは共に空集合ではない．定理 4 参照）．$x_\lambda{}^*$ は G_λ の元の H_λ による剰余類の一つであり，$y_\lambda{}^*$ は H の元の H_λ による剰余類である．また，$z_\lambda{}^*$ は群 G' の H_λ による剰余類である．包含関係 $x_\lambda{}^*+y_\lambda{}^*\subset z_\mu{}^*$, $\mu<\lambda$, から $x_\lambda{}^*+y_\lambda{}^*=z_\lambda{}^*$ となる．$z\in z_\lambda{}^*$ であるから $x\in x_\lambda{}^*$, $y\in y_\lambda{}^*$ が存在して $x+y=z$ となる．これで $G'=G_\lambda+H$ が証明された．従って群 G_λ は帰納法の仮定を満足する．

このようにして部分群 G_ϑ が定義されるが，H_ϑ は群 G における 0 の任意の近傍に含まれるから 0 のみから成る．従って $G_\vartheta\frown H=\{0\}$, $G_\vartheta+H=G'$ が成立つ．しかも群 G' は可算箇のコンパクト集合の和として表わされるから，群 G' は部分群 G_ϑ と H の直和である（定理 13 参照）．群 H はコンパクトであり，群 G_ϑ は G'/H に同型故，D^n の型の基本アーベル群である．従って群 G は基本アーベル群 $G_\vartheta+N$ とコンパクト群 H の直和となる．これで定理 51 は完全に証明された．

例 69. コンパクト生成芽を有するアーベル群 G を定理 51 により直和分解するとき，基本アーベル群となる直和因子 A を C^pD^q となるように選ぶことができる．この場合にコンパクトな直和因子 B は A のとり方に関せず一意的に G により定まる．この場合 B は G の**最大コンパクト部分群**である．即ち B は G の任意のコンパクト部分群を含むそれ自身コンパクトな部分群である．

定理51により G は基本アーベル群即ち $K^aC^bD^cZ$ の型のアーベル群とコンパクト群 B' の直和に分解される．初めの直和因子の中から K^aZ を取り出して B' と K^aZ が生成する群を B とすれば求める直和分解が得られる．このとき剰余群 G/B は C^pD^q と同型故0だけからなる群の他にはコンパクト部分群を含まない．従って B は G の最大コンパクト部分群である．

例70. 局所コンパクト・アーベル群 G の元 a は，集合 $\{na\,;n=0,\pm1,\pm2,\cdots\}$ が G のコンパクト部分集合に含まれるとき，**コンパクト**であるという．群 G のコンパクトな元の全体は G の部分群 B を作り，剰余群 G/B は0以外のコンパクトな元を有しない．特に G がコンパクト生成芽を有する場合には，B は G の最大コンパクト部分群（例69参照）と一致する．

まず G をコンパクト生成芽を有するアーベル群，B' をその最大コンパクト部分群とする．群 G の G/B' の上への自然準同型写像を f としよう．G/B' は C^pD^q という形の群であるから0以外のコンパクトな元を含まない．

いま b が群 G のコンパクトな元とすれば，$f(b)$ は群 G/B' のコンパクトな元だから $f(b)=0$，即ち $b\in B'$，$B\subset B'$ でなければならぬ．一方コンパクト群 B' の元はすべてコンパクトだから $B'\subset B$ である，故に $B=B'$ である．

次に G を任意の局所コンパクト・アーベル群としよう．いま x, y を G の二つのコンパクトな元とすれば，$\{nx\,;n=0,\pm1,\cdots\}$，$\{ny\,;n=0,\pm1,\cdots\}$ はそれぞれコンパクト集合 X, Y に含まれる．このとき $\{n(x-y)\,;n=0,\pm1,\cdots\}$ はコンパクト集合 $X+(-Y)$ に含まれるから元 $x-y$ はまたコンパクトである．即ち G のコンパクトな元の全体 B は代数的な意味で G の部分群である．次に B が閉集合であることを証明しよう．

$x\in\bar{B}$ とし，x を含みコンパクト生成芽を有する開部分群 H を一つとる（(A)参照）．このとき $B'=B\cap H$ は群 H のコンパクトな元の全体であり，従って初めに証明したことから H のコンパクト部分群である．$x\in\bar{B}'=B'$ だから $x\in B$ であり，従って $B=\bar{B}$ で B は閉集合である．これで B が位相群 G の部分群であることが証明された．

最後に群 G/B は0以外のコンパクトな元を含まないことを証明する．x^* を G/B のコンパクトな元としよう．$x \in x^*$ に対して A)により x を含むコンパクト生成芽を有する開部分群 H が存在する．G から G/B の上への自然準同型写像 f による H の像 $f(H)$ は，f が開写像故 G/B の開部分群で，f は H から $f(H)$ の上への開準同型写像であるから，群 $f(H)$ は H/B' と同型である（但しここで $B'=B\frown H$ である）．H/B' にはコンパクトな元は0以外には存在しないから，$f(H)$ のコンパクト元 x^* は0でなければならぬ．

例 71. ディスクリート群 G がコンパクト生成芽を有するのは，G が有限箇の生成元を有するとき，かつそのときに限る（このことはアーベル群と限らず任意の群で成立つ）．

実際，V が G における0の近傍で G を生成し，かつ $\bar{V}$ がコンパクトなものとすれば，G がディスクリート故 V は有限箇の元から成り，これが G を生成する．逆に G が有限箇の元の集合 M から生成されるときは，$M\smile\{0\}=V$ は G における0の近傍で，G を生成し，しかも V はコンパクトである．

§40. 局所コンパクト・アーベル群の双対定理

この§では局所コンパクト・アーベル群の双対性に関する諸定理を述べる．これによって§37でコンパクトまたはディスクリート群に対してのみ述べられた双対性の理論が完成される．

基本双対定理

定理 52. G を局所コンパクト・アーベル群，X を G の指標群，G' を X の指標群とし $\boldsymbol{\omega}$ を群 G から G' の中への自然準同型写像とする（定義37参照）．

このとき $\boldsymbol{\omega}$ は群 G から G' の上への同型写像であり，従って G と G' を同一視することができる．この意味で G は X の指標群となる．この際群 G の元 x は $x(\xi)=\xi(x)$, $(\xi \in X)$ により定義される群 X の指標となる．

証明. G はコンパクト生成芽をもつ開部分群 H を有する（§39, A)参照）．今

$\Phi=(X, H)$, $H'=(G', \Phi)$ とすれば, Φ はディスクリート群 G/H の指標群である (定理 37 参照) からコンパクトである. §35, C) により H' は群 H の第2次指標群であり, 写像 $\boldsymbol{\omega}$ は定義域を H に制限するとき群 H からその第2次指標群 H' の中への自然準同型写像である. 定理 51 により群 H はコンパクト群と基本アーベル群の直和に分解する. 従って H から H' の中への自然準同型写像は H' の上への同型写像である (定理 38, 定理 39 及び §36, H) 参照). このとき $H'=W(\Phi, \Lambda_1)$ である. 何故かといえば $x'(\Phi)\subset\Lambda_1$ をみたす $x'\in G'$ は $x'(\Phi)=0$ となる (§34, A) 参照) から, $x'\in H'$ でなければならないからである. これで H' は群 G' の開部分群であることがわかった. 従って群 G から G' の中への自然準同型写像 $\boldsymbol{\omega}$ は開写像である.

そこで $\boldsymbol{\omega}$ が位相群 G から G' の上への同型写像であることを証明するには, 任意に二つの元 $a\in G, b'\in G'$ を与えたとき, G のコンパクト生成芽をもつ開部分群 H が存在して $a\in H, b'\in H'$ となることを示せば十分である.

これを示すために群 X における 0 の近傍 W を $b'(W)\subset\Lambda_1$ をみたすように選んでおく. 群 G における 0 の対称な近傍 U_1 で $\bar{U}_1$ がコンパクトなものを勝手に一つ取り, U_1 の生成する G の部分群を H_1 とし, $\Phi_1=(X, H_1)$ とおく. 定理 37 により Φ_1 はディスクリート群 G/H_1 の指標群であり, 従って §36, I) によれば G/H_1 の有限箇の生成元 $x_1^*, \cdots, x_n^*$ を有する部分群 H_2^* で $\Phi_2=(\Phi_1, H_2^*)\subset W$ となるものが存在する. いま $G\to G/H_1$ の自然準同型写像で H_2^* の中に写像される G の元の全体を H_2 とすれば, $\Phi_2=(X, H_2)$ である. 剰余類 x_i^* に含まれる G の元 x_i を一つ選んでおき, $\bar{U}_1$ 及び $a, x_1, \cdots, x_n$ を含むコンパクト生成芽をもつ G の任意の部分群を H とすれば (§39, A) 参照), $H_2\subset H$ であるから $\Phi=(X, H)\subset\Phi_2\subset W$ であり, 従って $b'(\Phi)\subset b'(W)\subset\Lambda_1$ 故 $b'(\Phi)=\{0\}$ となる (§34, A) 参照). 故に $b'\in H'$ である. H はその定義から $a\in H$ をみたす.

これで定理 52 は完全に証明された.

零化群の相互律

A)　局所コンパクト・アーベル群 G の 0 でない任意の元に対して, $\alpha(a)\neq 0$ となる G の指標 α が存在する.

これを証明しよう．X を G の指標群とすれば，定理 52 により G の元 a は X の 0 でない指標であるから $\alpha\in X$ が存在して $a(\alpha)\neq 0$ となる．このとき $\alpha(a)=a(\alpha)\neq 0$ である．

定理 53. 局所コンパクト・アーベル群 G の指標群を X とする．G の部分群 H に対して $\Phi=(X, H)$ (§35, A) 参照)，$H'=(G, \Phi)$ とする (定理 52 により G は X の指標群だから零化群 (G, Φ) が定義される)．このとき $H'=H$ である．

証明. $H\subset H'$ は明らかである．いま $H\neq H'$ と仮定すれば矛盾を生ずることを示そう．$H\neq H'$ ならば H' の元 a で H に含まれないものが存在する．このとき定理 37 により，Φ は群 G/H の指標群で，a を含む H による G の剰余類 a^* は 0 でないから，A) により $\alpha\in\Phi$ が存在して $\alpha(a^*)\neq 0$ となる．$\alpha(a^*)=\alpha(a)$ であるから，$\alpha(a)\neq 0$ であり，$a\in H'=(G, \Phi)$ に矛盾する．

これで定理 53 は証明された．

部分群の指標群

次の定理は定理 37 の自然な拡張であり，定理 37 と双対定理 (定理 52) から直ちに証明される．

定理 54. 局所コンパクト・アーベル群 G の指標群を X とする．G の任意の部分群 H に対して $\Phi=(X, H)$ とする．$\xi^*\in X/\Phi$, $x\in H$ に対して $\xi^*(x)=\xi(x)$, $\xi\in\xi^*$ とすれば，直ちに知られるように，群 K の元 $\xi^*(x)$ は定義に用いた剰余類 ξ^* の代表元 ξ のとり方に関係しない．このようにして定義された群 H から K の中への写像 ξ^* は群 H の指標であり，X/Φ はこの意味において群 H の指標群である．

証明. G を X の指標群と考えよう (定理 52 参照)．このとき $H=(G, \Phi)$ である (定理 53 参照) から H は群 X/Φ の指標群である (定理 37 参照)．群 X/Φ の指標としての x と群 X の指標としての x の間の関係は $x(\xi^*)=x(\xi)$, $\xi\in\xi^*$ で与えられる．群 X/Φ を群 H の指標群と見れば，この最後の関係は $\xi^*(x)=\xi(x)$ である．

これで定理 54 は証明された．

指標の拡張定理

定理55. Hを局所コンパクト・アーベル群Gの任意の部分群とし，aをHに含まれないGの任意の一つの元とする．Hの任意の指標βに対し，H上ではβと一致し，しかも$\alpha(a)\neq 0$となるGの指標αが存在する．

証明. Gの指標群を$X, \Phi=(X, H)$とする．定理54によりX/ΦはHの指標群であるから，Hの指標としてβに一致する群X/Φの元γ^*が存在する．$\gamma\in\gamma^*$とすればγはH上ではβと一致するGの指標である．$\gamma(a)\neq 0$ならば$\gamma=\alpha$は定理の条件をみたす．$\gamma(a)=0$ならば，元aを含むHによるGの剰余類をa^*とすれば，$a^*\neq 0$だから群G/Hの指標$\delta\in\Phi$が存在して$\delta(a^*)\neq 0$となる（A）参照）．このとき$\delta(a)=\delta(a^*)\neq 0$だから，$\alpha=\gamma+\delta$とすればこの$\alpha$が定理の条件をみたす．

これで定理55は証明された．

共役準同型写像の間の関係

定理56. G_1, G_2を二つの局所コンパクト・アーベル群，X_1, X_2をそれぞれG_1, G_2の指標群とする．fを群G_1からG_2の中への準同型写像，φをfの共役準同型写像（§35, B）参照）とする．このとき逆にfはφの共役準同型写像である（定理52参照）．更にfがG_1からG_2の部分群の上への開準同型写像ならば，φはX_2からX_1の部分群の上への開準同型写像である．このとき準同型写像fの核をH_1とし，$H_2=f(G_1)$とおけば，準同型写像φの核Φ_2は$\Phi_2=(X_2, H_2)$なる関係をみたし，X_2のφによる像$\Phi_1=\varphi(X_2)$は$\Phi_1=(X_1, H_1)$という関係をみたす．

証明. G_1, G_2をそれぞれX_1, X_2の指標群と考えれば，φをfに共役な準同型写像として定義する関係式$\varphi(\xi_2)(x_1)=\xi_2(f(x_1))$, $x_1\in G_1, \xi_2\in X_2$は，fがφに共役な準同型写像であることを示す関係式$f(x_1)(\xi_2)=x_1(\varphi(\xi_2))$に他ならない．このように二つの準同型写像$f$と$\varphi$は互に他の共役写像となっている．

準同型写像φの核Φ_2が$\Phi_2=(X_2, H_2)$により定められることは，既に§35, B）で証明した．次に$\varphi(X_2)\subset(X_1, H_1)$であることを証明しよう．$\xi_2\in X_2, x_1\in H_1$とすれば$\varphi(\xi_2)x_1=\xi_2 f(x_1)=\xi_2 0=0$故$\varphi(\xi_2)\in(X_1, H_1)$，即ち$\varphi(X_2)\subset(X_1,$

H_1) である.

開準同型写像 f により定まる群 G_1/H_1 から H_2 の上への自然同型写像を f^* とし，準同型写像 φ により定まる群 X_2/Φ_2 から $\varphi(X_2)\subset(X_1, H_1)$ の上への代数的な意味での自然同型写像を φ^* とする. 定理 37 と定理 54 により，(X_1, H_1)は群 G_1/H_1 の指標群であり，X_2/Φ_2 は群 H_2 の指標群である. そして X_2/Φ_2 から (X_1, H_1) の中への準同型写像 φ^* は G_1/H_1 から H_2 の中への準同型写像 f^* に共役である. f^* が上への同型写像であるから，φ^* も位相群 X_2/Φ_2 から位相群 (X_1, H_1) の上への同型写像である (§35, B) 参照). 従って φ^* は (X_1, H_1) の上への開写像である. これから φ が (X_1, H_1) の上への開写像であることが直ちに導かれる.

これで定理 56 は証明された.

指標群の位相濃度

定理 57. 群 X を局所コンパクト・アーベル群 G の指標群とするとき，位相空間 X の位相濃度は位相空間 G の位相濃度に等しい (定義 14 参照).

証明. 空間 G の位相濃度が有限ならば G は有限群であり，従って X は G に同型である (§36, G) 参照). この場合には勿論定理は成立つ. G の位相濃度が無限であれば上の定理は §34, B) と定理 52 から直ちに導かれる.

例 72. これ迄述べた理論では [1次元トーラス] 群 K が他の群とは異なった特別の役割を演ずるけれども，群 K を選んだのに特に意味はなく，他の群でも同じに行くのかという疑問が自然に起ってくる. この問題に答えて見よう.

Q を一つの局所コンパクト・アーベル群とし，$\bar{K}$ を群 K から Q の中への準同型写像の全体によって自然な仕方で定義される群とする. また $\bar{\bar{K}}$ を群 $\bar{K}$ から Q の中への準同型写像の作る群とする. このときもしも $\bar{\bar{K}}$ が K と同型になるとすれば，Q は K に同型でなければならぬ. 従って指標の理論で双対定理が成立つようにすれば，指標のとる値の群としては是非とも群 K をとらなければならぬことになる.

これを証明しよう. 群 $\bar{K}$ が 0 だけから成るときは $\bar{\bar{K}}$ も 0 だけから成ることになり，$\bar{\bar{K}}$ は K と同型になり得ない. 従って群 K から Q の中への準同型写像

$\alpha \neq 0$ が存在する．準同型写像 α により群 K は群 Q の一つの部分群 K' の上に写像される．α は 0 でないから K' は K と同型である（勿論 α は同型写像とは限らないけれども，§36, A）により K' は K と同型になる）．従って Q は K と同型な部分群 K' を含むことがわかった．

いま群 Q における 0 の連結成分の最大コンパクト部分群（例 69 参照）を P とする．K' はコンパクト故 $K' \subset P$ である．P は部分群 K' とある部分群 L' の直和に分解することを示そう．群 P の指標群を G とし $H=(G, K')$ とおく．G/H は群 K' の指標群であるから無限巡回群である．群 G/H の生成元に含まれる G の任意の元を一つとって z とし，z から生成される G の巡回部分群を Z とする．容易に知られるように群 G は部分群 Z と H の直和に分解する．従って $L'=(P, Z)$ とすれば P は K' と L' の直和に分解する．群 K から Q の中への任意の準同型写像 β は，K を P の中に写像する．即ち $\beta(K) \subset P$ であり，一方群 P は部分群 K' と L' の直和であるから，K から Q の中への準同型写像の全体である $\bar{K}$ は K から K' の中への準同型写像の全体 A と K から L' の中への準同型写像全体 B の直和に分解する．このとき群 A は無限巡回群である．群 B の性質はいま考える必要はない．

$\bar{K}$ が部分群 A 及び B の直和に分解するから，群 $\bar{K}$ から Q の中への準同型写像の全体である $\bar{\bar{K}}$ も部分群 C と D の直和となる．但し，C は A から Q の中への，D は B から Q の中への準同型写像の全体である．A は無限巡回群だから A から Q の中への準同型写像の全体は Q と同型な群を作る．即ち C は Q と同型である．所が $\bar{\bar{K}}$ は K に同型であると仮定しているのだから群 Q は K のある部分群と同型である．しかも Q は K と同型な部分群 K' を含んでいるから，Q は K と同型でなければならない（§36, A）参照）．

いま証明した命題によって，1 次元トーラス群 K は実際に特別な地位にあるもので，その役割は他の群では果すことができないことが明らかになった．K のこの特別な役割は K の剰余群は 0 だけから成る群であるかまたは K と同型であるという性質に基づいている．この性質は素数位数の巡回群に対しても成立つけれども，これは有限群だから位相群の指標の理論を構成するのには用いることはできない.

例 73. X を局所コンパクト・アーベル群 G の指標群とし, G のすべてのコンパクト元の作る部分群を B とする (例 70 参照). このとき (X, B) は群 X における 0 の連結成分である (これは定理 46 の拡張である).

これを証明しよう. G の 0 でない一つの元を a とする. a がコンパクト元ならば X は連結でない. 実際, コンパクト元 a は G のコンパクト部分群 H に含まれる. $\Phi = (X, H)$ とすれば, X/Φ はコンパクト群 H の指標群故ディスクリートであり, $a \neq 0$ だから X/Φ は 0 以外の元を含む. 従って X は連結ではあり得ない.

a がコンパクト元でなければ群 X は完全不連結ではない. 実際, X が完全不連結であると仮定すれば, $a(W) \subset \Lambda_1$ となる X における 0 の近傍 W に対して W に含まれる, X の開部分群 Φ が存在する (定理 16 参照). このとき $a(\Phi) = 0$ (§34, A) 参照) だから $a \in H = (G, \Phi)$ である. 一方 X/Φ がディスクリートだからその指標群 H はコンパクトで, a がコンパクト元でないという仮定に反する.

いま X' を X における 0 の連結成分とすれば, X/X' は完全不連結であるから X/X' の指標群 (G, X') はコンパクト元のみより成り, 従って $(G, X') \subset B$ である. 更に群 X' は連結だからその指標群 $G/(G, X')$ は 0 以外のコンパクト元を含まない. 従って $(G, X') \supset B$ である. 従って $B = (G, X'), X' = (X, B)$ である.

例 74. 群 X を群 G の指標群とし, X', G' をそれぞれ X, G における 0 の連結成分とする. いま Δ 及び B をそれぞれ群 X 及び群 G のコンパクト元の全体が作る部分群とする (例 70 参照). 代数的意味での部分群 $G'+B$ は開集合であるから, 位相群 G の部分群である. 従ってまた $X' \cap \Delta = (X, G'+B)$ が成立つ (例 73 及び §37, B) 参照). 全く同様に $X'+\Delta = (X, G' \cap B)$ が成立つ. 群 $G' \cap B$ は群 G' の最大コンパクト部分群であり, 従って群 G' は部分群 $G' \cap B$ と D^r の形の部分群 A の直和となる (例 69 参照). 全く同様に群 X' は部分群 $X' \cap \Delta$ と D^s と同型な部分群 Γ の直和となる. 更にこのとき群 G は部分群 A と (G, Γ) の直和に分解する. そして (G, Γ) はコンパクトな 0 の連結成分 $G' \cap B$ をもつ. 全く

同様に群 X はその部分群 Γ と (X, A) の直和に分解する．また $s=r$ が成立つ．

まず第一に $G'+B$ が G の開部分群であることを証明しよう．G のコンパクト生成芽を有する開部分群 H をとる（§39, A）参照）．群 H は部分群 N, F, B' の直和に分解する．但し，N は C^p, F は D^q と同型で $B'=H\frown B$ は H の最大コンパクト部分群である（例69参照）．群 C^p はディスクリートだから群 $F+B'$ は H の開集合である．所が H が G の開集合だから，$F+B$ は G の開部分群である．$F\subset G'$ だから $G'+B$ が G の開部分群となる．

更に $X'\frown\varDelta$ は群 X' の最大コンパクト群であり，従って $\Gamma\frown\varDelta$ は0のみから成る．また $(G,\Gamma)+G'$ は開集合 $B+G'$ を含むから，$(G,\Gamma)+G'$ は G の開部分群で，$\Gamma\frown\varDelta=\{0\}$ から $(G,\Gamma)+G'=G$ となる．

また $(G,\Gamma)\supset(G,X')=B\supset G'\frown B$ 故 $G=G'+(G,\Gamma)=A+(G'\frown B)+(G,\Gamma)=A+(G,\Gamma)$ である．全く同様にして $X=\Gamma+(X,A)$ となる．またこの最後の関係から $(G,\Gamma)\frown A=\{0\}$ が出る．

$(G,\Gamma)+A=G$, $(G,\Gamma)\frown A=\{0\}$ から G は代数的な意味では部分群 (G,Γ) と A の直和に分解する．そして位相群として直和になっている．最後に，群 A の指標群は $X/(X,A)$ で，これは Γ と同型だから $r=s$ が成立つ．

例75. G を局所コンパクト局所連結アーベル群とし，G' を G の0の連結成分とする．このとき G' は G の開部分群である．実際，G から G/G' の上への自然準同型写像 f は連続な開写像であるから，G/G' はまた局所連結である（§15, H）参照）．一方 G/G' は完全不連結だから（§22, C）参照），G/G' はディスクリートとなり，従って G' は G の開部分群である．

群 G' はその最大コンパクト部分群 B と，D^s と同型な部分群 A との直和に分解する（例69参照）．群 G' は局所連結故，剰余群 G'/A もまた局所連結である（§15, H）参照）．従って G'/A と同型な B が局所連結である．いま G が可算箇の基を有すると仮定しよう．このときは群 B もまた可算箇の基をもつから，有限または可算箇の K と同型な部分群の直和に分解する（定理49参照）．従って可算箇の基が存在する場合には群 G' は K^rD^s の形の群である．但しここで r は有限または可算無限で，s は有限である．更に G が有限次元（定義21参照）とすれば，群 G' は K^rD^s と同型で，r 及び s は有限だから，群 G は群 D^{r+s} と局所同型であり，群 G における 0 の十分小さい近傍では，2元の和の座標がその2元の座標の和となるように座標が導入される．

このようにして，局所コンパクト局所連結アーベル群で可算箇の基を有し，かつ有限次元であるものはリー群（第7章定義39参照）である．

■岩波オンデマンドブックス■

ポントリャーギン　連続群論　上

1957年10月31日　第1刷発行
2009年6月24日　第28刷発行
2017年1月13日　オンデマンド版発行

訳　者　柴岡泰光（しばおかやすみつ）　杉浦光夫（すぎうらみつお）　宮崎　功（みやざき いさお）

発行者　岡本　厚

発行所　株式会社　岩波書店
〒101-8002　東京都千代田区一ツ橋2-5-5
電話案内　03-5210-4000
http://www.iwanami.co.jp/

印刷／製本・法令印刷

ISBN 978-4-00-730567-2　　Printed in Japan